化学化工材料探索

刘 敏 孙 洋 陈美凤 著

吉林大学 出版社

图书在版编目（CIP）数据

化学化工材料探索 / 刘敏，孙洋，陈美凤著.

长春：吉林大学出版社，2024.9. -- ISBN 978-7-5768-
3740-7

Ⅰ. TQ04

中国国家版本馆 CIP 数据核字第 2024EM9981 号

书　　　名	化学化工材料探索
作　　　者	刘 敏 孙 洋 陈美凤 著
策划编辑	李伟华
责任编辑	王宁宁
责任校对	柳 燕
装帧设计	万典文化
出版发行	吉林大学出版社
社　　　址	长春市人民大街 4059 号
邮政编码	130021
发行电话	0431－89580028/29/21
网　　　址	http://www.jlup.com.cn
电子邮箱	jdcbs@jlu.edu.cn
印　　　刷	唐山唐文印刷有限公司
开　　　本	787 mm×1092 mm　1/16
印　　　张	14
字　　　数	270 千字
版　　　次	2025 年 4 月　第 1 版
印　　　次	2025 年 4 月　第 1 次印刷
书　　　号	ISBN 978-7-5768-3740-7
定　　　价	75.00 元

PREFACE 前　言

随着科技的不断进步和需求的不断变化，化学化工材料的研究领域也在不断拓展。从传统的金属、陶瓷和高分子材料，到现代的纳米材料和智能材料，化学化工材料的多样性和复杂性使得这一领域充满了挑战与机遇。传统的化学化工材料如金属和陶瓷，凭借其优异的机械性能和耐用性，仍然在许多关键领域中占据重要地位。陶瓷材料以其优良的耐高温和耐腐蚀性，被广泛用于高温气体发动机和化工反应器中。这些传统材料的不断优化和创新，如高强度钢和改性陶瓷，推动了相关技术的进步。纳米材料因其独特的物理和化学性质，如高比表面积和量子效应，成为研究的热点。这些材料在催化剂、传感器、药物传递等方面表现出优异的性能。

智能材料是另一个前沿领域，这些材料能够响应外界环境变化而自我调整。例如，形状记忆合金能够在温度变化时恢复原有形状，使其在医疗器械和航空航天领域中具有广泛应用。光电材料和自修复材料的研究也在不断推进，这些材料在光电器件和自修复涂层中的应用显示了其巨大的商业和实际价值。材料科学与物理学、化学、生物学的结合，使得材料的设计和应用变得更加精准和多样。例如，生物兼容材料的研发涉及化学合成、材料表面改性以及生物相容性的评估，这种多学科的交叉合作推动了医疗领域的新材料创新。

本书旨在全面系统地介绍化学化工材料领域的基础理论、前沿研究和实际应用，旨在为科研人员、工程师以及高等院校的师生提供一份具有参考价值的专业书籍。在当今迅速发展的科技时代，化学化工材料在各个领域中的应用日益广泛，深入研究这些材料的特性及其应用方法对于推动科技进步和社会发展具有重要意义。本书不仅适用于化学、材料科学及相关领域的科研人员和工程师，也适用于高等院校的本科生、研究生及教师。通过对大量国内外文献和最新研究成果的整理与分析，本书力求为读者提供系统、全面的知识框架和研究思路，助力于读者在相关领域的学习和研究。

笔者在写作本书的过程中，借鉴了许多前辈的研究成果，在此表示衷心的感谢。由于本书需要探究的层面比较深，对一些相关问题的研究可能不透彻，加之写作时间仓促，书中难免存在一定的疏漏之处，恳请前辈、同行以及广大读者斧正。

CONTENTS

目　录

第一章　化学化工材料的基础理论

第一节　化学化工材料的基本概念

一、化学化工的基本概念

化学工业是国民经济的基础产业，涉及各种复杂的化学生产工艺，这些工艺对设备材料的要求千差万别。例如，操作条件的压力范围从真空到高压甚至超高压，温度范围从低温到高温，再加上可能处理腐蚀性、易燃、易爆的物料，使得设备在极其复杂的条件下运行。不同的生产条件对设备材料提出了不同的要求，因此，合理选用材料成为设计化工设备的重要环节。

对于高温容器，由于钢材在高温下长期使用，其力学性能和金属组织都会发生显著变化，同时还要承受一定的工作压力，因此在选材时必须考虑高温条件下材料组织的稳定性。对于需要承受腐蚀介质的压力容器，这类设备不仅常处于有腐蚀性介质的环境中，还可能受到冲击和疲劳载荷的作用，并且在制造过程中需要经过冷、热加工，所以在选材时不仅要考虑介质的腐蚀性，还需考虑材料的强度、塑性及加工性能等。而对于低温设备，则需特别关注材料在低温下的脆性断裂问题。

二、化学化工材料的属性

（一）材料的分类

化工材料分为金属材料、非金属材料和复合材料。金属材料具有良好的导电性和导热性，如钢铁、铝。而非金属材料，如陶瓷、玻璃、聚合物等，通常具有优异的耐腐蚀性和绝缘性。复合材料则是由两种或多种材料组成，以获得单一材料无法实现的性能，如纤维增强复合材料。

（二）材料的结构

材料的结构可以分为微观结构和宏观结构两大方面。微观结构包括原子排列、晶体结构和晶界等；宏观结构则包括材料的形状、尺寸和表面特性。

微观结构：原子排列是指材料内部原子的具体排列方式，这直接影响材料的物理和化学性质。例如，在金属中，原子通常以晶格的形式排列，这种有序的排列方式赋予金属优异的导电性和导热性。原子的排列方式也决定了材料的晶体结构，不同的晶体结构，如体心立方（BCC）、面心立方（FCC）和六方密堆积（HCP），会导致材料表现出不同的机械性能；晶体结构是指材料内部原子在三维空间中的有序排列方式。不同的晶体结构会导致材料在不同方向上的性质有所不同，这种现象称为各向异性。例如，铜和铝都是面心立方结构，这种结构使它们具有较高的延展性和导电性。相反，铁在室温下是体心立方结构，具有较高的强度和硬度，但延展性较差；晶界是指两个晶粒之间的界面，是材料微观结构中的一个重要特征。晶界的存在对材料的机械性能有显著影响。例如，晶界可以阻碍位错的移动，从而提高材料的强度，这被称为晶粒细化强化。然而，晶界也可能成为腐蚀和断裂的起始点，尤其是在高温或腐蚀性环境中。

宏观结构：材料的形状和尺寸：材料的形状和尺寸在设计和应用中至关重要。例如，结构钢梁的形状和尺寸必须符合建筑工程的设计要求，以保证其承载能力和稳定性。航空材料的形状和尺寸则需要考虑减轻重量和提高强度的要求。此外，材料的尺寸也会影响其力学性能，例如，大尺寸的金属构件可能会在制造过程中产生内应力，从而影响其整体性能；表面特性：材料的表面特性包括表面粗糙度、表面能和表面化学组成等。这些特性对材料的性能有重要影响。例如，表面粗糙度会影响材料的摩擦系数和耐磨性，光滑的表面通常具有较低的摩擦系数。表面能则会影响材料的润湿性和粘附性，高表面能材料通常具有较好的润湿性。表面化学组成会影响材料的耐腐蚀性和生物相容性，例如，不锈钢表面的钝化层能够提高其耐腐蚀性能；在化工设备设计中，必须综合考虑这些因素，以选择合适的材料，确保设备在各种复杂操作条件下能够安全、可靠地运行。例如，在选择高温压力容器的材料时，除了要考虑高温下材料组织的稳定性外，还要考虑材料的形状和尺寸对其力学性能的影响。同时，表面特性也是关键因素，因为表面腐蚀会影响设备的使用寿命和安全性。通过合理的材料选择和结构设计，可以确保化工设备在极端条件下仍能表现出优异的性能和可靠性。

（三）材料性能

1. 力学性能

力学性能是指金属材料在外力作用下抵抗变形或破坏的能力，如强度、硬度、弹性、塑性、韧性等。这些性能是化工设备设计中材料选择及计算时决定许用应力的依据。

材料的强度是指其在外加载荷作用下能够抵抗变形或破坏的能力。强度指标包括弹性极限、屈服极限、强度极限、疲劳极限和蠕变极限等。屈服强度是材料抵抗开始产生大量塑性变形的应力。它反映了材料在超载时能够保持其原有形状的能力，直到开始发生显著的塑性变形。在工程应用中，屈服强度越高，材料的承载能力越强。抗拉强度是指材料在断裂前所能承受的最大拉应力。它衡量了材料在受力状态下的不易断裂的能力，通常用于评估材料在极限条件下的强度表现。除了屈服强度和抗拉强度，还需要关注屈强比，即屈服极限与强度极限的比值。一个小的屈强比意味着材料在超载情况下能通过塑性变形来提高强度，增加安全性。然而，屈强比过低会降低材料的强度利用率。对于长期承受交变载荷的材料，还需考虑疲劳强度。疲劳强度是指材料在小于屈服强度的交变载荷下能承受的最大应力。疲劳断裂与静载荷下的断裂不同，它往往是在没有明显塑性变形的情况下突然发生，具有较大的危险性。一般钢材的疲劳强度通常以 10^6 至 10^7 次循环不被破坏的应力来表示。高温下，材料会经历蠕变现象，即在一定应力下发生缓慢的塑性变形。蠕变极限是指材料在某一温度下，使试件在 10,000 小时或 100,000 小时内变形量达到 1% 时的最大应力。例如，高温高压蒸汽管道可能因蠕变而管径增大，最终导致破裂。在高温条件下，金属材料的屈服极限 (σ_s) 和强度极限 (σ_b) 通常会显著下降，同时塑性增加。材料在高温下的强度降低可能导致工程设计中的挑战，如管道或容器在高温下的长期使用可能因蠕变而逐渐变形。屈服强度和抗拉强度直接影响材料在不同负荷下的表现，而屈强比、疲劳强度和蠕变极限则对材料在特殊环境和长时间使用中的可靠性提供了重要信息。

硬度是指材料在其表面小体积内抵抗变形或破裂的能力。它并不是材料的独立基本性能，而是综合反映了材料的弹性、强度与塑性等特性的指标。硬度常用来评估材料的耐磨性和抵抗局部变形的能力。硬度测试方法有：布氏硬度采用布氏硬度测试时，通过将钢球或硬质合金球在一定负荷下压入材料表面，测量压痕的直径来确定硬度值。布氏硬度通常用于测试较软的材料，如铸铁和铝合金；洛氏硬度测试分为多个标尺，其中 HRC 和 IIRB 分别用于硬度较高和较低的材料。测试过程中，通过不同的压头（如金刚石锥体或钢球）在一定负荷下压入材料表面，测量压痕深度来确定硬度值。HRC 适用于高硬度材料，而 HRB 适用于较低硬度材料；维氏硬度（HV）维氏硬度测试使用金刚石四棱锥压头在一定负荷下压入材料表面，通过测量压痕的对角线长度来确定硬度值。这种测试方法适用于各种硬度范围的材料，特别是薄壁材料和细小区域的硬度测试。在一般情况下，硬度较高的材料通常具有较高的强度和较好的耐磨性，但其切削加工性能可能较差。硬度值可以用来近似估计材料的抗拉强度。根据经验，不同金属材料的硬度与抗拉强度之间的近似关系如下：

低碳钢：抗拉强度（σ_b）≈0.36×布氏硬度（HB）

高碳钢：抗拉强度（σ_b）≈0.34×布氏硬度（HB）

灰铸铁：抗拉强度（σ_b）≈0.1×布氏硬度（HB）

这种关系使得在没有直接测量抗拉强度的情况下，可以通过硬度值来估算材料的强度水平。

材料的塑性是指其在受力超过屈服点后，能够显著变形而不立即断裂的性质。在工程中，常用延伸率和断面收缩率作为衡量材料塑性的指标。以下是这两个指标的详细说明：

（1）塑性指标。

延伸率（δ）延伸率主要反映材料的均匀变形能力。它是指试件拉断后，总伸长的长度与原始长度的比值，以百分比表示。延伸率的测量需要标准化试件尺寸，常用的标准试样有长圆试样（$l_o/d_o = 10$，其中 d_o 为试样直径）和短圆试样（$l_o/d_o = 5$），分别用 δ_{10} 和 δ_s 表示。较高的延伸率表明材料具有较好的均匀变形能力。

断面收缩率反映了材料的局部变形能力。断面收缩率不受试件尺寸影响，但对材料的组织变化特别敏感，如钢的氢脆和材料缺口的影响。材料的断面收缩率越大，表明其局部变形能力越好。

（2）冲击韧性。

冲击韧性（α_k）是衡量材料抵抗冲击载荷能力的指标。它以每单位横断面积消耗的功（J/cm^2）表示。冲击韧性反映了材料在外加动载荷作用下的迅速塑性变形能力。高韧性材料通常具备较高的塑性，但高塑性材料不一定具有高韧性，因为在静载荷下能够缓慢变形的材料，在动载荷下可能无法迅速变形。

在低温条件下，材料的韧性值会下降。因此，化工设备中使用的低温容器所用的钢板，其冲击韧性值（α_k）应不低于 $30J/cm^2$，以保证其在低温下仍能有效抵抗冲击载荷。

材料的塑性指标（延伸率和断面收缩率）以及冲击韧性在化工设备设计中非常重要。良好的塑性使材料能够进行成型加工并在使用中避免突然断裂，而高冲击韧性则确保材料在动态负荷下的可靠性。在设计和选择材料时，需要综合考虑这些性能，以确保设备在实际使用中的安全性和可靠性。

2. 加工工艺性能

加工工艺性能是指金属和合金在制造过程中表现出的特性，包括可铸造性、可锻造性、焊接性和切削加工性。这些性能直接影响化工设备及其零部件的生产方法和最终质量，因此在材料选择时需要特别关注。

可铸造性描述了液体金属在铸造过程中流动性和凝固特性。主要考虑两个方面：良好的流动性使液体金属能够充满铸型，包括较薄和形状复杂的铸件；铸造过程中，金属的收缩和化学成分的偏析会影响铸件质量。收缩和偏析小的金属铸件更不容易出现缩孔、裂纹和变形且铸件成分更均匀。合金钢和高碳钢比低碳钢偏析倾向大，通常需要热处理以消除偏析。灰铸铁和锡青铜的铸造性能较好，适合于各种铸造应用。

可锻造性指金属在锻造过程中承受压力并变形的能力：材料的塑性越好，锻造所需的外力越小。低碳钢的可锻造性优于中碳钢和高碳钢；碳钢的可锻造性优于合金钢。铸铁由于其脆性，通常不能进行锻造加工。

焊接性是指材料能够通过焊接方法牢固地连接而不产生裂纹，并且焊接接头强度与母材相当的特性：焊接性好的材料易于焊接，不易形成裂纹、气孔和夹渣等缺陷。低碳钢具有优良的焊接性，铸铁和铝合金的焊接性相对较差。在化工设备制造中，焊接结构应用广泛，因此选择焊接性好的材料至关重要。

可切削加工性描述了材料在机械加工中的表现：切削性好的材料使得加工刀具的寿命更长，切屑容易折断和脱落，切削后的表面光洁。灰铸铁（特别是 HT150、HT200）和碳钢具有良好的切削性，适合用于各种切削加工工艺。

三、化学键与分子结构

化学键和分子结构是化学领域的核心概念，它们解释了物质的性质和行为。以下是对这些概念的简要介绍：

（一）化学键的组成

化学键是原子之间通过相互作用形成稳定分子或化合物的方式。主要的化学键类型包括：共价键、离子键、配位键。

共价键是由两个原子通过共用一对或多对电子形成的化学键。美国化学家路易斯（G. N. Lewis）于 1916 年提出了共价键的概念。这种键的形成基于"八隅体理论"（octet rule），即原子的最外层电子数趋向于 8（氢的例外，最外层电子数为 2），以达到稳定结构。实例：氢分子（H_2）和氨分子（NH_3）都是通过共用电子对形成的。例如，氢原子通过共享电子对形成氢分子，氨分子中的氮原子与氢原子共享电子形成氨分子。

离子键是由于电负性差异大的原子通过电子转移形成的化学键。形成离子键时，一个原子失去电子形成阳离子，另一个原子得到电子形成阴离子，阴阳离子通过静电作用相互吸引。例如：氯化钠（NaCl）的形成过程中，氯原子从钠原子那里夺取一个电子，形成氯离子（Cl^-）和钠离子（Na^+），两者之间的静电吸引力形成离子键。

配位键（或称配位共价键）是一种特殊的共价键，其中形成共价键的一对电子由一个原子单方面提供。实例：铵根离子（NH_4^+）的形成中，氨分子中的氮原子提供一对电子与氢离子结合形成配位键。

（二）分子结构的组成

分子结构是指分子中原子的排列方式及其之间的化学键类型，这决定了分子的几何形状和性质。理解分子结构有助于解释物质的化学行为和物理性质。以下是两种描述分子结构的理论：

杂化轨道理论由美国化学家林纳斯·鲍林（Linus Pauling）于 1931 年提出，用于解释碳原子为什么表现为四价的现象。该理论的核心观点包括：电子激发理论和杂化轨道理论

电子激发理论碳原子在元素周期表中位于第二周期第ⅣA族，原子轨道排布为 $1s^2 2s^2 2p^2$。在未结合时，碳原子的 2s 轨道已填满两个电子，2p 轨道有两个单电子。根据价键理论，碳原子理论上应该是二价的，但实际情况中碳表现为四价。电子激发理论提出，当碳原子形成化合物时，一个 2s 轨道中的电子吸收能量后跃迁到更高的 2p 轨道，使得碳原子具有四个未配对的电子，这样就能够形成四个化学键，表现为四价。

杂化轨道理论认为，在形成化学键前，碳原子的原子轨道会重新组合，形成一组新的杂化轨道。主要包括 sp^2 杂化轨道、sp^3 杂化轨道和 sp 杂化轨道。杂化后的轨道能量较低，方向性更强，成键能力更强，从而使分子更加稳定。

分子轨道理论与价键理论不同，它从分子整体的角度出发，认为共价键的电子分布在整个分子中，这种观念称为"离域"观。主要内容包括：电子离域、分子轨道的形成、分子轨道的电子填充原则、原子轨道组成分子轨道的原则

电子离域概念为分子轨道理论认为，分子中的电子分布在整个分子中，而不是局限于两个原子之间。形成共价键的电子在整个分子中分布，描述单个电子在分子中的运动状态的波函数称为分子轨道（molecular orbital）。

分子轨道由原子轨道线性组合而成，即多个原子轨道结合成分子轨道。线性组合原子轨道法（Linear Combination of Atomic Orbitals，LCAO）是常用的分子轨道理论方法。

分子轨道的电子填充原则为：能量最低原理分子轨道的电子填充遵循能量最低原理，即电子首先填充能量最低的轨道；泡利不相容原理每个分子轨道最多容纳两个自旋相反的电子；洪特规则在填充能量相同的轨道时，电子会尽量占据不同的轨道，以最大化未配对电子数。

原子轨道组成分子轨道的原则为：能量相近原则只有能量相近的原子轨道才能有效地组合成分子轨道；对称性匹配原则成键的原子轨道必须具有相同的位相才能形成稳定的分子轨道；最大重叠原则原子轨道重叠的程度越大，分子轨道形成的化学键越

稳定。

在有机化合物中，碳是主要的元素。碳原子外层有四个电子，它通过共用电子的方式与其他原子形成化学键。由于碳不容易失去或获得电子，它通常与其他原子通过共价键结合。有机化合物中大多数的化学键都是共价键。化学键和分子结构解释了物质的稳定性和反应性。共价键、离子键和配位键是最常见的化学键类型，各自通过不同的机制稳定原子或分子。了解这些概念有助于深入理解物质的化学行为和性质。

四、材料的物理化学性质

材料的物理化学性质是指材料在物理和化学方面所表现出来的各种特性。这些性质决定了材料在不同应用中的适用性和性能。

（一）物理性质

金属材料在工程和制造领域中具有广泛的应用，其物理性能在很大程度上决定了它们的适用性和可靠性。金属材料的物理性能包括密度、熔点、比热容、导热系数、热膨胀系数、导电性、磁性、弹性模量与泊松比等。这些性能在材料的选择和应用过程中起着关键作用。

密度是指单位体积材料的质量，通常以克每立方厘米（g/cm^3）或千克每立方米（kg/m^3）表示。密度是计算设备重量的重要参数，尤其在航空航天、汽车制造等领域，材料的密度直接影响到整体结构的重量和性能。较高密度的金属如钢和铜常用于需要高强度和高稳定性的应用场合，而较低密度的金属如铝和钛则多用于需要减轻重量的应用中。

熔点是金属材料的重要性能指标，指的是金属从固态转变为液态的温度。熔点高的金属如钨、钼适用于制造高温环境下工作的零件，如喷气发动机的涡轮叶片；熔点低的金属如锡、铅则常用于焊接和铸造加工，广泛应用于电子工业和制备熔断器、防火安全阀等安全设备。

比热容是单位质量的物质在温度升高 1 摄氏度时所吸收的热量。金属的比热容一般较低，这意味着金属在加热过程中温度升高较快，这一特性在热处理和金属加工过程中非常重要。例如，铝的比热容较高，常用于制造散热片，而钢的比热容较低，适用于需要快速加热和冷却的工艺。

导热系数衡量金属传导热量的能力，高导热系的金属如铜和铝广泛应用于热交换器、散热器等需要高效传热的场合。相反，导热系数较低的金属如不锈钢在需要隔热的应用中则具有优势，如在高温环境中工作的隔热罩和保温层。

热膨胀系数描述了金属材料在温度变化时体积变化的程度，这对双金属材料的焊接和设备衬里的设计至关重要。不同金属的热膨胀系数如果相差较大，在加热或冷却过程中会产生不同的膨胀量，导致材料之间产生应力，从而引起变形或破坏。因此，在设计需要承受温度变化的复合材料和组合件时，选择热膨胀系数相近的材料是非常重要的。

导电性是金属材料传导电流的能力，铜和铝因其优良的导电性被广泛应用于电力传输、电线电缆和电机制造中。银虽然导电性最好，但由于价格高昂，通常只用于需要极高导电性的特殊场合，如高精度仪器和电子元件的制造。

磁性是某些金属材料的重要特性，铁、镍、钴及其合金具有显著的磁性，广泛应用于电机、变压器、磁性存储设备等领域。了解金属的磁性对于设计电磁装置和选择磁性材料非常关键。

弹性模量（E）是描述材料在弹性范围内应力与应变之间的比例系数，单位为兆帕（MPa）。它是金属材料在承受外力作用时反映其变形抗力的指标。弹性模量是金属材料最稳定的性能之一，但其值会随着温度的升高而逐渐降低。例如，钢的弹性模量约为 210 GPa，而铝的弹性模量约为 70 GPa。在设计结构件时，考虑材料的弹性模量有助于预测其变形行为和承载能力。

泊松比（μ）是指材料在受拉或受压时横向应变与纵向应变之比，对于钢材，μ 一般为 0.3。泊松比反映了材料的变形特性，了解这一参数对于设计抗压和抗拉构件非常重要。泊松比过大或过小都会影响材料的使用效果和寿命。

除了上述主要物理性能，金属材料还具有其他一些重要特性。例如，硬度反映了材料抵抗局部变形和磨损的能力，韧性表示材料在断裂前吸收能量的能力，强度包括屈服强度和抗拉强度，表示材料在受力作用下抵抗变形和断裂的能力。

在实际应用中，金属材料的选择往往需要综合考虑多种物理性能。例如，在制造航空发动机时，材料不仅需要具备高强度和高弹性模量，还需要具有良好的抗疲劳性能和耐高温性能；在电子设备中，导电性和导热性是选择材料的关键因素，而在建筑结构中，强度、韧性和耐腐蚀性则是主要考虑的性能指标。

通过合理选择和优化金属材料的物理性能，可以大大提高设备的性能和使用寿命，降低维护成本，并满足不同应用场合的特殊需求。因此，深入了解和掌握金属材料的物理性能，对于工程设计和制造过程具有重要的指导意义。

（二）化学性质

金属的化学性能是指材料在所处介质中的化学稳定性，即材料是否会与周围介质发生化学或电化学作用而引起腐蚀。金属的化学性能指标主要包括耐腐蚀性和抗氧化性。这些性能对于各种工业应用来说尤为重要，因为它们直接影响设备的使用寿命和产品质量。

耐腐蚀性是指金属和合金对周围介质（如大气、水汽、各种电解液）的浸蚀抵抗能力。在化工生产中，常常会接触到具有腐蚀性的物料，例如酸、碱、盐溶液等。如果材料的耐蚀性不强，腐蚀不仅会损坏设备，还可能导致安全事故。此外，腐蚀产物可能污染生产环境，甚至影响最终产品的质量。因此，选择耐腐蚀性强的材料是保证设备长时间稳定运行的重要措施。

不同的金属和合金在不同介质中的耐腐蚀性表现各异。例如，不锈钢在潮湿的大气环境中具有很好的耐腐蚀性，因为其表面形成了一层致密的氧化铬薄膜，阻止了进一步的腐蚀。相比之下，普通碳钢在潮湿环境中容易生锈，因为其表面氧化物层疏松，不能有效保护内部金属。为了提高耐腐蚀性，人们常采用各种方法，如添加耐腐蚀元素（如铬、镍、钼等）、表面处理（如镀锌、涂层、钝化等）等。

抗氧化性是指金属在高温下抵抗氧化的能力。在高温环境中，金属与氧气、水蒸气、二氧化碳等气体发生化学反应，形成氧化物或其他腐蚀产物。这些腐蚀产物通常会降低金属的机械性能，如硬度、强度和韧性。例如，在高温下，钢铁不仅与自由氧发生氧化腐蚀，使钢铁表面形成结构疏松容易剥落的 FeO 氧化皮，还会与水蒸气、二氧化碳、二氧化硫等气体发生高温氧化与脱碳作用，导致钢的力学性能下降，特别是降低材料的表面硬度和抗疲劳强度。因此，高温设备必须选用耐热材料，如镍基合金、铬镍铁合金等，这些材料在高温下能形成稳定的氧化物保护层，防止进一步腐蚀。

许多化工设备和机械在高温下操作，如氨合成塔、硝酸氧化炉、石油气制氢转化炉、工业锅炉、汽轮机等。这些设备通常在数百度甚至上千度的高温下工作，如果选用的材料不具备良好的抗氧化性和高温强度，很容易发生失效，导致严重后果。例如，氨合成塔的工作温度通常在 500℃ 以上，要求材料不仅要具有良好的抗氧化性，还要能在高温下长期保持足够的强度和韧性。

五、化学反应与材料的制备

（一）化学反应

化学反应在材料的制备中起着关键作用。通过控制反应条件（如温度、压力、反应时间、反应物的浓度和催化剂的使用）可以合成出具有特定性质的材料。

1. 化学反应中的热效应

在化学反应过程中，既有物质的变化，也有能量的变化。能量变化的主要形式之一就是释放或吸收热量。早在 50 万年前，人类就开始使用火，不仅获取热能、改变了生活方式，还促进了对化学反应本质的进一步认识。

　　化学反应中能量的变化通常表现为反应热。反应热是指当反应物和生成物具有相同温度时，所吸收或放出的热量。在恒温、恒压条件下，这种热量称为反应的焓变（△H），单位常为 kJ·mol^{-1}。焓变是一种状态函数，表示系统在化学反应前后的能量变化。

　　根据反应热的不同，可以将化学反应分为两类：吸热反应和放热反应。吸热反应是指反应过程中吸收热量的反应，这类反应的焓变（△H）大于零。例如，氯化铵在水中的溶解反应就是一个典型的吸热反应，溶解过程中需要从周围环境吸收热量，因此溶液温度会下降。

　　放热反应则是指反应过程中放出热量的反应，这类反应的焓变（△H）小于零。例如，甲烷燃烧反应是一个典型的放热反应，在这个反应中，甲烷与氧气反应生成二氧化碳和水，同时释放大量的热量，使环境温度升高。

　　为了准确表示化学反应的热效应，常使用热化学方程式。热化学方程式不仅要标明反应物和生成物的化学式，还要注明它们的物态（固体、液体、气体或溶液）、反应温度和压强。

　　理解化学反应的热效应对工业生产和日常生活有重要意义。例如，反应的热效应会影响反应器的设计和运行条件。放热反应通常需要考虑散热问题，以防止反应过热引发安全事故。吸热反应则可能需要提供外部热源以维持反应进行。在日常生活中，燃烧天然气、煤炭等放热反应提供了生活所需的热能，而冰袋利用吸热反应来降温则是另一个常见应用。

2. 化学能与电能的转换

　　化学能与电能的相互转化是能量转化的重要形式，在生产生活和科学研究中广泛应用。通过这些转化过程，人们能够高效利用能源，从而推动技术进步和社会发展。例如，电解、电镀以及化学电源的生产，都是基于化学能与电能的相互转化。

　　以金属锌与硫酸铜溶液的反应为例，这一经典的化学反应在不同条件下能够展现出不同的能量转化形式。通常情况下，锌与硫酸铜溶液的反应主要体现为化学能转化为热能。在这一过程中，锌与硫酸铜发生置换反应，生成硫酸锌和铜。这一反应是一个放热反应，释放出的化学能主要以热能的形式散发到周围环境中。然而，如果将这一反应过程置于原电池中进行，情况就大不相同了。

　　在原电池中，化学能可以被转化为电能。一个典型的例子是铜锌原电池。在这个原电池中，锌片作为负极，铜片作为正极。原电池通过电解质溶液（例如硫酸锌溶液）连接锌片和铜片。当电路闭合时，锌片上的锌原子失去电子，被氧化成锌离子（Zn^{2+}）进入溶液与此同时，在铜片处，溶液中的铜离子（Cu^{2+}）接受电子，被还原为金属铜，并沉积在铜片上通过这一系列的氧化还原反应，锌片逐渐溶解，而铜片上的铜则不断增加。这一过程中，锌片失去电子（氧化），铜离子获得电子（还原），整个反应系统中形成了电流，化学能有效地转化为电能。此时，电能可以被用来驱动外部电路中的各种用电设备。

锌-铜原电池不仅在实验室中有重要的教学意义，同时也在一些实际应用中具有参考价值。电池的基本原理为进一步开发新型电池提供了理论基础，例如锂电池、镍镉电池和燃料电池等。这些新型电池不仅在便携式电子设备中广泛应用，也在电动汽车、储能系统等领域展现出了巨大的潜力。

此外，通过电化学原理，我们还可以进行电解和电镀等工艺。例如，电解过程可以用来提纯金属，而电镀则可以在物体表面镀上一层金属，以改善其性能或美观度。这些工艺在现代工业中占据着重要地位，是许多制造过程中的关键步骤。

3. 取代反应

化合物分子内的原子或基团被其他原子或基团取代的反应称为取代反应，这是有机化学反应中最广泛的一类反应。取代反应在有机化学中占据重要地位，不仅因为其在实验室合成和工业生产中的广泛应用，还因为其机制和反应性为理解化学反应的本质提供了重要的理论基础。

取代反应可以根据反应过程中分子内原子间共价键断裂方式的不同，分为离子型取代反应和自由基取代反应。离子型取代反应涉及带电中间体，而自由基取代反应涉及不带电的自由基中间体。

在离子型取代反应中，反应过程可以进一步分为亲核取代反应和亲电取代反应。亲核取代反应是由亲核试剂的进攻引起的反应。亲核试剂（Nu^-）通常是带负电荷或富电子的分子或离子，它们倾向于攻击电子缺乏的碳原子，从而形成新的共价键。反应的速度仅依赖于底物的浓度，因为形成碳正离子是速度决定步骤。

亲电取代反应则由亲电试剂的进攻引起。亲电试剂（E^+）是带正电荷或电子缺乏的分子或离子，能够接受电子。例如，在芳香化合物的亲电取代反应中，苯环中的 π 电子云可以提供电子给亲电试剂，形成 π 复合物，然后通过一系列步骤，最终生成取代产物，经典例子包括硝化反应、卤化反应、磺化反应等。

自由基取代反应涉及自由基中间体。自由基是含有未成对电子的原子或分子，具有高度反应性。在自由基取代反应中，通常由自由基引发剂引发，生成自由基中间体，这些自由基中间体能够进攻目标分子，进行取代反应。例如，卤代烷烃的自由基取代反应可以通过光照或热引发，生成卤自由基，然后进行一系列反应。

4. 加成反应

加成反应是有机化学中的一种重要反应类型，指试剂（通常是小分子或原子）与含有碳-碳不饱和键或碳与其他原子之间的不饱和键（如 C＝O、C＝N、C＝S 等）发生的反应，生成一个新的化合物。加成反应在有机合成中占有重要地位，能够生成许多复杂而功能多样的有机分子。本文重点讨论碳-碳双键与碳-氧双键的加成反应，并简要介绍碳与其他原子（如 N、S）之间的双键加成反应及环状化合物与试剂的开环反应。

碳-碳双键加成反应是最常见的加成反应之一，涉及分子中碳-碳双键（C＝C）与试剂发生反应，形成两个新化学键。典型的反应包括卤代加成、氢化加成、卤化氢加成和水合加成等。卤代加成：卤素分子（如 Cl_2、Br_2）与烯烃（含有 C＝C 键的分子）反应，生成二卤代烷。例如，乙烯（C_2H_4）与溴（Br_2）反应生成 1，2-二溴乙烷（$C_2H_4Br_2$）。氢化加成：烯烃与氢气（H_2）在催化剂（如铂、钯、镍）的作用下发生反应，生成饱和烃。例如，乙烯在镍催化剂存在下与氢气反应生成乙烷（C_2H_6）。卤化氢加成：氢卤酸（如 HCl、HBr）与烯烃反应生成卤代烷。例如，乙烯与氢溴酸（HBr）反应生成溴乙烷（C_2H_5Br）。水合加成：烯烃与水在酸催化下反应生成醇。例如，乙烯在硫酸（H_2SO_4）催化下与水反应生成乙醇（C_2H_5OH）。

碳-氧双键加成反应主要涉及醛和酮中的碳基团。由于碳-氧双键（C＝O）具有极性，碳原子带部分正电荷，容易受到亲核试剂的攻击。亲核加成：常见于醛和酮的反应，例如格氏试剂（RMgX）或有机锂试剂（RLi）与醛酮反应，生成醇。例如，乙醛（CH_3CHO）与甲基锂（CH_3Li）反应生成异丙醇（$CH_3CH(OH)CH_3$）；亲电加成：例如，醛或酮与卤素（如 Cl_2、Br_2）反应生成 α-卤代醛或酮。例如，丙酮（CH_3COCH_3）与氯气（Cl_2）在酸催化下反应生成 1-氯-2-丙酮（CH_3COCH_2Cl）。碳与氮、硫等原子之间的双键也能发生加成反应。这些反应通常涉及类似机制，例如：碳-氮双键（C＝N）加成：亚胺与亲核试剂（如氰化物、氢化物）反应生成胺。例如，N-苯基亚胺（$PhCH＝NPh$）与氢化铝锂（$LiAlH_4$）反应生成 N-苯基胺（$PhCH_2NPh$）；碳-硫双键（C＝S）加成：硫醚与亲电试剂（如卤素、酸）反应生成新化合物。例如，二甲基硫醚（CH_3SCH_3）与溴（Br_2）反应生成溴代二甲基硫醚（CH_3SBrCH_3）。

环状化合物与试剂的开环反应是加成反应的一个特殊类别，涉及环状结构在试剂作用下断裂生成直链或支链化合物。环氧化物开环：环氧化物（如环氧乙烷）在酸或碱催化下与水、醇等亲核试剂反应，生成二醇或醚。例如，环氧乙烷与水反应生成乙二醇（$HOCH_2CH_2OH$）；内酯开环：内酯（环状酯）在碱作用下开环生成羧酸。例如，γ-丁内酯在氢氧化钠（NaOH）作用下反应生成丁二酸（$HOOCCH_2CH_2COOH$）。

5. 消去反应

消去反应是有机化学中一种重要的反应类型，涉及从有机物分子中消去一个或多个原子或原子团，通常生成不饱和化合物。消去反应在有机合成中具有重要意义，因为它们可以用来合成烯烃、炔烃和其他不饱和化合物。根据消去原子或原子团的位置不同，消去反应可以分为 β-消去、α-消去和 γ-消去等类型。

β-消去反应是最常见的消去反应类型，通常涉及从相邻的两个原子上失去两个原子或原子团，从而形成一个新的双键（C＝C）。此类反应中，最著名的是脱卤化氢反应（E1 和 E2 机制）和脱水反应。E2 机制是一种单步反应，两个基团同时被去除，形成双键。此机制通常在强碱存在下发生。例如，溴乙烷（C_2H_5Br）在氢氧化钠（NaOH）作用下发生消去反应生成乙烯（C_2H_4）；E1 机制是两步反应，首先形成碳正离子，然后基团被去除，形成双键。此机制通常在弱碱或中性条件下发生。例如，叔丁基溴（$(CH_3)_3CBr$）在水作用下发生消去反应生成异丁烯（$(CH_3)_2C＝CH_2$）；醇在酸催化下脱去水分子生成烯烃。例如，乙醇（C_2H_5OH）在浓硫酸（H_2SO_4）存在下加热脱水生成乙烯。

α-消去反应涉及从同一个原子上失去两个原子或原子团，通常生成卡宾或氮宾。这类反应相对较少见，但在某些特定的有机合成中具有重要作用。卡宾是一种中性分子，含有一个碳原子和两个未共享的电子对。它们可以通过 α-消去反应生成。例如，氯仿（$CHCl_3$）在强碱（如氢氧化钠）存在下加热，可以生成二氯卡宾，氮宾类似于卡宾，但含有一个氮原子和两个未共享的电子对。

γ-消去反应较少见，涉及从相隔一个原子的两个原子上消去两个原子或原子团，通常生成三元环状结构。在某些条件下，含有三个连续碳原子的化合物可以通过 γ-消去反应生成环丙烷。例如，1，3-二溴丙烷（$BrCH_2CH_2CH_2Br$）在强碱作用下，可以生成环丙烷（C_3H_6）。

消去反应在有机合成中应用广泛。通过消去反应，可以从简单的起始材料合成出各种不饱和化合物，这些不饱和化合物又可以通过其他反应进一步转化为更复杂的有机分子。因此，掌握消去反应的机理和应用，对于有机化学家的研究和实验具有重要意义。

6. 氧化还原反应

在化学反应中，氧化还原反应（也称为氧还原反应）是指电子转移的过程。元素的氧化数发生变化，通常伴随着电子的转移。氧化数是用来描述

一个原子在化合物中相对电荷的一种方法，它并不总是反映实际的电荷状态，但它对理解化学反应的变化极为重要。

氧化反应是指在化学反应中，某一物质的氧化数增加的过程。在此过程中，原子失去了电子。通常，氧化反应伴随着氧的加入或氢的失去。例如，在燃烧反应中，碳元素的氧化数从 0 增加到+4，这个过程称为氧化反应。具体地，以甲烷的燃烧为例，甲烷中的碳原子由 0 价变成+4 价，氧化数的增加表明碳元素经历了氧化过程。

相对地，还原反应是指在化学反应中，某一物质的氧化数减少的过程。在还原反应中，原子获得了电子。这个过程通常伴随着氢的加入或氧的失去。例如，在氢化反应中，氢被加入化合物中，使其氧化数减少，在这一反应中，乙烯（C_2H_4）中的碳原子从+2价减少到-2价，氢的加入使得碳原子的氧化数降低，完成了还原过程。

在有机化学中，氧化和还原的定义虽然与传统的氧化还原反应略有不同，但它们仍然遵循相似的原则。氧化反应通常涉及有机化合物中氧的引入或氢的去除，还原反应则涉及有机化合物中氢的加入或氧的去除，这种反应虽然不完全符合经典氧化还原的定义，但仍旧在有机化学中得到广泛应用。

7. 分子重排反应

分子重排反应是一类重要的化学反应，其中反应物分子在试剂或介质的作用下经历了原子或基团的转移、电子云密度重新分布，或是重键位置的改变，环的扩大或缩小，甚至分子碳架的重组。这些变化导致了原有分子的结构发生显著改变，从而生成新的化合物。分子重排反应的复杂性和多样性使其在有机化学中扮演了至关重要的角色。

互变异构是指同一分子在不同条件下能转变为另一种异构体，这通常是在平衡状态下发生的可逆反应，例如醛和酮之间的互变异构。而分子重排反应通常是不可逆的，也就是说，重排后的产物难以再转变为原始的反应物，这种不可逆性使得重排反应在合成化学和材料科学中非常有用。分子重排反应可根据其反应历程的不同分为几种类型：

亲核试剂会攻击分子中的电子缺乏区域，导致原子或基团的重新安排。经典的例子是 Wagner-Meerwein 重排，链烯烃在酸催化下重排形成不同的烯烃；亲电重排：此类重排反应发生在亲电试剂的作用下，亲电试剂会攻击分子中的电子富集区域，引发分子的重排。例如，Benzyl cation 的重排，即通过亲电攻击导致分子内部的碳架重组，从而形成不同的化合物；自由基重排：自由基重排反应涉及自由基的参与。这些自由基在分子中游离移动，引起原子或基团的重排。一个典型的例子是 Hofmann 重排反应，它涉及自由基中间体，最终导致产物的形成。

重排反应的机制通常是复杂的，涉及反应中间体的形成和转化。重排反应不仅能改变分子的结构，还能改变其化学性质，因而在有机合成中起到了重要作用。例如，许多药物和材料的合成都依赖于分子重排反应的特性。通过对这些反应类型的深入理解和应用，可以更好地控制材料的制备过程，合成出具有特定性质的材料。

（二）化学材料的制备

1. 材料的选择与设计

材料的选择与设计是制备化学材料过程中至关重要的第一步。这一过程不仅涉及对原材料的选择，还包括对目标材料性质的全面设计。在选择原材料时，必须考虑材料的化学成分，这决定了材料的基本属性，如化学稳定性、反应活性、导电性、导热性等。不同的化学成分组合可以产生具有不同特性的材料，因此在设计初期就要明确材料最终的应用领域。例如，对于需要高导电性的材料，可以选择含有金属元素的化合物，而对于绝缘材料，则需要选用不导电的非金属材料。此外，材料的选择还需考虑其是否容易获取、价格是否合理，以及是否具备可持续性，这些因素将直接影响材料制备的可行性和经济性。

材料的微观结构，包括晶体结构、分子排列等，将直接影响其宏观性能，如力学强度、韧性、硬度等。对结构的精确设计可以使材料在特定条件下表现出最佳性能。例如，纳米颗粒材料由于其独特的量子尺寸效应和表面效应，在光学、电学和催化领域表现出优异的性能，这就要求在设计时对其粒径、形态和表面修饰进行精确控制。同样，薄膜材料在电子器件中应用广泛，其厚度和表面光滑度需要精确调控，以保证其电学性能和器件的稳定性。因此，在结构设计中，必须深入理解材料结构与性能之间的关系，并通过精密的计算和实验设计，优化材料的结构参数。

不同的应用场景对材料的形态有不同的要求，如块体材料适用于结构件，薄膜材料适用于电子元件，而纳米材料则在催化和生物医药领域有广泛应用。对于不同形态的材料，其制备工艺、加工难度和成本也会有很大差异。例如，块体材料通常通过熔融铸造、热压成型等传统工艺制备，而纳米材料则需要更加精密的化学合成方法，如溶胶-凝胶法、气相沉积法等。这就要求在设计阶段，根据材料的最终用途，综合考虑形态对材料性能的影响，以及形态对制备工艺的要求，进行合理选择与设计。

设计阶段还需充分考虑材料的应用场景，这是指导材料选择与设计的核心依据。不同的应用领域对材料的物理、化学性能有着不同的要求，例如，航空航天领域需要轻质高强的材料，电子信息领域需要高导电性和低介电损耗的材料，生物医学领域则需要具有良好生物相容性的材料。因此，在设计材料时，必须结合应用场景，分析材料在实际使用中的性能需求，并通过调整材料的成分、结构和形态，优化其性能以满足这些需求。这一过程还需关注材料在特定环境下的稳定性，如高温、强酸碱、辐射等苛刻条件下的表现，确保材料在实际应用中的可靠性和耐久性。在材料选择与设计的过程中，前瞻性地考虑材料的可持续性和环境友好性也是现代材料设计的一个重要趋势。随着环保法规的日益严格和人们环保意识的增强，传统的高污染、高能耗材料逐渐被淘汰，取而代之的是更加环保和可持续的材料。通过选择绿色材料和优化制备工艺，可以降低材料对环境的负面影响，推动材料科学的发展朝着更加可持续的方向前进。

2. 前驱体的合成

前驱体的合成决定了最终材料的质量、结构和功能特性，因此，合成方法的选择和优化尤为关键。根据不同的应用需求，前驱体可以是简单的单一化合物，也可以是复杂的多组分体系。单一化合物通常用于制备成分明确、结构单一的材料，而多组分体系则适用于复杂材料的制备，如合金、复合材料和多相催化剂等。前驱体的设计与合成必须充分考虑最终材料的要求，包括物理性能、化学稳定性、热学性质等，并根据这些要求选择合适的合成方法和工艺条件。在前驱体的合成过程中，溶液化学法是一种应用广泛的技术，尤其适用于制备具有复杂成分和结构的材料。溶液化学法包括溶胶-凝胶法、共沉淀法、水热/溶剂热法等，这些方法的共同特点是通过控制反应条件，促使前驱体在溶液中均匀生成。溶胶-凝胶法特别适用于制备陶瓷和玻璃等无机材料，其优点在于能精确控制材料的成分和微观结构，制备的材料具有均匀的微观组织和优良的物理化学性能。共沉淀法则多用于制备多组分氧化物材料，反应过程简单且成本低廉，但需要精确控制反应条件以避免组分分布不均。水热/溶剂热法则是一种高温高压下进行的合成技术，能够有效促进难溶物质的反应，是制备纳米材料、单晶材料的有效手段。

相比之下，固相反应法是一种较为传统但仍广泛应用的前驱体合成方法，尤其适用于制备耐高温、耐腐蚀的无机材料。固相反应法的基本原理是将固态的反应物按比例混合后在高温下进行煅烧，使之通过扩散作用反应生成目标前驱体。这种方法的优点是工艺简单、易于操作且适用范围广，但由于反应物之间的扩散速度较慢，通常需要较长的反应时间和较高的温度，这可能导致材料晶粒粗大、不均匀等问题。为改善这一问题，常常采用机械力化学法，即通过机械研磨促进反应物的充分混合和反应，从而降低反应温度和时间，同时提高前驱体的均匀性和反应速率。此外，气相沉积法也是前驱体合成中的一种重要方法，特别是在制备薄膜材料和纳米材料方面显示出独特的优势。气相沉积法包括化学气相沉积（CVD）和物理气相沉积（PVD）两大类。化学气相沉积法通过气态前驱体在基底表面发生化学反应，沉积出固态薄膜材料，该方法在微电子器件、光伏材料的制备中应用广泛，具有成膜均匀、材料致密、与基底结合力强等优点。物理气相沉积则主要通过物理过程，如蒸发、溅射等，将材料沉积在基底表面，用于制备硬质薄膜、光学薄膜和超导材料等。气相沉积法的工艺条件要求较高，需要在高真空或低压环境下进行，因此对设备和工艺控制提出了更高的要求。

选择合适的前驱体合成方法，不仅要考虑材料的最终要求，还需要综合考虑反应的可行性、成本和环保性等因素。例如，在追求高纯度和均匀性的同时，还需关注反应过程中是否使用了有毒有害物质。通过优化合成工艺和选择环保型的原材料，可以降低前驱体合成的环境负担，推动绿色化学材料的制备和应用。

3. 合成方法的选择

合成方法的选择对于化学材料的制备至关重要，因为不同的合成方法会直接影响材料的微观结构、形貌和性能。选择合适的合成方法时，首先要考虑目标材料的性质和预期的应用场景。例如，若目标材料要求具有特定的晶体结构或纳米级别的微观结构，那么溶胶-凝胶法和水热/溶剂热法可能是优选。这些方法在控制材料的晶体形态和尺寸上具有显著优势。溶胶-凝胶法尤其适用于制备具有均匀细小颗粒的陶瓷材料或薄膜材料，通过控制溶胶的黏度和凝胶化条件，可以得到结构均匀、纯度高的材料。而水热/溶剂热法则通过在密闭容器中利用高温高压条件促进反应物的晶化过程，常用于制备纳米材料和单晶材料，特别是在制备功能材料如光催化剂、锂电池正极材料方面表现出良好的应用前景。另外，共沉淀法是一种简便且有效的多组分材料合成方法，尤其适用于制备复杂氧化物或复合材料。通过调控反应溶液的 pH 值、浓度和温度，可以使不同组分在同一溶液中共沉淀，生成均匀分布的前驱体，后续通过煅烧得到目标材料。此方法的优点在于操作简单、成本低廉，适合大规模生产，但在实际应用中，需要精确控制共沉淀过程，以避免组分分离或沉淀不完全导致材料性能不稳定。

对于一些需要高温熔融条件才能形成的材料，如玻璃、金属合金或某些陶瓷材料，熔融法是常见的合成选择。熔融法通过将原料加热至高温，使其熔融成均匀的液态，再通过控制冷却速率和环境条件使其凝固形成目标材料。这种方法能够有效地制备大块体材料，并且能够通过调整冷却过程中的条件，调控材料的晶体结构和显微组织。然而，熔融法通常需要较高的能量消耗，并且不适合制备微观结构复杂或对温度敏感的材料。对于薄膜材料的制备，化学气相沉积（CVD）和物理气相沉积（PVD）是两种非常重要的技术。化学气相沉积通过在基底表面上进行化学反应沉积材料，适用于制备薄膜半导体、绝缘层和光学薄膜等。该方法的优势在于可以在较低温度下制备出致密、均匀的薄膜材料，并且薄膜与基底的附着力强。物理气相沉积则依靠物理过程，如溅射或蒸发，将材料沉积在基底上，适用于制备硬质涂层、光学材料和装饰性薄膜等。物理气相沉积的优点是工艺相对简单，材料种类广泛，但薄膜厚度的控制和均匀性较难掌握。

在合成方法的选择中，必须综合考虑材料的结构、纯度和形貌要求。例如，对于要求高纯度的电子材料或光学材料，CVD 和 PVD 可能是更好的选择，因为这些方法在高真空或高纯度气氛下进行，可以有效减少杂质的引入。对于需要特殊形貌的材料，如中空结构、核壳结构等，溶胶-凝胶法、水热法等则能够通过调整反应条件和模板法实现精确的形貌控制。除了技术本身的优缺点，合成方法的选择还需考虑经济性和环保性。某些高温高压合成方法虽然效果显著，但可能需要昂贵的设备和大量的能源消耗，而一些低温溶液法尽管工艺简单，但可能会使用有毒有害的化学试剂。因此，在材料研发过程中，往往需要在性能要求与经济环保之间找到平衡，以实现材料的最佳制备方案。

4. 条件控制与优化

温度、压力、pH 值以及反应时间等因素直接影响着材料的晶体结构、形貌和物理化学性质。因此，合理调控这些条件，对于获得高质量的材料至关重要。温度是反应条件中最为关键的因素之一。它不仅影响反应速率，还决定了材料的相变、晶粒大小以及缺陷浓度。不同材料对温度的敏感程度不同，例如在高温下，某些材料的晶粒会长大，导致力学性能下降，而在低温下，反应可能不充分，影响材料的纯度和均匀性。因此，精确控制温度不仅需要考虑材料的热力学性质，还需通过实验调节以找到最佳的反应温度。压力也是材料制备中需精确控制的一个重要条件，尤其是在高压合成或气相沉积过程中。高压条件下，反应物的化学势发生变化，有助于形成一些在常压下无法获得的高压相材料，或者加速反应物的扩散和晶体生长。此外，在某些合成方法中，如水热合成或气相沉积法中，压力的调整能够显著影响材料的晶体结构和形貌。对于多孔材料或纳米结构材料，反应压力的变化甚至可以控制孔隙率和纳米颗粒的大小分布。因此，在实验设计中，调整压力参数并评估其对材料性能的影响，是优化合成条件的重要环节。

在溶液法制备材料的过程中，pH 值的控制对材料的化学组成和微观结构有着重要影响。溶液的 pH 值影响着前驱体的溶解性、反应物的离子态以及沉淀反应的进行。例如，在共沉淀法中，pH 值决定了沉淀的发生时间和速率，直接影响到材料的均匀性和纯度。通过调节 pH 值，可以控制不同组分的沉淀顺序，从而实现多相材料的精确合成。对于某些需要复杂结构的材料，pH 值的微小变化甚至可以调控反应物的反应路径，影响最终产物的形貌和性能。因此，pH 值的控制与优化在溶液化学合成中具有重要的指导意义。过短的反应时间可能导致材料结晶不完全、结构缺陷增加，影响其物理性能；而过长的反应时间则可能引起材料的过度生长，导致晶粒粗大化，或者引发二次相的形成。因此，选择合适的反应时间至关重要。在实验过程中，通过逐步延长或缩短反应时间，观察材料的结构和性能变化，可以找到最佳的反应时间，从而得到性能最优的材料。在某些情况下，反应时间还需要与温度、压力等其他参数协同优化，以确保在所有条件下材料的结构和性能均达到理想状态。

材料制备中的条件控制与优化不仅限于以上几个主要参数，还涉及诸如反应物的浓度、气氛控制、搅拌速率、冷却速率等多个变量。这些变量在材料的合成中相互影响，共同决定了最终产品的质量。例如，在气相沉积法中，气氛的组成和流速直接影响沉积速率和薄膜的均匀性；而在熔融法中，冷却速率对材料的晶体结构和内部应力有决定性作用。通过系统地调整和优化这些参数，可以控制材料的微观结构，如晶界、位错、孔隙等，从而调节材料的宏观性能，如机械强度、导电性、磁性等。此外，条件的控制与优化不仅依赖于理论分析，还需要通过大量实验验证。实验室中对不同反应条件的细致探索，可以揭示出材料性能与反应参数之间的复杂关系。利用现代表征技术，如 X 射线衍射、电子显微镜、热重分析等，可以精确分析材料的结构和组成，进而评估反应条件的调整效果。通过反复试验和数据分析，确定最优的合成条件，从而实现对材料性能的精确调控。

5. 材料的后处理与修饰

材料的后处理与修饰在材料科学中占据重要地位，这一过程可以显著提升材料的性能，使其更好地满足特定应用需求。后处理的第一步通常是热处理，通过控制温度、加热时间和冷却速率来改变材料的内部结构和相态。热处理可以消除材料内部的应力，提高其韧性和硬度，或者通过调控晶粒大小来优化材料的力学性能。对于某些合金材料，热处理还能通过析出强化或相变强化来增强其强度。不同材料的热处理条件各不相同，需根据材料的特性精确制定，以获得理想的物理化学性能。退火是另一种常见的后处理方法，特别适用于金属和陶瓷材料。退火通过在适当的温度下加热材料并缓慢冷却，消除材料内部的缺陷，如位错、空隙和不均匀应力，从而改善材料的延展性和导电性。对于半导体材料，退火还可以激活掺杂剂，使材料的电学性能达到设计要求。退火的过程需严格控制温度和时间，过高的温度或过长的时间可能导致晶粒长大，从而降低材料的力学性能；而过低的温度或过短的时间则可能无法完全消除内部缺陷，达不到预期的效果。

浸渍处理是一种通过将材料浸泡在特定溶液中，以实现材料表面或内部结构改性的技术。这种方法广泛应用于催化剂制备、功能陶瓷的增强以及高分子材料的改性。通过浸渍，可以在材料表面或孔隙内引入新的功能组分，如金属纳米颗粒、离子型化合物等，进而赋予材料新的功能，如提高催化活性、增加表面亲水性或疏水性等。浸渍处理的关键在于溶液的组成和处理时间的控制，这些参数决定了引入组分的种类和分布，从而影响材料的最终性能。表面修饰是材料后处理中的一个重要环节，尤其在功能性材料的制备中具有关键作用。通过表面修饰，可以显著改变材料的表面性质，如改善材料的耐腐蚀性、抗氧化性，或者赋予其特定的化学反应活性。涂层是一种常见的表面修饰手段，利用物理或化学方法在材料表面形成一层保护或功能性薄膜，这种薄膜不仅可以提高材料的抗腐蚀性能，还可以赋予材料抗菌、自清洁等特殊功能。涂层技术广泛应用于工业、医疗和电子器件领域，例如在金属表面涂覆一层防腐蚀涂层，在医用器械表面涂覆一层抗菌涂层，或者在光学元件表面涂覆一层防反射涂层。涂层的材料选择和厚度控制对最终的性能有直接影响，因此需要精确设计和优化。

功能化是表面修饰中更为精细的操作，通过化学反应或物理吸附在材料表面引入特定的功能基团或纳米结构，从而赋予材料特定的化学或生物功能。功能化技术在生物医用材料、传感器、催化剂等领域应用广泛。例如，在传感器材料的表面功能化上，可以通过引入特定的生物分子识别元件，提高传感器的选择性和灵敏度；在催化剂表面的功能化上，可以通过修饰活性位点，提高催化剂的活性和选择性。表面功能化的挑战在于保持材料原有的基本性能，同时赋予其新的功能，这需要对材料的表面化学反应和结构变化有深入理解和控制。除了上述的热处理、退火、浸渍和表面修饰外，还有其他许多后处理方法，如电化学抛光、机械抛光、等离子体处理等，这些方法在提高材料表面光洁度、去除表面缺陷、增强材料表面性能方面发挥着重要作用。不同的后处理方法可以组合使用，以实现材料性能的综合优化。例如，在某些高要求的应用中，可能需要先进行热处理和退火，随后进行表面涂层和功能化，以最终获得兼具优异力学性能和特殊功能的材料。

6. 材料的表征与评价

在材料制备完成后，对材料进行表征与评价是至关重要的步骤，这一过程能够揭示材料的微观结构、形貌特征、成分组成以及各种物理化学性能，从而为进一步的工艺优化和材料性能的提升提供依据。X 射线衍射（XRD）是最常用的表征技术之一，通过检测材料内部原子平面的间距，可以确定其晶体结构和相组成。XRD 不仅能够识别出材料中的不同晶相，还能提供有关晶粒大小、应力状态和织构信息，这些数据对于理解材料的制备工艺对其结构的影响尤为重要。此外，XRD 还能够监测热处理过程中的相变，为工艺优化提供指导。扫描电子显微镜（SEM）是另一种常用的表征工具，通过利用电子束与样品相互作用，可以获得材料表面的高分辨率图像。SEM 能够清晰地展示材料的表面形貌和微观结构，包括晶粒边界、相分布、孔隙率和缺陷等。对于多相材料，SEM 可以提供不同相之间的分布信息，这对于理解材料的制备工艺对其最终结构的影响十分关键。透射电子显微镜（TEM）则提供了更为细致的分析能力，通过透过样品的电子束形成图像，可以观察到材料的晶体结构、位错和界面等原子级别的细节。TEM 不仅能够揭示材料的微观结构，还能够结合电子衍射技术进一步确定其晶体取向和相组成，从而对材料的合成过程提供更为精确的反馈。

在材料的化学成分和官能团分析中，红外光谱（IR）和拉曼光谱（Raman）是两种常用的技术。红外光谱通过检测材料中化学键的振动模式，可以识别出材料的官能团和分子结构，这对于分析有机材料或有机无机复合材料中的化学成分十分有效。拉曼光谱则通过散射光谱的分析提供关于分子振动的信息，与红外光谱互补，特别适用于分析无机材料中的化学键特征。此外，拉曼光谱在分析材料中的应力状态和晶格畸变方面也具有优势，这对研究纳米材料或复合材料的结构特性有着重要作用。热重分析（TGA）是研究材料热稳定性和分解行为的常用技术，通过测量材料在不同温度下的质量变化，TGA可以提供有关材料的热分解温度、挥发成分含量以及材料的热稳定性的信息。这对于研究聚合物材料、复合材料以及某些金属氧化物的热降解行为尤为重要。结合TGA与差示扫描量热法（DSC），可以进一步获得材料的熔点、玻璃化转变温度和结晶行为的详细信息，从而全面了解材料的热物理性能。

除了以上几种常用的表征技术，其他如原子力显微镜（AFM）、X射线光电子能谱（XPS）、中子衍射以及表面增强拉曼光谱（SERS）等也在不同的材料研究中得到了广泛应用。原子力显微镜能够提供材料表面的三维形貌和纳米级别的表面粗糙度信息，尤其在研究纳米材料和表面修饰材料时具有独特优势。X射线光电子能谱通过分析材料表面原子的电子结合能，可以获得材料表面的化学状态和价态信息，这对于研究催化剂、薄膜材料和功能材料中的化学组成和表面化学反应具有重要意义。通过对表征结果的综合分析，可以揭示出材料在制备过程中的微观结构演变规律，发现影响材料性能的关键因素，并为进一步的工艺优化提供科学依据。将不同的表征技术相结合，能够提供更为全面和深入的材料信息。例如，结合XRD和SEM可以同时获得材料的晶体结构和表面形貌，而结合IR和Raman光谱则可以全面分析材料的分子结构和化学成分。通过多种技术的协同应用，可以更好地理解材料的结构-性能关系，推动新材料的开发和现有材料的改进。

7. 应用性能测试与反馈

应用性能测试与反馈是材料科学中不可或缺的步骤，通过对最终制备材料的全面评估，能够确定其在实际应用中的表现和适用性。力学性能测试是最为基础的测试之一，包括抗拉强度、压缩强度、弯曲强度、硬度和韧性等指标。这些测试能够揭示材料在外力作用下的响应特性，决定其是否适合应用于结构性用途。例如，高强度的金属材料适用于建筑和机械部件，而高韧性的聚合物材料则在防护设备和包装材料中有着广泛应用。通过力学性能测试，研究人员可以发现材料在实际使用中的潜在缺陷或不足，从而为进一步优化材料的合成工艺和改进配方提供重要依据。热学性能测试则主要用于评估材料在不同温度环境下的稳定性和表现，包括热膨胀系数、导热系数、比热容、熔点和热分解温度等参数。这些测试对于材料在高温环境中的应用尤其重要。例如，航空航天领域的材料必须具有高的热稳定性和低的热膨胀系数，以在极端温度条件下保持结构完整性和性能稳定。通过热学性能测试，可以确定材料的使用温度范围，并通过调整材料的成分和微观结构，优化其热学性能以满足特定应用的需求。

电学性能测试对于那些应用于电子器件、导电材料和半导体材料的材料尤为关键。电导率、介电常数、击穿电压和漏电流等指标能够揭示材料在电场作用下的行为特性。高导电性的材料适合用于电缆和电池的电极，而具有高介电常数的材料则常用于电容器和绝缘体。在半导体材料中，电学性能测试还包括迁移率、载流子浓度和能带隙等，直接影响材料在电子元件中的效率和稳定性。通过这些测试，工程师能够评估材料在实际应用中的电学性能，并根据测试结果反馈，调整材料的制备参数以优化其性能。化学稳定性测试则用于评估材料在化学环境中的耐受性，特别是在腐蚀性介质中的表现。这对于材料在腐蚀环境中的应用至关重要，例如在海洋、化工和石油工业中，材料的抗腐蚀性决定了其使用寿命和可靠性。常见的化学稳定性测试包括耐酸碱性、耐盐雾试验和电化学腐蚀测试等。这些测试能够揭示材料的表面和内部结构在腐蚀性环境中的变化，并帮助确定是否需要对材料进行表面处理或合金化处理，以提高其耐腐蚀性。

通过多次重复测试和不同环境条件下的测试，可以确保测试结果的可靠性，并揭示材料在长期使用中的性能衰减情况。例如，通过加速老化测试，可以模拟材料在长期服役中的性能变化，从而提前发现潜在的失效模式。这样的测试结果为材料的寿命评估和质量控制提供了重要依据。此外，应用性能测试的结果还可以反馈到材料制备工艺中，以指导材料的进一步改进。例如，如果某材料在热学性能测试中表现出较高的热膨胀系数，可能需要通过调整材料的成分或引入新型填料来降低其热膨胀性。同样，如果在化学稳定性测试中发现材料耐腐蚀性不足，可以考虑通过表面涂层或复合改性来提高其抗腐蚀能力。通过这样不断测试和反馈循环，材料的性能得以逐步优化，最终满足实际应用的严格要求。

在不同的应用领域，材料性能测试的侧重点可能有所不同。例如，在航空航天领域，材料的力学性能和热学性能是关键；而在电子领域，电学性能则是重点关注的对象。因此，制定相应的测试方案，全面评估材料的各项性能指标，是确保材料在实际应用中可靠性和稳定性的基础。

8. 环保与经济性考量

随着环保法规的日益严格和社会对可持续发展的重视，选择低污染、低能耗的合成路线已经成为材料开发的基本要求。通过优化合成工艺，减少有害化学品的使用和废弃物的产生，可以显著降低材料制备对环境的负面影响。例如，在化学材料的合成中，采用绿色化学的原则，尽量使用无毒、无害的试剂和溶剂，或者通过开发新型催化剂来降低反应条件，减少能源消耗，从而实现更环保的生产过程。同时，选择可再生或可回收的原材料也是减少资源消耗和环境污染的重要途径。这不仅有助于减少对不可再生资源的依赖，还可以通过循环利用减少废弃物的排放，促进材料的可持续利用。材料的合成路线和工艺流程不仅要考虑技术的可行性，还需要综合评估其经济效益。材料的制备成本主要包括原材料成本、能源消耗、设备投入和人力成本等。因此，在设计过程中，必须平衡材料的成本和性能，选择最经济高效的制备方法。例如，对于一些高性能材料，如果其制备成本过高，将难以在市场上推广应用。通过工艺优化和规模化生产，可以降低单位成本，使材料具备更高的经济竞争力。特别是在工业生产中，材料的成本控制直接影响到产品的市场定价和企业的经济效益。因此，开发低成本、高效率的制备工艺对于材料的推广应用具有重要意义。

生命周期评估不仅考虑材料的制备过程，还包括其使用阶段和废弃后的处理过程。通过对整个生命周期的分析，可以发现材料在不同阶段对环境的影响，从而采取有效措施减少碳足迹和资源消耗。例如，一些材料在制备阶段可能环保性较好，但在使用过程中会产生有害物质，或者在废弃后难以降解，造成长期的环境污染。因此，在材料设计初期，就需要考虑其全生命周期的环境影响，选择更为环保的原材料和工艺，或者开发可降解、可回收的替代材料，以实现环境保护的目标。除了环保与经济性的考量，政策导向和市场需求也是影响材料制备过程的重要因素。政府的环保法规和政策推动了企业对环保材料的研发投入，而市场对绿色产品的需求增长，也促进了环保材料的推广应用。因此，在材料制备过程中，结合政策和市场趋势，选择符合环保标准且具有市场潜力的材料，是实现材料可持续发展的重要策略。材料的研发不仅要满足当前的技术要求，还需要前瞻性地考虑未来的环保法规和市场需求，从而在竞争中占据优势。

第二节 无机材料的探索

一、无机材料的分类与特性

（一）无机材料的分类

1. 氧化物材料

氧化物材料是由金属或非金属元素与氧结合而成的无机化合物。常见的氧化物材料包括金属氧化物如二氧化硅（SiO_2）、氧化铝（Al_2O_3）和氧化锌（ZnO）等。这类材料通常具有优良的化学稳定性、高硬度和耐高温性，广泛应用于陶瓷、玻璃、催化剂和电子器件等领域。

2. 硅酸盐材料

硅酸盐材料由硅氧四面体单元通过氧桥键连接形成的复杂结构，主要成分是二氧化硅和金属氧化物。常见的硅酸盐材料有玻璃、水泥、陶瓷等。由于其优异的耐腐蚀性和机械性能，这类材料广泛应用于建筑、陶瓷制品、光纤通信和化学工业。

3. 碳化物材料

碳化物材料是碳与金属或半金属元素结合形成的无机化合物，如碳化钨（WC）、碳化硅（SiC）和碳化钛（TiC）。这些材料通常具有很高的硬度、耐磨性和耐高温性，广泛应用于刀具、磨具、耐火材料以及航空航天领域。

4. 氮化物材料

氮化物材料由氮元素与金属或非金属元素结合而成，如氮化硅（Si_3N_4）、氮化铝（AlN）和氮化钛（TiN）。这类材料以高硬度、耐磨损和优良的热导性能著称，常用于机械零部件、电子元件和耐高温涂层。

5. 卤化物材料

卤化物材料由金属与卤素元素（如氟、氯、溴、碘）结合形成，如氟化钙（CaF_2）、氯化钠（NaCl）和氯化铵（NH_4Cl）。这些材料大多具有较高的熔点和稳定的化学性质，常用作光学材料、离子交换材料和催化剂。

6. 硫化物材料

硫化物材料是由金属与硫元素结合形成的化合物，如硫化锌（ZnS）、硫化镉（CdS）和硫化铜（CuS）。硫化物材料具有独特的光学、电学和催化性能，在光电器件、传感器和催化剂领域有着广泛的应用。

7. 金属间化合物材料

金属间化合物材料是由两种或多种金属元素按照一定比例结合形成的化合物，如镍钛合金（Ni Ti）、铝锂合金（Al–Li）和镍铝合金（Ni_3Al）。这类材料通常具有良好的机械强度、抗腐蚀性和特殊的物理化学性能，广泛应用于航空航天、汽车工业和电子器件中。

8. 陶瓷材料

陶瓷材料是一种以无机非金属材料为基础，通过高温烧结制成的材料。常见的陶瓷材料包括氧化铝陶瓷、氧化锆陶瓷和氮化硅陶瓷。这类材料具有高硬度、耐磨性、耐高温和化学稳定性，广泛用于耐火材料、电子元件、医疗器械和结构材料等领域。

9. 玻璃材料

玻璃材料是一种非晶态固体，由熔融后快速冷却而得。典型的玻璃材料包括普通硅酸盐玻璃、石英玻璃和光学玻璃。玻璃材料具有良好的透明性、化学稳定性和耐热性，广泛应用于建筑、光学仪器、电子显示器和容器等。

10. 复合无机材料

复合无机材料是由两种或多种不同无机材料复合而成，如陶瓷基复合材料、玻璃陶瓷等。这类材料结合了不同材料的优点，具有更优异的力学性能、热学性能和耐腐蚀性能，广泛应用于航空航天、国防工业、电子和医疗领域。

（二）无机材料的特性

1. 高熔点和高热稳定性

无机材料通常具有较高的熔点和优良的热稳定性，这使得它们能够在高温环境下保持结构和性能的稳定。例如，氧化铝（Al_2O_3）和碳化硅（SiC）等材料常用于高温耐火材料和高温结构材料中。

2. 硬度高

许多无机材料具有很高的硬度，如碳化钨（WC）、氧化锆（ZrO_2）和金刚石。高硬度使得这些材料在切削工具、磨具和耐磨涂层等应用中表现出色。

3. 耐腐蚀性强

无机材料通常具有良好的耐腐蚀性，能够在酸、碱和其他腐蚀性环境中长期保持稳定。这使得它们适用于化工设备、海洋工程和建筑材料等需要耐腐蚀性能的领域。

4. 良好的电绝缘性能

许多无机材料，如氧化铝、氧化锆和玻璃，具有优异的电绝缘性能，广泛应用于电子元件和电气设备中，作为绝缘体和保护材料。

5. 化学稳定性高

无机材料通常对化学反应具有较高的抗性，在各种苛刻环境下能够保持化学成分和结构的稳定性。此特性使其在催化剂载体、核材料和化学容器等应用中占据重要地位。

6. 透明性

某些无机材料如石英玻璃、氧化锆和氧化镁具有良好的透明性，在光学领域中应用广泛。它们常被用作光学透镜、光纤和透明防护罩。

7. 低热膨胀系数

一些无机材料如玻璃陶瓷和石英具有非常低的热膨胀系数，能够在剧烈的温度变化下保持尺寸稳定，这使得它们在高精度光学仪器和耐热结构件中得到广泛应用。

8. 高密度和高强度

无机材料中的金属间化合物和某些陶瓷材料具有高密度和高强度的特点，适合用于需要承受高应力和重载荷的场合，如航空航天和国防工业中的结构材料。

9. 导热性好或差

无机材料的导热性能差异较大，一些材料如铝、铜具有良好的导热性，广泛用于散热材料和导热部件；而其他材料如氧化铝、玻璃则导热性差，适合用于热绝缘材料和热屏障涂层。

10. 脆性

大多数无机材料，如陶瓷和玻璃，表现出脆性，即在受到外力冲击时容易断裂而不是变形。脆性是无机材料应用中的一个限制因素，因此在设计和使用时需要特别注意其结构和形状，以避免因脆性导致的失效。

二、金属材料的结构与性能

（一）金属材料的结构

1. 晶体结构

金属材料的原子排列通常呈现为晶体结构，最常见的晶体结构包括体心立方（BCC）、面心立方（FCC）和密排六方（HCP）。这些结构决定了金属材料的物理性质，如密度、导电性和机械强度。①体心立方结构（BCC）：如铁、铬和钼。②面心立方结构（FCC）：如铝、铜和镍，具有较好的延展性和韧性。③密排六方结构（HCP）：如钛、锌和镁。

2. 晶界

金属材料中晶粒的边界称为晶界，晶界是不同晶体取向的晶粒之间的界面。晶界的存在影响材料的机械性能和电学性能，例如晶界可以阻碍位错运动，但过多的晶界可能导致材料的脆性增加。

3. 位错结构

位错是金属晶体内部的一种缺陷类型，是材料塑性变形的主要原因。位错的存在使得金属在外力作用下能够发生滑移，进而实现塑性变形。位错运动和交互作用也会影响金属的硬度和强度。

4. 合金结构

金属材料可以通过加入其他元素形成合金，从而改变其结构和性能。合金的结构可以是固溶体结构（如铜镍合金）或金属间化合物结构（如镍钛合金）。这些不同的合金结构对材料的力学性能、耐腐蚀性和导电性有显著影响。

5. 相结构

在合金材料中，通常存在多个相（如 α 相、β 相、γ 相等），每个相具有不同的晶体结构和化学成分。这些相的分布、数量和尺寸对合金的整体性能起着关键作用。相结构的控制是合金设计中的重要一环，通过热处理和合金成分调整可以优化相的形成和分布。

6. 孪晶结构

孪晶是一种特殊的晶体缺陷，表现为晶体内部的一个部分沿特定晶面发生镜像对称排列。孪晶结构可以增强材料的强度和韧性，同时在某些条件下还可以影响材料的塑性变形行为。

7. 沉淀和析出相

在某些合金中，通过热处理可以使得第二相（如沉淀相或析出相）从固溶体中析出，这种结构通常能够显著提高材料的强度和硬度。例如，铝合金中的沉淀硬化现象就是通过控制析出相的分布来增强材料性能。

8. 亚结构和纳米结构

现代金属材料的研究中，常常关注亚微米尺度或纳米尺度的结构特征，如纳米晶粒结构、纳米级析出物和界面结构。这些细微结构显著影响材料的力学性能、电学性能和热学性能。纳米结构的引入通常能够使材料获得更高的强度和硬度，同时保持良好的延展性。

9. 织构

织构是指金属材料中晶粒的取向分布情况，通常由于加工工艺（如轧制、拉伸等）导致晶粒沿特定方向排列。织构的存在会影响金属材料的各向异性，例如，在某个方向上表现出更高的强度或更低的延展性。

10. 空位和间隙原子

空位是指晶体中原子缺失而形成的点缺陷，间隙原子是指原子占据了晶体中的间隙位置。这些缺陷会影响金属材料的扩散行为和机械性能，通常在高温下空位和间隙原子的数量会增加，影响材料的蠕变和疲劳性能。

（二）金属材料的性能

1. 机械性能

（1）强度包括抗拉强度、屈服强度和压缩强度，反映材料在应力作用下的抵抗能力。例如，高强度钢用于建筑和桥梁结构，以承受巨大的载荷。

（2）硬度指材料抵抗局部变形、特别是表面凹陷或划痕的能力，常通过洛氏硬度、布氏硬度和维氏硬度等方法测量。硬质合金（如碳化钨）因其高硬度被广泛用于切削工具和模具。

（3）韧性。材料在冲击载荷下吸收能量的能力，是强度和延展性的综合表现，通常通过冲击试验（如夏比冲击试验）测量。高韧性钢用于制造需要承受冲击和振动的机械零部件。

（4）延展性。材料在断裂前能够塑性变形的能力，通常通过伸长率和断面收缩率表征。铜和铝因其优良的延展性被广泛应用于电线和电缆。

（5）疲劳强度。材料在交变应力作用下抵抗疲劳破坏的能力，对反复受力的零件（如轴和弹簧）尤为重要。

2. 热学性能

（1）导热性。材料传导热量的能力，以导热系数表示。铜和铝具有高导热性，广泛用于散热器和热交换器。

（2）热膨胀性。材料随温度变化而发生体积或长度变化的能力，以热膨胀系数表示。在高温应用中，如涡轮叶片和耐热合金，需要控制热膨胀性以避免热应力。

（3）熔点。材料由固态变为液态的温度。高熔点金属如钨和铌用于高温环境中，如电灯丝和火箭喷管。

（4）热稳定性。材料在高温下保持其物理和化学性质的能力。例如，镍基超级合金在航空发动机中用于承受高温和高压条件。

3. 电学性能

（1）电导率。

材料传导电流的能力，以电导率表示。铜和银因其高电导率被广泛应用于电气和电子领域。

（2）电阻率。

材料对电流的阻碍能力，是电导率的倒数。高电阻率材料如镍铬合金用于电阻器和加热元件。

（3）超导性。

某些材料在低温下电阻降为零的特性，如铌钛合金在强磁场中作为超导磁体的材料。

（4）介电性能。

材料在电场中的极化特性，以介电常数表示。钛酸钡因其高介电常数被广泛应用于电容器。

4. 磁学性能

（1）磁导率。材料导磁的能力，高磁导率材料如铁和镍用于变压器芯和电动机。

（2）矫顽力。材料在磁化后保持磁性的能力，硬磁材料如钕铁硼用于永久磁体和磁存储设备。

（3）磁滞损耗。材料在磁化循环中能量损耗的能力，低磁滞损耗材料如硅钢用于电机和变压器。

5. 化学性能

（1）抗腐蚀性。材料在酸、碱、盐等环境中的抵抗腐蚀的能力。不锈钢因其优异的抗腐蚀性广泛用于化工设备和建筑。

（2）抗氧化性。材料在高温下抵抗氧化的能力。铝和钛在高温下表面形成致密氧化膜，保护内部不被进一步氧化。

（3）化学稳定性。材料在化学反应中保持其原有性质的能力。例如，贵金属如金和铂在化学反应中表现出高度稳定性。

6. 光学性能

（1）反射率。材料表面反射光的能力。铝和银因其高反射率用于反光镜和光学仪器。

（2）透光性。材料透过光的能力。某些金属氧化物如氧化锌和氧化铟锡在电子显示器中用作透明电极。

（3）光吸收性。材料吸收光能的能力。金属纳米颗粒因其特定的光吸收特性被应用于传感器和光催化剂。

7. 密度

密度是单位体积材料的质量。高密度金属如铅和钨用于辐射屏蔽和重负荷结构；低密度金属如铝和镁用于航空航天和汽车工业，以减少重量和提高燃效。

8. 可加工性

可加工性描述材料在加工过程中的表现，包括切削、成形和焊接等。铝和铜因其优良的可加工性广泛用于制造复杂零件和电子元件。

三、陶瓷材料的合成与应用

（一）陶瓷材料的合成

1. 粉末制备

陶瓷材料的合成通常从原料粉末的制备开始。粉末的制备方法包括化学沉淀法、溶胶-凝胶法、气相沉积法和机械粉碎法等。粉末的粒径、形状和纯度对最终陶瓷的性能有重要影响。通过控制粉末制备工艺，可以获得具有特定特性的陶瓷粉末，为后续的成形和烧结奠定基础。

2. 成形工艺

成形是将陶瓷粉末压制成所需形状的过程，常见的成形方法包括压制成形（如冷等静压和热等静压）、注射成形、挤出成形和流延成形等。成形过程的关键在于获得均匀致密的生坯，这将直接影响陶瓷材料的烧结性能和最终的物理机械性能。

3. 烧结

烧结是陶瓷材料合成中的关键步骤，通过高温加热使得陶瓷粉末颗粒间发生扩散、重结晶和致密化，最终形成致密的固体材料。常用的烧结方法包括常压烧结、热压烧结、微波烧结和放电等离子烧结（SPS）。烧结温度、时间和气氛对陶瓷的微观结构、孔隙率和力学性能有显著影响。

4. 添加剂与掺杂

在陶瓷合成过程中，添加剂和掺杂元素的引入可以显著改善材料的性能。例如，添加烧结助剂可以降低烧结温度，提高烧结致密度；掺杂元素可以调节陶瓷的电学、热学和机械性能，如钛酸钡陶瓷中掺杂钕元素可以提高其电介质性能。

5. 液相法合成

液相法是通过溶液中的化学反应来合成陶瓷材料的一种方法，包括水热法、溶胶-凝胶法、共沉淀法等。这些方法适用于合成均匀细小的陶瓷粉末或制备薄膜陶瓷，能够在较低温度下实现复杂化学成分的均匀分布。

6. 固相反应法

固相反应法是通过将固体原料混合后加热，使其发生化学反应生成陶瓷材料。这种方法适用于制备单一相或多相陶瓷，如氧化铝陶瓷和氧化锆陶瓷。固相反应法具有工艺简单、原料易得的优点，但通常需要较高的反应温度和较长的烧结时间。

7. 气相沉积法

气相沉积法包括化学气相沉积（CVD）和物理气相沉积（PVD），主要用于合成薄膜陶瓷或表面涂层。CVD通过气态前驱体在高温下的化学反应生成陶瓷材料，而PVD则通过物理过程将材料沉积在基底上。这些方法能够精确控制陶瓷薄膜的厚度和组成，适用于高精度要求的应用领域。

8. 机械合成法

机械合成法包括机械合金化和高能球磨，通过高能量的机械力使得粉末颗粒发生化学反应或形变，最终合成陶瓷材料。这种方法适用于合成难熔金属陶瓷和复合陶瓷，能够在较低温度下实现陶瓷的合成，并且可以得到纳米尺度的颗粒。

9. 微波辅助合成

微波辅助合成是利用微波辐射直接加热陶瓷粉末，从而实现陶瓷材料的快速烧结和致密化。微波辅助合成具有加热均匀、时间短和能耗低的优点，适用于制备高性能陶瓷材料。

10. 高温熔融法

高温熔融法是通过将原料在高温下熔融，然后快速冷却形成玻璃陶瓷或非晶陶瓷材料。这种方法适用于制备高纯度、高透明度的陶瓷材料，如光学陶瓷和功能陶瓷。

（二）陶瓷材料的应用

1. 结构陶瓷

结构陶瓷以其优异的机械性能和耐高温性广泛应用于航空航天、汽车工业和机械制造领域。常见的结构陶瓷材料包括氧化铝（Al_2O_3）、碳化硅（SiC）和氮化硅（Si_3N_4），这些材料用于制造发动机部件、切削工具、轴承和高温绝缘材料，因其耐磨、耐腐蚀和高硬度而被广泛采用。

2. 电子陶瓷

电子陶瓷具有独特的电学、磁学和光学性能，广泛应用于电子和电气领域。例子包括：压电陶瓷如钛酸钡（$BaTiO_3$），用于传感器、超声波发生器和电子元件中。电介质陶瓷用于电容器和高频器件，如钛酸钡和氧化钛陶瓷。磁性陶瓷如铁氧体，用于制造磁存储器件、变压器和电感器。

3. 生物陶瓷

生物陶瓷因其优良的生物相容性和耐腐蚀性，被广泛用于医疗领域。例如，羟基磷灰石（HA）和氧化锆（ZrO_2）用于制造牙科植入物、骨骼替代物和关节置换器件。这些材料能够与人体组织良好结合，促进组织再生并减少排斥反应。

4. 耐火材料

陶瓷材料因其高熔点和耐高温性能被广泛用于制造耐火材料。这些材料常用于钢铁、玻璃、水泥和有色金属等高温工业炉内衬和窑具，如氧化铝砖、镁铬砖和碳化硅砖。耐火陶瓷材料具有优良的耐热冲击性和抗侵蚀性，能够在高温下长期稳定工作。

5. 化工陶瓷

陶瓷材料的化学稳定性使其在化工行业中得到了广泛应用。化工陶瓷用于制造化学反应器、管道、泵和阀门的内衬，耐受强酸、强碱和高温腐蚀。这类材料包括氧化铝、碳化硅和氮化硅，能够提高设备的使用寿命并降低维护成本。

6. 光学陶瓷

光学陶瓷因其优异的透明性和光学性能，在激光器、红外窗口、透镜和光纤通信中得到了广泛应用。例如，氧化铝透明陶瓷和钇铝石榴石（YAG）陶瓷用于激光器中的激光介质，氧化锌和氧化铟锡（ITO）陶瓷用于透明导电薄膜和显示器中。

7. 环保陶瓷

环保陶瓷材料在环保和能源领域发挥着重要作用。例如，陶瓷滤膜用于水处理和废气处理，能够有效过滤颗粒物和有害物质；蜂窝陶瓷载体用于汽车排气系统中的催化转换器，帮助减少尾气中的有害排放物。此外，陶瓷材料还被用于制造高效节能的建筑材料，如保温陶瓷砖和隔热板。

8. 装饰陶瓷

陶瓷材料因其丰富的颜色、质感和图案，被广泛应用于建筑装饰和日常生活用品中。装饰陶瓷包括瓷砖、卫浴洁具、陶瓷艺术品等，具有耐磨、耐污、易清洁的特点。高档装饰陶瓷还结合了先进的印刷技术和釉面处理，能够实现复杂的设计效果和图案。

9. 防弹陶瓷

防弹陶瓷材料因其高硬度和高抗压性能，用于制造防弹装甲和防弹背心。常用的防弹陶瓷材料包括碳化硼（B_4C）和碳化硅（SiC），这些材料能够有效吸收和分散冲击能量，提供优异的防护性能。

10. 特殊功能陶瓷

特殊功能陶瓷材料因其独特的物理化学特性，在高科技领域有着重要应用。例如，超导陶瓷材料如钇钡铜氧（YBCO）用于制造超导磁体和超导电缆；导电陶瓷材料用于制造电子元器件和传感器；吸波陶瓷用于电磁屏蔽和隐身技术。

四、复合材料的发展与应用

（一）复合材料的发展

1. 早期阶段（1950 年–1970 年）

在这一阶段，复合材料的研究和应用主要集中在航空航天领域。纤维增强塑料（如玻璃纤维、碳纤维）成为最早得到广泛应用的复合材料之一。这些材料因其优异的强度重量比，开始替代传统金属材料应用于飞机结构中。此外，复合材料的制造技术也在这一阶段逐渐成熟，树脂传递模塑（RTM）、拉挤成型等工艺得到开发和应用。

2. 成长阶段（1980 年-1990 年）

随着复合材料性能的不断提升，它们的应用领域从航空航天扩展到汽车、船舶、建筑等更多行业。碳纤维复合材料的使用越来越普遍，特别是在高性能、轻量化的汽车和赛车中。与此同时，复合材料的种类和制备技术得到进一步扩展，碳纳米管、石墨烯等新型增强材料开始被探索用于提高复合材料的性能。复合材料的成本在此阶段有所下降，使其在更多领域的应用成为可能。

3. 成熟阶段（2000 年-2010 年）

复合材料的应用已经非常广泛，涵盖了从高端科技领域到日常消费品的各个方面。复合材料的制造技术也取得了显著进步，自动化纤维铺放、3D 打印等新兴技术逐步应用于复合材料的生产过程。这一阶段的研究重点开始转向提高材料的耐久性、环保性以及开发可回收、可持续发展的复合材料。复合材料在建筑领域的应用逐渐增多，特别是在桥梁、建筑结构等大型基础设施中展现出良好的应用前景。

4. 创新与可持续发展阶段（2020 年至今）

进入 21 世纪 20 年代，复合材料的发展方向更加多元化，重点围绕绿色环保与智能化展开。新型生物基复合材料和可再生复合材料的开发逐渐受到重视，以减少对环境的负担。同时，智能复合材料的研究也在兴起，这些材料具备自我感知、自我修复等功能，有望在未来的智能结构和可穿戴设备中得到应用。此外，复合材料的数字化制造与仿真技术得到广泛应用，使得设计、测试和生产过程更加高效与精确。随着材料科学的不断进步，复合材料将继续在各个领域中发挥重要作用，推动社会的可持续发展。

（二）复合材料的应用

1. 航空航天

高强度与低重量的组合使复合材料成为航空器结构设计的理想选择。在航空器的机翼、机身和尾部结构中，复合材料的使用不仅有效减轻了飞行器的自重，还显著提升了燃油效率，符合现代航空工业对节能减排的迫切需求。相比传统金属材料，复合材料的密度更低，但却能够提供相似甚至更高的强度，这使得飞行器在不增加重量的前提下，依然能保持或提高其结构完整性和安全性能。复合材料具备优异的耐高温性能，这使其能够在飞行器高速飞行时，面对空气摩擦产生的高温环境中仍能保持材料的稳定性。这一特点在航天器外壳和发动机部件中尤为重要，因为这些部件需要在极端温度下工作，且不允许出现任何材料失效的情况。复合材料的这种耐热性能，结合其出色的抗腐蚀能力，使得航天器的使用寿命得以延长，并减少了因材料老化而产生的维护和更换成本。

复合材料的抗疲劳性能也为航空航天器的设计提供了更多可能性。在长期的高强度使用中，复合材料能够有效抵抗由反复载荷引起的疲劳破坏，从而延缓结构件的老化过程。这种性能在航空器的高频使用环境中尤其重要，因为飞行器在每次起降中都会经历复杂的应力变化，材料的抗疲劳性能直接关系到飞行器的整体安全性和运行可靠性。复合材料的优越性不仅体现在其力学性能上，还包括其在制造工艺上的灵活性。与传统金属材料相比，复合材料能够更容易地被加工成复杂的几何形状，并且在制造过程中能够实现精密的质量控制和一体化成型。这种制造优势使得设计师能够开发出更加符合空气动力学原理的结构，从而进一步优化飞行器的性能。

随着复合材料技术的不断发展，新的高性能复合材料正在被研究和应用，如碳纤维增强复合材料和陶瓷基复合材料。这些新材料在航空航天领域展示出更高的强度、更轻的重量以及更卓越的耐环境性能，推动了飞行器设计的进一步革新。通过持续的材料创新，复合材料在航空航天领域的应用将愈加广泛，并为未来的飞行器提供更高效、更可靠的解决方案。

2. 汽车工业

在汽车工业中，复合材料的应用已经成为提高车辆性能和安全性的关键因素。首先，复合材料被广泛应用于车身外壳、保险杠等关键部件的制造，这不仅有效减轻了汽车的整体重量，同时还显著提升了车辆的燃油经济性。车辆重量的减轻意味着发动机负担减小，从而降低了燃油消耗，符合当前节能环保的行业趋势。与传统钢材相比，但却能够保持足够的结构强度和刚性，这使得汽车制造商能够在不牺牲安全性的前提下，优化车辆的能效表现。复合材料在提高车辆安全性方面发挥了重要作用。其优异的吸能性使其在碰撞发生时能够有效吸收并分散冲击力，从而减少对车内乘员的伤害。在车辆发生碰撞时，复合材料的这种特性能够极大地降低车体变形的程度，并最大限度地保护乘员舱的完整性。这对于提升车辆的整体安全性具有重要意义，尤其是在高速行驶中，复合材料的吸能性能能够显著减少碰撞带来的危害。

在日常使用中，汽车暴露在各种恶劣的环境条件下，如潮湿、盐分、酸雨等，这些都会对传统金属材料造成腐蚀和损害。而复合材料由于其优异的抗腐蚀性能，能够在这些恶劣条件下保持其结构和性能的稳定性，减少因腐蚀而导致的部件更换和维修成本。从制造工艺的角度来看，复合材料还具有成型自由度高的特点，这使得汽车设计师能够更灵活地开发出符合空气动力学要求的车身结构和外形设计。这种设计上的自由度，不仅提升了车辆的外观美感，还优化了其行驶性能，使得车辆在高速行驶时能够更加平稳和高效。加之复合材料的整体成型工艺，可以减少部件的拼接和焊接点，从而降低了因焊接引起的材料弱点和可能的质量问题。

随着复合材料技术的不断进步，未来汽车工业对其的依赖只会愈加明显。新的复合材料如碳纤维增强塑料（CFRP）和玻璃纤维增强塑料（GFRP），在重量、强度和耐用性方面都有着更为优异的表现，正在逐步取代传统的金属材料。尤其是在高端汽车制造领域，复合材料已经成为实现轻量化设计和高性能要求的重要材料选择。

3. 建筑工程

在建筑工程领域，复合材料的应用已逐渐成为提升建筑结构性能和美观度的重要手段。碳纤维复合材料在桥梁和建筑物的加固与修复中得到了广泛应用。其高强度和轻质特性使其在不增加结构自重的情况下，显著增强了建筑物的承载能力和抗震性能。这种材料的使用特别适合于那些需要在现有结构上进行改造和加固的项目，因为它能够有效提高结构的稳定性，延长建筑物的使用寿命，同时减少因材料老化带来的潜在风险。与传统的钢筋混凝土结构相比，复合材料具有更强的抗疲劳和抗腐蚀能力，能够在恶劣的环境条件下长时间保持其性能。这一特性在桥梁、海港设施和其他暴露在严苛气候条件下的建筑结构中尤为重要，因为这些结构在长期使用中容易受到环境侵蚀，导致安全隐患。复合材料的应用有效减少了这些隐患的发生，降低了结构的维护和更换成本，提升了整个建筑项目的经济效益。

作为建筑幕墙材料，复合材料不仅能够满足现代建筑对于外观设计的高要求，还具有良好的耐候性和抗腐蚀性能。建筑幕墙不仅仅是建筑物的外表装饰，更是保护建筑结构免受外界环境影响的第一道防线。复合材料的高耐候性确保了建筑幕墙在风雨侵蚀中仍能保持外观的完好无损，抗腐蚀性能则延长了其使用寿命，减少了定期更换和维护的需求。复合材料的灵活成型性也使得建筑设计师可以创造出更具创意和独特性的建筑外观。在现代建筑设计中，复杂的几何形状和流线型结构越来越受欢迎，而传统建筑材料在这方面的应用受到很大限制。复合材料由于其优越的可塑性，可以通过精密的模具加工成各种复杂形状，使得设计师的创意得以充分实现。此外，复合材料的颜色和质感可以根据设计需求进行调整，进一步丰富了建筑外立面的表现力。

新的材料种类和制造工艺正在被引入建筑工程中，如纳米复合材料和3D打印复合材料。这些新技术不仅进一步提升了复合材料的性能，还拓展了其在建筑领域的应用范围。例如，3D打印复合材料可以用于现场制作建筑构件，缩短施工时间，并降低施工成本。

4. 体育器材

体育器材制造领域中，复合材料的应用已经成为提升运动器材性能的关键因素。复合材料以其轻便和耐用性成为自行车、网球拍、滑雪板等高性能体育器材的首选材料。这种轻量化优势不仅提高了运动员的表现，还减少了他们在长时间运动中所承受的疲劳感，使其能够更专注于发挥最佳水平。进一步来看，复合材料的高强度和耐用性同样为体育器材的耐用性和寿命提供了保障。在激烈的运动环境中，器材必须承受反复的冲击和压力，而复合材料的优异力学性能使其能够在这些苛刻的条件下保持结构的完整性和功能的稳定性。无论是在高强度的网球比赛中还是在极限滑雪运动中，复合材料制造的器材都能够有效抵抗外力的冲击，减少损坏的风险，从而延长器材的使用寿命。这样的性能表现不仅节省了运动员的器材维护和更换成本，也增强了他们在比赛中的信心。

复合材料的成型特性也为体育器材的个性化设计提供了无限的可能性。由于复合材料可以通过模具加工成各种复杂的形状和结构，制造商可以根据不同运动项目的特殊要求，为运动员量身定制器材。例如，网球拍的重量分布、滑雪板的弧度设计、自行车车架的刚性调节等，都可以通过调整复合材料的布局和成型工艺来实现。这种个性化设计不仅提升了器材的专业性能，还满足了不同运动项目对器材的特殊需求，使运动员能够在比赛中发挥出最佳水平。复合材料在提升体育器材性能的同时，还带来了更多的设计灵活性和创新空间。得益于复合材料可以实现的多种物理和化学性质组合，制造商能够在同一件器材中结合不同材料的优点，例如将碳纤维的高强度与玻璃纤维的高韧性结合，以创造出更具竞争力的产品。此外，复合材料的外观颜色和质感可以根据运动员的个人喜好进行定制，使得器材不仅功能出众，还具备独特的美感。

随着科技的进步，复合材料在体育器材中的应用范围也在不断扩大。例如，在赛艇、帆船、马术设备等更多体育项目中，复合材料已经开始展现其优势，助力运动员在更广泛的领域中实现卓越表现。这种趋势不仅提升了体育器材的整体水平，也推动了整个体育产业的技术革新，为运动爱好者和职业选手带来了更丰富的选择和更优质的体验。

5. 医疗器械

在医疗器械领域，复合材料的应用已经为患者带来了诸多益处，尤其是在人造骨骼和关节的制造中，复合材料凭借其卓越的生物相容性和力学性能，成为医学界的首选材料之一。这种材料不仅能够与人体骨骼的机械性能相匹配，还能有效避免传统金属材料可能引发的排异反应，从而显著提高了患者的生活质量。通过使用复合材料制造的人造骨骼和关节，患者能够获得更自然的运动体验，且这些植入物在体内的耐久性也增强，减少了二次手术的可能性。除了在人造骨骼和关节方面的应用，复合材料在手术器械和植入物的制造中也展现出极大的优势。其轻量化的特性使得手术器械更容易操作和控制，医生在手术过程中能够更精确地进行操作，减少了因器械重量而导致的手部疲劳，从而提高了手术的成功率。与此同时，复合材料的高强度使得这些器械在面对复杂的手术环境时，能够保持稳定的性能，确保医疗操作的安全性和有效性。

复合材料还具有优异的耐腐蚀性和抗磨损性，这使其在植入物制造中成为理想选择。与传统的金属材料相比，复合材料在体内能够更好地抵抗生理液的侵蚀，保持其机械性能和结构完整性。植入物的长时间稳定性对于患者的康复至关重要，而复合材料在这一方面表现得尤为出色。此外，复合材料的低弹性模量更接近于人体组织，从而减少了植入物与骨骼之间的应力遮挡效应，进一步提升了患者的舒适度和植入物的使用寿命。复合材料在医疗器械中的应用不仅停留在力学性能的优势上，还包括其成型加工的灵活性。由于复合材料可以通过不同的加工工艺进行精准成型，制造商能够根据特定的医疗需求，定制设计符合复杂解剖结构的植入物和手术器械。这种个性化的制造能力，使得复合材料能够更好地适应不同患者的生理特点和手术要求，从而提高了医疗器械的适用性和治疗效果。例如，纳米复合材料和生物可降解复合材料的出现，为未来的医疗器械设计提供了更多可能。这些新材料不仅能够进一步提升植入物的生物相容性和功能性，还能够在使用寿命结束后，通过生物降解过程自然分解，减少对人体的二次伤害和对环境的污染。

6. 电子产品

电子产品的制造过程中，复合材料的应用正在不断扩展，特别是在外壳的制造方面，复合材料以其独特的性能为产品带来了显著的优势。复合材料凭借其卓越的抗冲击性能，为手机、笔记本电脑等电子产品提供了坚固的保护。相比传统塑料或金属外壳，复合材料能够更有效地吸收和分散外力，从而减少设备因意外跌落或碰撞而受损的风险。这种保护作用不仅延长了电子产品的使用寿命，还提升了消费者对产品质量的信赖感。随着电子设备功能的不断增强，内部元件在工作时产生的热量日益增加，而有效散热对于设备的稳定运行至关重要。复合材料能够迅速导出电子元件产生的热量，避免热量在设备内部积聚，从而防止过热现象的发生。这种散热效果不仅提高了设备的性能表现，还延长了内部元件的使用寿命，减少了由于过热导致的故障风险。

某些复合材料还具备出色的电磁屏蔽效果，使其成为保护电子设备内部元件免受外部电磁干扰的重要材料。在现代电子设备中，电磁干扰不仅会影响设备的正常运行，还可能导致数据丢失或硬件损坏。通过使用具有电磁屏蔽特性的复合材料，制造商能够有效隔离这些干扰，确保电子产品的安全性和稳定性。这种屏蔽功能对于需要高精度、高可靠性的电子设备尤为重要，如医疗设备、通信设备和精密仪器等。复合材料的应用不仅限于保护功能，它还为电子产品的设计带来了更多的灵活性和创新空间。由于复合材料可以通过不同的工艺进行加工，制造商能够实现更复杂、更具创意的外观设计。这种设计自由度使得电子产品不仅在功能上满足用户需求，还在外观上更具吸引力，提升了产品的市场竞争力。此外，复合材料的轻量化特性也有助于电子产品的便携性，特别是在移动设备中，这种优势尤为明显。

随着材料科技的进步，新型复合材料如纳米复合材料和环保型复合材料正在逐步应用于电子产品制造中。这些材料不仅进一步提升了产品的性能，还在环保方面做出了贡献。例如，环保型复合材料的使用减少了有害物质的排放，符合当前绿色制造的潮流，也满足了消费者对环保产品的需求。

第三节　有机材料的研究

一、有机高分子材料的基本性质

（一）分子结构

1. 长链结构

长链结构是有机高分子材料的核心特点，这种结构由多个相同或不同的单体单元通过共价键连接而成，形成连续的长链。这些单体通过共价键的结合，不仅使分子链具有一定的稳定性，也赋予材料独特的物理和化学性质。在这种长链状结构中，每一个单体都是整个分子的一部分，重复排列的单体单元决定了高分子的基本性质，如熔点、柔韧性、硬度和耐久性。随着单体数量的增加，分子链的长度不断延伸，从而形成高分子材料的特征之一——高分子量。高分子量不仅影响材料的熔融行为，还决定了它的机械强度和热稳定性。此外，长链结构赋予了有机高分子材料一种独特的形态，即使在分子水平上，这种长链也会表现出一定的卷曲或盘绕。这种卷曲结构不仅有助于材料的柔韧性，还可以通过调节分子链之间的相互作用，改变材料的物理性能。例如，在橡胶类高分子中，长链结构的卷曲程度直接影响了材料的弹性和伸长率。而在一些高分子晶体材料中，链状结构的有序排列会导致材料具有较高的硬度和抗拉强度。

从宏观角度来看，长链结构的存在使得有机高分子材料在加工和使用过程中具有优良的性能。比如，这种结构使材料在受到外力作用时能够产生应力分散，从而提高材料的抗冲击性和耐磨性。与此同时，分子链的相对移动性也赋予了材料一定的韧性，使其在加工过程中能够进行热塑性变形或冷加工成型。因此，长链结构不仅决定了高分子材料的基本性能，也在很大程度上影响了其实际应用价值。

2. 分子量分布

在高分子材料中，不同的分子链具有不同的长度，这导致了分子量的差异。分子量分布通常用来描述材料中各类分子的质量差异及其比例，这一分布的广度对于材料的性能有着显著的影响。通常，分子量较大的分子链赋予材料较高的强度和韧性，而较小的分子链则有助于改善材料的加工性能和流动性。在某些高分子材料中，分子量分布较窄，这意味着大多数分子的分子量相对接近。这种情况下，材料的物理性能通常更加均匀和可预测，适合于对材料性能要求高度一致的应用领域。相反，对于那些具有较宽分子量分布的材料，由于不同分子链长度的多样性，其机械性能和物理特性可能会更加复杂。宽分布的材料通常在韧性、柔韧性和加工性能之间取得了一定的平衡，这使它们在许多实际应用中具有较大的灵活性和适应性。

分子量分布还影响材料的熔点、玻璃化转变温度和溶解性等特性。通常，分子量较大的分子链会提高材料的熔点和玻璃化转变温度，而分子量较小的分子则可能会使材料更容易溶解或加工。这种分布的影响不仅体现在材料的宏观性能上，还影响了其微观结构和行为。例如，较宽的分子量分布可能导致材料在结晶时形成不同尺寸的晶粒，进而影响其力学性能和耐久性。此外，分子量分布对于高分子材料的加工和成型过程也有着重要的影响。在聚合过程中，通过控制反应条件，如温度、压力、催化剂的类型和浓度等，可以调节分子量分布，从而获得不同特性的材料。这使得工程师和材料科学家能够根据具体的应用需求，设计和制造具有特定性能的高分子材料。例如，在注塑成型或挤出加工过程中，较宽的分子量分布可以提供更好的加工性和更高的成品质量，而较窄的分布则有助于保持材料性能的一致性。

（二）物理性质

1. 熔点和玻璃化转变温度

熔点和玻璃化转变温度是衡量有机高分子材料热性能的两个重要参数。熔点通常是指材料从固态转变为液态的温度，而玻璃化转变温度则是高分子材料从硬而脆的玻璃态转变为柔韧的橡胶态的温度。这两个温度点的确立对于材料的加工和应用具有重要的指导意义。有机高分子材料的熔点和玻璃化转变温度通常较低，这一特性使得它们能够在相对较低的温度下进行成型加工，这不仅有助于节省能源，还能避免因过高温度对材料性质的损害。低熔点使得有机高分子材料在热加工过程中能够快速融化并流动，方便使用各种加工技术，如注塑、挤出、吹塑等。这些加工方式广泛应用于塑料制品、包装材料和日用消费品的生产。由于熔点较低，这些材料在成型过程中不需要耗费过多的热能，从而提高了生产效率，降低了制造成本。同时，低熔点还意味着材料可以在较低的温度下实现良好的焊接和接合，这对于生产复杂形状或需要多步加工的产品具有明显优势。

玻璃化转变温度的存在为有机高分子材料提供了一个温度范围，在这个范围内，材料可以表现出既非液态又非固态的特性，具有一定的柔韧性但不易变形。低玻璃化转变温度使得这些材料在日常使用条件下保持柔韧性和弹性，而不易出现脆裂或变形。这种特性在橡胶、弹性体、黏合剂和一些特殊涂料中尤为重要。通过调节材料的玻璃化转变温度，科学家们可以设计出适用于不同气候条件和使用环境的材料，广泛应用于建筑、汽车、电子等行业。此外，熔点和玻璃化转变温度的相对较低还带来了材料在低温加工和应用中的优势。例如，在食品包装领域，低温加工材料可以确保包装过程中食品的质量不受高温影响，同时延长产品的保质期。在医用材料中，低熔点和玻璃化转变温度的高分子材料能够在低温下塑形，避免因高温对药物或生物制品产生的负面影响。这些特点使得有机高分子材料成为众多应用领域中不可或缺的重要材料。

2. 密度

密度是有机高分子材料的一个显著特征，其通常较低的密度使得这些材料在轻量化应用领域中具有明显优势。轻质是有机高分子材料的一个关键特性，尤其在现代工业和消费品领域中，减轻重量往往意味着节省成本、提高效率和增强产品的便捷性。较低的密度不仅使得高分子材料在运输和安装过程中更加便捷，还能减轻最终产品的重量，提升用户体验和产品性能。低密度使得有机高分子材料在航空航天、汽车制造等领域得到了广泛应用。通过使用这些轻质材料，工程师们可以在不牺牲强度和性能的前提下显著减轻车辆和设备的重量。这种减重不仅有助于提高燃油效率，降低能耗，还能够提升设备的操作灵活性和响应速度。对于航空航天器来说，重量的减轻意味着更高的载重能力和更长的航程，而在汽车工业中，轻量化的材料可以减少车辆的碳排放，顺应环保要求。

由于这些材料的重量轻，使用它们可以减少包装材料的用量和运输成本，同时增加包装的便捷性和功能性。例如，塑料包装袋、泡沫包装材料和保鲜膜等产品广泛应用于日常生活中，它们不仅提供了良好的保护性能，还通过轻质特点减少了对环境的影响。这种材料的轻量化特性也使其成为一次性用品的理想选择，尽管环保问题日益受到关注，但轻质材料仍然在许多应用中发挥着重要作用。轻质的建筑材料可以降低建筑物的自重，从而减少对地基的压力，适用于各种类型的建筑物。轻质材料在隔热、隔音和防潮方面的优异性能，使其在节能环保建筑中也占有一席之地。同时，由于这些材料易于加工和安装，它们在建筑施工中也能够提高效率，减少工时，降低整体工程成本。

低密度的有机高分子材料还在电子产品、运动器材和家居用品中得到广泛应用。例如，轻质材料不仅可以减轻设备的重量，还能提供必要的绝缘和保护性能；在运动器材中，轻质材料则能够提升产品的便携性和运动员的表现；而在家居用品中，轻质材料则为设计师提供了更多的创意空间，能够制造出多样化且易于搬运的产品。

（三）机械性能

1. 弹性和塑性

弹性和塑性是有机高分子材料的两个重要力学性能，这些性能使得材料在受到外力作用时能够在较大范围内变形而不发生破裂。弹性是指材料在外力作用下发生形变并在去除外力后能够恢复原状的能力，而塑性则是指材料在外力作用下发生永久变形的能力。具有良好弹性和塑性的有机高分子材料因其特殊的分子结构，能够在广泛的应用领域中展现出独特的优势。有机高分子材料的良好弹性使得它们在制造各类柔性制品中得到了广泛应用。例如，在橡胶制品中，这些材料可以承受反复的拉伸和压缩而不产生永久变形，这种特性使得它们成为制造轮胎、密封件和减震器等产品的理想材料。弹性不仅使材料能够恢复到原始形状，还能在多次循环使用中保持稳定的性能，这对于许多机械和工程应用至关重要。

塑性意味着材料在外力作用下能够进行永久变形，这使得它们能够被加工成各种复杂形状而不失去其结构完整性。正因为这种特性，有机高分子材料在注塑成型、挤出成型和吹塑成型等工艺中被广泛采用。这些工艺能够高效地制造出具有复杂几何形状的产品，如塑料瓶、管材和汽车零部件且成品具有良好的表面质量和尺寸稳定性。此外，有机高分子材料的弹性和塑性还使得它们在医疗、电子和纺织等行业中展现出重要的应用潜力。在医疗领域，弹性使得高分子材料能够应用于制造柔软的医疗器具和人体植入物，如人工关节、导管和手术手套；而塑性则使得这些材料能够被加工成复杂的医疗器械形状，满足不同的医疗需求。在电子行业，这些材料因其弹性被用于制造柔性电路板和可穿戴设备，提供了良好的耐用性和舒适性；在纺织行业，弹性纤维材料被用于制造高弹性服装，增强了衣物的舒适性和耐用性。例如，在建筑和室内设计中，柔性材料因其良好的弹性和塑性，能够适应不同的建筑形态和设计要求，创造出创新的建筑结构和装饰效果。同时，这些材料还能够抵抗外部环境因素，如温度变化和机械应力，从而在各种应用环境中保持稳定的性能。

2. 强度和韧性

尽管其强度通常不如金属材料，但其优秀的韧性使得这些材料在抵抗冲击和裂纹扩展方面表现出色。强度是指材料在承受外力作用下抵抗变形和破坏的能力，而韧性则是指材料在受力变形的过程中吸收能量并阻止裂纹扩展的能力。这两者的结合使得有机高分子材料在许多应用中成为不可替代的选择。虽然高分子材料的强度不如金属材料那样高，但它们在许多领域中依然具备独特的优势。尤其是在需要材料具备一定的强度而同时又要求轻质的场合，高分子材料往往能提供一个良好的平衡。比如，在汽车制造业中，虽然金属材料如钢铁具有更高的强度，但高分子材料由于其较低的密度和良好的强度重量比，被广泛应用于车身部件和内饰的制造。通过合理设计和复合材料的应用，可以进一步提升高分子材料的强度，使其满足结构材料的要求。

高分子材料的韧性使得它们在许多情况下能够优于金属材料。韧性好的材料在受冲击时不会轻易断裂，而是通过吸收和分散能量来抵抗破坏。例如，在防护装备和运动器材中，高分子材料的韧性使得它们能够有效地抵抗外部冲击，保护使用者的安全。此外，在电子产品外壳中，高分子材料因其良好的韧性，不仅提供了耐用的保护，还能在跌落时减少损坏的风险。当材料受到外力而产生裂纹时，韧性好的材料可以通过钝化裂纹尖端，阻止裂纹的进一步扩展，从而延长材料的使用寿命。金属材料虽然强度较高，但往往在裂纹扩展时缺乏足够的韧性，从而导致材料的突然断裂。相比之下，高分子材料由于其分子结构的特点，能够更好地分散应力，从而提高了抗裂性能。这一特点在建筑材料和工程塑料中尤为重要，使得这些材料能够在长期使用中保持稳定的性能。通过将高分子材料与纤维增强材料或其他填料结合，可以制造出具有更高强度和韧性的复合材料，这种材料不仅具备轻质和耐用的特点，还能够在航空航天、汽车工业和建筑工程中替代传统的金属材料，提供更好的性能和更低的成本。

（三）化学稳定性

1. 耐腐蚀性

耐腐蚀性是有机高分子材料的一项重要特性，使得这些材料能够在多种严苛的化学环境中保持稳定。与金属材料相比，有机高分子材料在面对酸、碱、盐等腐蚀性化学物质时表现出色的抵抗能力，不易被侵蚀。这种耐腐蚀性源于高分子材料独特的分子结构，其化学键能较高、结构稳定，使得材料在受到化学物质攻击时不易发生化学反应，从而保持其物理和化学性质的稳定性。耐腐蚀性使得有机高分子材料在化工、医疗和食品包装等领域得到了广泛应用。在化工行业中，这些材料被用于制造管道、容器和设备衬里，能够有效抵抗强酸、强碱和各种溶剂的腐蚀。高分子材料不仅不易生锈，还能避免因化学反应导致的材料性能下降，延长设备的使用寿命。耐腐蚀性使得这些材料能够安全地用于制造药品容器和医疗器械，避免与药品或体液发生不良反应，从而保证产品的安全性和稳定性。

在建筑领域，许多建筑材料，如防水涂料、密封胶和外墙保温材料，都是采用耐腐蚀性优良的高分子材料制造的。它们能够有效抵御酸雨、盐雾和潮湿环境的侵蚀，保持建筑结构的长期稳定和美观。在海洋工程中，耐腐蚀性材料被广泛应用于制造船舶部件、海上平台和海底电缆护套，能够有效抵抗海水中盐分和微生物的腐蚀，确保海洋设备的安全运行。有机高分子材料的耐腐蚀性不仅提高了产品的耐用性，还为设计和制造提供了更多的可能性。传统金属材料在许多腐蚀性环境中往往需要进行表面处理或添加防护涂层，而高分子材料由于其本身的耐腐蚀特性，往往可以直接使用，减少了加工步骤和成本。与此同时，这些材料的轻质特性也使其在运输和安装过程中更加便捷，进一步降低了工程成本。耐腐蚀性还使得高分子材料在环保和新能源领域得到了广泛关注。例如，在废水处理设施中，这些材料被用来制造耐腐蚀的管道和储罐，能够有效地处理和储存各种腐蚀性废液。在新能源领域，耐腐蚀性材料被用来制造太阳能电池和风力发电设备的关键部件，能够抵抗自然环境中的各种腐蚀因素，保证设备的长期稳定运行。

2. 耐溶剂性

耐溶剂性是部分有机高分子材料的显著特性，这使得它们在有机溶剂中表现出良好的稳定性，不易溶解或分解。这一特性在许多工业应用中具有重要意义，尤其是在涉及化学加工和涂层保护的领域。有机高分子材料的耐溶剂性主要来源于其分子结构的稳定性以及分子间作用力的强大，这使得材料在接触有机溶剂时，能够保持其原有的物理和化学特性，而不会发生溶解或分解。在许多化学反应和加工过程中，使用的溶剂具有较强的溶解能力，而高分子材料如果能够耐受这些溶剂，就可以用作反应器的内衬、管道材料或是其他容器的制造材料。这不仅确保了设备的安全运行，还避免了溶解带来的材料损耗，从而延长了设备的使用寿命。此外，耐溶剂性的材料还可以用作防护涂层，在各种化学环境中提供可靠的保护。

许多涂料和黏合剂需要在溶剂中进行溶解或分散，然后再施加到基材表面，经过溶剂挥发后形成坚固的涂层或黏结层。如果这些高分子材料本身不具有耐溶剂性，涂层可能会在溶剂挥发过程中出现溶解或变质，从而影响其最终的性能。因此，耐溶剂性优良的高分子材料能够确保涂层在溶剂挥发后依然保持稳定的结构和性能，提供长期的防护效果。此外，耐溶剂性使得这些高分子材料在日常生活用品和消费品中也占据重要地位。许多家居用品如塑料容器、食品包装和厨房用具都要求具有耐溶剂性，以确保在接触各种清洁剂或食品溶剂时不发生溶解或变质。这不仅保证了产品的使用寿命，也维护了食品安全和环境卫生。同样，在电子产品中，耐溶剂性材料也被广泛用于制造电子元件的封装和保护层，确保元件在潮湿或溶剂环境中不受损坏，延长了产品的使用寿命。例如，药品包装材料需要在接触不同溶剂时保持稳定，避免因溶解而导致药物污染或药效失效。耐溶剂性材料能够确保药品在存储和运输过程中不受外界环境的影响，保证药品的质量和安全。同时，在生物科技领域，耐溶剂性材料用于制造实验器具和容器，可以在各种化学试剂中保持稳定，不影响实验结果的准确性。

（四）电学性质

1. 绝缘性

绝缘性是有机高分子材料的一项突出特性，使得它们在电气和电子领域中得到了广泛应用。大多数有机高分子材料由于其分子结构中的共价键和极少的自由电子，能够有效阻止电流通过，从而表现出优异的电绝缘性能。这种绝缘性使得高分子材料成为电线电缆、电子元件及其他电气设备的理想绝缘材料，不仅能够保护设备的正常运行，还能有效防止电气短路和泄漏，保障用户的安全。电线电缆需要在长时间使用中保持绝缘性能的稳定性，以防止电流泄漏和电击事故的发生。高分子材料如聚乙烯、聚氯乙烯等由于其优异的绝缘性和良好的耐候性，被广泛用于电缆护套和绝缘层的制造。这些材料不仅具有良好的电气性能，还能抵御环境因素的侵蚀，如湿气、温度变化和紫外线辐射，从而确保电缆在各种条件下的安全运行。

电子元件中的电路板、封装材料和绝缘垫片都依赖于这些材料的电绝缘性能，以防止电流的意外导通和短路。例如，聚酰亚胺材料因其高温下仍能保持绝缘性而被广泛应用于柔性电路板和高温电器元件的制造中。此外，硅橡胶材料也常用于制造电气设备中的密封件和绝缘子，能够在高温、高湿环境中提供可靠的绝缘性能。在家电中，这些材料被用于制造插头、插座和各种电气开关的外壳和内部绝缘层，确保家电的安全使用。在汽车中，绝缘材料被广泛应用于电气系统的绝缘防护，如车载电缆和传感器的绝缘套管，保障车辆的电气安全。而在航空航天领域，高性能绝缘材料不仅能够承受极端环境，还能在高频、高压条件下保持良好的电气性能，为飞行器的电气系统提供安全保障。高压电力系统中的绝缘子、变压器中的绝缘油，以及各种电气设备中的绝缘隔板，都是利用有机高分子材料的绝缘特性制造的。这些材料不仅提供了良好的电气绝缘效果，还具有较高的机械强度和化学稳定性，能够在恶劣的工业环境中长期使用而不失效。

2. 介电常数和损耗因子

介电常数和损耗因子是衡量有机高分子材料电气性能的重要参数，尤其在高频电气和电子应用中具有关键影响。介电常数是指材料在电场中储存电能的能力，而损耗因子则反映了材料在电场中能量损耗的程度。有机高分子材料通常具有较低的介电常数和损耗因子，这使得它们在高频应用中表现出色，能够有效减少信号衰减和能量损耗，确保电气和电子设备的高效运行。较低的介电常数使得这些材料在高频电气应用中能够降低信号延迟和失真。这对于现代电子通信设备尤为重要，例如在天线、微波电路和高频电缆的制造中，使用低介电常数的材料可以显著提高信号传输的速度和精度。由于高频信号对材料的介电性能非常敏感，低介电常数能够减少电场中电荷的极化反应，从而降低信号传播中的介质损耗，保持信号的完整性和质量。这在高频通信设备和高速数字电路中表现尤为明显，确保设备能够在高频条件下稳定运行。

低损耗因子意味着有机高分子材料在电场作用下会产生较少的能量损耗。这对于需要长时间工作且要求高效能量传输的电气设备至关重要。损耗因子越低，材料在电场中的能量损耗越少，设备的整体能效越高。例如，在高频变压器、滤波器和谐振器中，低损耗因子材料能够有效降低工作过程中的热量产生，从而减少设备的散热需求。此外，低损耗因子也有助于提高电子设备的功率效率，使得设备能够在高频条件下输出稳定的电流和电压。低介电常数和损耗因子的材料在微电子和集成电路中的应用也非常广泛。在半导体行业，芯片的制造和封装过程中需要使用低介电常数的材料来减少寄生电容和交叉干扰，提升电路的运行速度和可靠性。同时，低损耗因子材料能够确保信号传输中的能量损耗最小化，保证芯片的高效运行。这些特性使得有机高分子材料成为微电子器件中不可或缺的组成部分，为现代电子技术的发展提供了重要支持。此外，这些材料的电气性能还使其在其他高频应用领域表现出色。例如，在雷达系统、卫星通信和高速光纤网络中，低介电常数和损耗因子材料被用作关键部件的绝缘材料和结构材料，确保系统在高频条件下具有出色的信号传输性能和稳定性。通过减少能量损耗和信号失真，这些材料能够提高系统的工作效率，确保其在各种复杂环境中的可靠性和耐用性。

（六）光学性质

1. 透明度

透明度是某些有机高分子材料的重要特性，使得它们在光学器件和透明结构件中得到广泛应用。材料如聚碳酸酯和丙烯酸以其优异的透明性而闻名，它们能够在可见光范围内实现高度透光，同时保持良好的机械性能。这种特性使得这些材料成为替代传统玻璃的理想选择，尤其在需要轻质、高强度和耐冲击性的应用中展现出巨大的优势。由于聚碳酸酯具有比普通玻璃更高的抗冲击性能，同时还能保持与玻璃相当的光学透明度，它成为制造光学镜片、防护面罩、显示屏和其他精密光学设备的重要材料。这种材料不仅能够有效传输光线，而且还具有优良的抗紫外线和耐化学腐蚀性能，因此在户外应用中表现尤为出色。此外，聚碳酸酯的高透明性和可塑性还使其适用于复杂形状和设计的光学元件，满足多样化的光学需求。

丙烯酸材料以其卓越的透明性和优良的加工性能，广泛应用于透明结构件的制造。丙烯酸材料在光学上具有极佳的透光率，通常可以达到92%以上，这使其成为用于制造广告牌、展示架、灯罩和透明罩壳等产品的理想材料。相比于玻璃，丙烯酸材料更轻、更耐冲击，同时还具有较强的耐候性和易于加工的优点。通过热成型、切割、雕刻等工艺，丙烯酸材料可以被加工成各种形状和尺寸的透明件，满足建筑、装饰、展示等多个领域的需求。透明材料被用于制造透明防护罩、手术灯罩和其他医用透明件，能够提供清晰的视野和可靠的保护。透明的高分子材料被用于制造飞机窗户和舱内透明结构件，不仅减轻了重量，还增强了抗冲击性和耐久性，提升了安全性能。

随着柔性显示器、触控屏幕和透明电子设备的发展，这些材料因其良好的光学透明性和可加工性，成为新一代显示技术的重要支撑材料。例如，聚碳酸酯和丙烯酸材料被用于制造透明的导光板、触控层和保护屏幕，为现代电子设备提供了更好的显示效果和用户体验。

2. 光稳定性

许多材料在长时间暴露于紫外线照射下容易发生老化和变黄现象，这种变化不仅影响材料的外观，还会削弱其物理性能，从而限制其应用范围。为了解决这一问题，通常需要在材料中添加光稳定剂，以提高其抗紫外线的能力，延长其使用寿命。这些光稳定剂能够吸收或反射紫外线，防止材料发生光化学反应，从而减缓老化过程。紫外线对有机高分子材料的影响主要表现为光氧化反应。当材料暴露在紫外线下，光能会导致分子链中的化学键断裂，形成自由基，从而引发进一步的氧化反应。这种反应会导致材料变黄、变脆，并伴随强度下降、韧性降低等问题。特别是在户外应用中，如塑料家具、建筑材料和汽车零部件等，这些老化现象不仅影响美观，还可能导致产品失效，增加维护和更换成本。

光稳定剂能够通过吸收紫外线并将其转化为无害的热能，或通过捕获自由基来中断光氧化反应的连锁过程，保护材料免受紫外线的损害。常见的光稳定剂包括紫外线吸收剂、自由基清除剂和荧光增白剂等。紫外线吸收剂能够有效吸收特定波长的紫外线，避免其对材料造成伤害；自由基清除剂则通过中和自由基，防止它们进一步攻击分子链；而荧光增白剂能够掩盖材料的黄变，使其保持明亮的外观。不同材料对光稳定剂的需求和效果也有所不同。例如，聚丙烯和聚氯乙烯等材料在紫外线照射下容易发生降解，因此在这些材料的应用中，光稳定剂的使用至关重要。而对于一些光稳定性较差的高分子材料，如尼龙和聚酯，光稳定剂的添加能够显著提高其抗老化性能，使其能够在更严苛的环境条件下使用。光稳定剂的使用不仅延长了材料的使用寿命，还提升了其在不同环境中的适应性。例如，在高温、高湿度和强紫外线环境下，经过光稳定剂处理的材料能够保持较长时间的稳定性能。这对于建筑、交通工具和户外设备等领域的应用尤为重要，确保了产品在长时间暴露于自然环境中仍能维持其结构和功能。

（七）热学性质

1. 热稳定性

热稳定性是有机高分子材料性能中的一个关键方面，直接影响其在高温条件下的应用。大多数有机高分子材料在高温下容易发生降解，这是因为它们的分子链在高温环境中容易断裂或发生化学变化，导致材料性能的显著下降。这种降解现象包括分子量的降低、颜色的变化、机械强度的减弱以及电性能的恶化，限制了这些材料在高温应用中的广泛使用。因此，为了提高有机高分子材料的热稳定性，通常需要通过化学改性和添加稳定剂来增强其在高温下的耐受能力。通过在分子结构中引入热稳定性更高的官能团或通过交联反应增加分子链间的连接强度，可以显著提升材料的热稳定性。例如，将耐热性较好的芳香族结构引入到高分子链中，可以有效提高材料的耐热性，使其能够在较高温度下保持稳定的性能。此外，化学改性还可以通过提高材料的结晶度来增强其热稳定性，因为高结晶度的材料在高温下表现出更好的抗热降解能力。

热稳定剂能够通过捕捉降解过程中产生的自由基或抑制链断裂反应来延缓或阻止材料的降解过程。常见的热稳定剂包括抗氧化剂、光稳定剂和自由基清除剂等。这些添加剂通过不同的机制帮助材料在高温下保持其物理和化学特性。例如，抗氧化剂能够抑制高温下的氧化反应，从而防止材料的降解，而自由基清除剂则通过捕捉降解反应中生成的自由基，减缓材料的降解速度。提高热稳定性后，这些高分子材料可以应用于更广泛的高温环境中，如汽车发动机部件、电子元器件的封装材料以及高温管道和储罐的内衬材料。通过化学改性和添加稳定剂，不仅延长了材料在高温条件下的使用寿命，还提高了材料在高温环境中的可靠性和安全性。

2. 热导率

热导率是衡量材料传导热量能力的重要参数，大多数有机高分子材料的热导率较低，这赋予它们良好的隔热性能，使其在保温材料中得到了广泛应用。低热导率意味着这些材料能够有效地阻止热量的传递，从而在高温和低温环境中保持内外温度的稳定性。这种特性使得有机高分子材料在建筑、家电、工业设备以及航天航空等领域成为理想的隔热和保温材料。无论是用于墙体保温、屋顶隔热，还是用于门窗密封，这些材料都能够显著降低建筑物内外温差，减少能量消耗。通过在建筑中使用低热导率的保温材料，可以有效地减少冬季的热量流失和夏季的热量渗入，从而降低供暖和空调的能耗，提高建筑的能源效率。这不仅有助于节省能源成本，还对环境保护和可持续发展具有积极的贡献。

冰箱、冷柜、热水器等设备都需要通过隔热材料来保持内部温度的稳定，防止热量的流失或渗入。由于这些材料的低热导率，它们能够有效地维持设备的温度，减少电力消耗，同时延长设备的使用寿命。此外，在制造隔热杯、保温瓶等日常用品时，低热导率的高分子材料也被广泛使用，以确保饮品在较长时间内保持温度。在高温操作环境下，工业设备需要使用隔热材料来防止热量的外泄，保护操作人员的安全并提高能源利用率。低热导率的有机高分子材料被广泛用于工业设备的隔热层和保温涂层，帮助维持设备的温度稳定，减少热损失。此外，这些材料还在管道保温、储罐隔热以及高温炉衬等领域得到了应用，展现出卓越的隔热效果和耐用性。在航天器的设计中，需要使用隔热材料来保护内部设备和人员免受外界极端温度的影响。通过使用这些材料，可以有效地维持航天器内部的温度环境，确保其在极端高温和低温条件下的正常运行。这种隔热性能对于保障航天任务的成功具有至关重要的作用。

（八）加工性能

1. 可加工性

可加工性是有机高分子材料的一项显著优势，使得它们能够通过多种成型工艺实现大规模生产。这些材料通常具有良好的流动性和可塑性，可以通过注塑、挤出、吹塑等工艺进行精确加工，形成各种复杂形状和结构的制品。注塑成型是一种常见的加工方法，通过将熔融的高分子材料注入模具中冷却成型，能够生产出尺寸精确、形状复杂的零件。这一工艺广泛应用于制造塑料零部件、家电外壳、汽车内饰件等，生产效率高，适合大批量制造。挤出成型则是通过将高分子材料挤出模具，形成连续的型材，如管材、板材、薄膜等。这种工艺具有高度的可控性，能够精确控制产品的厚度、宽度和形状，常用于生产建筑材料、包装材料和各种工业制品。挤出成型的另一大优点是可以进行共挤，即在同一过程中同时挤出多种材料，形成多层复合结构，从而赋予产品更多的功能特性，如耐磨、阻燃、隔热等。

吹塑成型是一种用于制造中空制品的加工工艺，通过将熔融的高分子材料吹入模具中形成中空结构，如塑料瓶、容器、油箱等。这种工艺不仅适合生产大批量产品，还能灵活调整产品的厚度和形状，以适应不同的使用需求。吹塑成型具有高效、低成本的优势，尤其在包装行业中占据重要地位。有机高分子材料的可加工性还体现在其易于进行二次加工和修饰。通过热成型、切割、焊接、表面涂层等工艺，可以进一步调整和优化产品的形状、性能和外观。这使得这些材料能够满足不同行业和领域的多样化需求，从电子产品的精密零件到建筑装饰材料，都可以通过灵活的加工方式实现。此外，有机高分子材料的可加工性使其在创新和开发新产品方面具有巨大的潜力。通过调整材料的配方和加工工艺，可以生产出具有特殊性能的高分子材料，如高强度、耐高温、抗紫外线等，这些新材料广泛应用于航空航天、医疗器械、电子设备等高技术领域。

2. 回收再利用

可加工性是有机高分子材料的一大优势，使得这些材料能够通过多种加工工艺实现成型并适合大规模生产。无论是注塑、挤出还是吹塑，这些工艺都能够将高分子材料加工成各种复杂形状和尺寸的产品，从而满足广泛的工业需求。注塑工艺利用模具将熔融状态的高分子材料注入其中，经过冷却后获得形状精确、表面光滑的制品，这种方法适用于制造塑料制品、汽车零部件、电子产品外壳等多种产品。注塑的高效性和可重复性使其成为现代制造业的主流加工方式。在挤出过程中，材料被加热至熔融状态后，通过模具挤压成型为连续的长条形产品，如管材、型材和薄膜。挤出工艺能够生产出具有稳定截面的产品，特别适合用于制造电线电缆的绝缘层、建筑材料和包装膜等应用。由于挤出设备能够连续运行，这种工艺适合大规模生产，具有高效、低成本的优势。

吹塑工艺则是另一种常见的高分子材料成型方法，广泛应用于中空制品的制造。通过将熔融状态的材料注入模具并通过气压吹胀成型，吹塑工艺能够制造出轻质、耐用的产品，如塑料瓶、油箱和水箱。吹塑工艺的灵活性使得它适合生产各种不同形状和尺寸的中空制品，同时其生产速度快、产品质量稳定，也是其在塑料包装领域占据重要地位的原因。这些加工工艺不仅展现了高分子材料的可加工性，还为材料的广泛应用提供了技术支持。高分子材料的可加工性意味着它们能够通过调整加工参数，如温度、压力和冷却时间，来实现对产品性能的控制。这种灵活性使得高分子材料能够满足不同行业对产品性能的特定要求，从而在汽车制造、电子电器、建筑材料、医疗器械等多个领域得到广泛应用。现代高分子材料加工技术的发展，也进一步提升了这些材料的可加工性。通过新型加工设备和工艺的应用，如3D打印和热塑性复合材料的加工，高分子材料的成型精度和效率得到了极大提高。这些新技术不仅拓展了高分子材料的应用范围，还使得复杂形状和结构的产品加工成为可能，为创新设计和工程应用提供了更多的可能性。

二、有机合成材料的制备方法

（一）聚合反应法

有机合成材料的制备主要通过聚合反应实现，聚合反应是指小分子单体通过化学反应连接成大分子链的过程。聚合反应主要分为加聚反应和缩聚反应两类。加聚反应中，单体分子通过加成反应直接相连而不产生副产物，典型例子包括聚乙烯、聚丙烯的合成。缩聚反应则是单体通过缩合反应相连，常伴随小分子的副产物生成，如水或氨，常见的缩聚材料有聚酰胺和聚酯。

（二）乳液聚合法

乳液聚合法是将单体分散在水相中形成乳液，再通过引发剂引发聚合反应。由于反应在水相中进行，乳液聚合法可以有效控制反应热量并且容易获得较高的聚合度和粒径分布均匀的聚合物。该方法广泛应用于生产乳液涂料、胶黏剂和乳液聚合物。

（三）悬浮聚合法

悬浮聚合法将单体分散在水中形成悬浮液，通过搅拌和稳定剂使单体保持分散状态，然后引发聚合反应。这种方法可以制备出粒径较大的聚合物颗粒，常用于生产聚氯乙烯（PVC）等材料。悬浮聚合法的优点是反应易于控制，所得聚合物颗粒纯度高且易于分离。

（四）溶液聚合法

溶液聚合法是在单体和溶剂混合的均相体系中进行的聚合反应。溶液聚合法的优点是反应条件容易控制，聚合物分子量分布均匀，适合制备纤维、膜等高性能材料。溶剂的选择至关重要，它既要溶解单体，又要对聚合物有良好的溶解性。

（五）熔融聚合法

熔融聚合法在无溶剂的情况下，通过加热使单体熔融后进行聚合反应。这种方法适用于热塑性高分子的合成，如聚酰胺和聚酯等。熔融聚合法的特点是产物纯度高、反应速度快，但需要较高的反应温度和精确的温度控制。

（六）固相聚合法

固相聚合法是将低聚物在固态下进行进一步聚合，以提高分子量的一种方法。通常用于需要高分子量的聚合物，如高性能纤维和工程塑料的制备。固相聚合法的优点是反应条件温和，聚合物的热稳定性和机械性能较好。

（七）共聚合反应法

共聚合反应是通过两种或多种不同单体的共同聚合来制备共聚物的方法。共聚合反应可以通过调节单体的种类和比例来控制聚合物的性能，如共聚酯、共聚酰胺等。共聚合物通常具有更好的韧性、弹性或其他特殊性能，适用于需要特定材料性能的应用。

（八）本体聚合法

本体聚合法是在没有溶剂的纯单体状态下进行的聚合反应。由于没有溶剂参与，所得聚合物纯度较高且易于进行后处理。适用于聚甲基丙烯酸甲酯（PMMA）等透明材料的制备。但该方法容易出现聚合热难以控制的问题，需要精确的温度管理。

三、高分子材料的加工与应用

（一）高分子材料的加工

1. 注塑成型

注塑成型是高分子材料加工中最常用的一种方法。该工艺将材料加热至熔融状态后注入模具中，通过冷却固化形成最终产品。注塑成型适用于制造复杂形状的零件，广泛应用于汽车、电子、家电等行业。

2. 挤出成型

挤出成型是将高分子材料在挤出机中熔融并通过模具挤压成型为连续的产品，如管材、板材、型材和薄膜。该工艺具有连续性好、效率高的优点，常用于制造电缆护套、塑料管道和建筑材料。

3. 吹塑成型

吹塑成型用于制造中空制品，如塑料瓶、容器和油箱。通过将熔融材料注入模具中并利用气压将其吹胀成型，吹塑工艺能够生产出轻质、耐用的产品，尤其适合包装和储存容器的制造。

4. 压缩成型

压缩成型是将高分子材料放入模具中，在加热和加压条件下使其成型。该方法适用于制造尺寸较大的产品，如汽车零部件、家电外壳和复合材料部件。压缩成型工艺能够实现高精度和高强度的产品制造。

5. 热成型

热成型是通过加热将高分子材料片材软化，然后利用模具成型为所需形状的工艺。该方法适用于制造薄壁制品，如食品包装、托盘和广告牌。热成型工艺简单，生产速度快，适合大批量生产。

6. 旋转成型

旋转成型是通过将材料放入模具中并使模具在旋转过程中均匀加热，使材料在模具内壁上形成均匀的涂层。旋转成型适用于制造大尺寸中空制品，如储罐、船体和大型玩具。该工艺的优势在于能够生产无接缝、厚度均匀的制品。

7. 纤维拉挤成型

纤维拉挤成型是通过将连续纤维与高分子材料混合后，拉挤通过加热模具而成型。该工艺常用于生产高强度的复合材料，如玻璃纤维增强塑料和碳纤维复合材料，广泛应用于航空航天、建筑和体育用品领域。

8. 吹膜成型

吹膜成型是一种专门用于生产塑料薄膜的工艺。通过将熔融的高分子材料通过环形模具挤出，然后用气流将其吹胀成薄膜。吹膜成型工艺适用于生产各种包装薄膜，如食品保鲜膜和农用地膜。

9. 注压成型

注压成型结合了注塑成型和压缩成型的特点，适用于制造尺寸较大且形状复杂的产品。该工艺通过注射熔融材料进入模具，并在加压条件下固化成型，适用于制造高精度和高性能的零部件。

10. 3D 打印

3D 打印技术利用层层叠加的方式，将高分子材料逐层打印成型。3D 打印适用于制造复杂几何形状的小批量产品和原型开发。该技术的灵活性和精度使其在医疗、航空航天和个性化产品制造中得到广泛应用。

（二）高分子材料的应用

1. 建筑与基础设施

高分子材料广泛应用于建筑与基础设施领域。其轻质、耐腐蚀和易加工的特点使其成为管道、保温材料、防水膜和地板材料的理想选择。例如，聚氯乙烯（PVC）被广泛用于建筑管道和窗框，聚苯乙烯泡沫塑料则用于保温和隔热层的施工。

2. 汽车制造

在汽车制造中，高分子材料用于减轻车身重量，提高燃油效率，同时提升车辆的安全性和美观性。塑料材料如聚丙烯（PP）、聚酰胺（尼龙）和聚氨酯泡沫塑料被广泛应用于汽车内饰、外饰、仪表盘和座椅泡沫等部件，帮助实现更轻便、更环保的汽车设计。

3. 电子与电气

高分子材料在电子与电气行业中的应用非常广泛，主要用于绝缘、封装和防护。

聚酰亚胺、聚碳酸酯等材料具有优异的电气绝缘性能，常用于制造电缆绝缘层、电路板基材和电子元件的外壳。这些材料能够保护敏感的电子器件免受外界环境的影响。

4. 医疗器械与健康护理

医疗领域是高分子材料的重要应用领域。这些材料由于其生物相容性和易加工性，被广泛用于制造一次性医疗器械、人工器官、药品包装和手术用具。聚乙烯、聚丙烯和聚氨酯等材料常用于注射器、输液管和心脏瓣膜的生产，确保安全、无菌和高效。

5. 包装

高分子材料在包装行业中占据重要地位，其良好的可塑性、透明度和阻隔性能使其成为食品、药品、日用品包装的理想材料。聚对苯二甲酸乙二醇酯（PET）、聚乙烯（PE）和聚丙烯（PP）等材料广泛用于制造塑料瓶、包装膜和容器，提供防潮、防污染和延长保质期的功能。

6. 纺织与服装

纺织工业中，高分子材料被用来生产合成纤维，如聚酯、尼龙和氨纶。这些材料具有高强度、耐磨性和弹性，适用于制造各种服装、运动服、工业用布和装饰纺织品。合成纤维的轻便、易洗快干特性也满足了现代消费者对服装的舒适性和功能性的需求。

7. 航空航天

航空航天领域对材料的要求极为苛刻，高分子材料凭借其轻质、高强度和耐腐蚀等特点，广泛应用于飞机和航天器的结构件、内饰材料和隔热材料。复合材料如碳纤维增强塑料（CFRP）和芳纶纤维被用于制造飞机机翼、机身和防弹材料，提升了飞行器的性能和安全性。

8. 消费电子产品

高分子材料在消费电子产品中的应用极其广泛。它们用于制造手机壳、笔记本电脑外壳、电视机外壳和耳机等产品。这些材料不仅提供了美观的外观，还具备耐冲击、轻便和良好的手感，使电子产品更加耐用和便携。

9. 能源与环境

在能源与环境领域，高分子材料被用于制造风力发电机叶片、太阳能电池板背板和燃料电池膜等关键部件。这些材料的耐候性、化学稳定性和良好的机械性能使其成为绿色能源技术的重要支撑，帮助提升能源转换效率和设备的使用寿命。

10. 运动器材与休闲用品

高分子材料的高强度、轻量化和易加工特性使其成为运动器材和休闲用品的理想材料。聚氨酯、碳纤维复合材料等被用于制造自行车车架、高尔夫球杆、滑雪板和户外装备，提供优异的性能和舒适的用户体验。

四、生物降解材料的前景

（一）环境保护与可持续发展

生物降解材料的使用显著缓解了传统塑料制品对生态系统的负面影响。塑料垃圾作为一种顽固的环境污染源，长期以来给土壤和水体带来了严重的破坏，而生物降解材料则提供了一种可持续的替代方案。这些材料能够在自然环境中被微生物分解，最终分解为无害的水、二氧化碳和有机物质，不仅有效减少了塑料污染，还能促进生态系统的自然循环。从长远来看，生物降解材料的推广和使用有助于减轻人类活动对自然界的破坏。随着全球塑料制品消费的持续增长，塑料垃圾的处理成为各国政府和环保组织面临的一大难题。传统塑料的非降解特性导致其在自然环境中长期存在，对海洋生物和陆地生态系统造成了严重的威胁。而生物降解材料则为解决这一问题提供了切实可行的方案，通过其可降解性大幅降低了环境负担。

在生产过程中，这些材料通常采用可再生资源，如植物淀粉、纤维素等，减少了对不可再生资源的依赖。相比于传统塑料材料，生物降解材料的生产和使用能够显著降低碳足迹，为实现全球碳中和目标贡献力量。生物降解材料不仅在废弃物管理中表现出色，还能在多种应用场景中发挥作用。其在农业、食品包装、医疗等领域的应用，不仅改善了产品的环保性能，也为行业的绿色转型提供了支持。通过替代传统塑料制品，生物降解材料助力减少污染物排放，并为未来的可持续发展奠定了基础。

随着人们对环境保护意识的不断增强，生物降解材料在市场中的需求也在逐渐增加。各国政府纷纷出台政策，鼓励或强制使用生物降解材料，以减少传统塑料对环境的危害。这种政策导向不仅推动了生物降解材料的市场化，也促进了其技术的不断创新和改进，使其在环保和经济效益之间实现了良好的平衡。生物降解材料的应用前景不仅有助于保护环境，也为社会的可持续发展注入了新的活力。

（二）资源利用与废物管理

生物降解材料的资源利用和废物管理价值在当前的环保实践中越来越受到关注。与传统塑料不同，生物降解材料的原料多为可再生资源，如植物淀粉、纤维素、聚乳酸等，这使得其生产过程对环境的影响相对较小。通过农业和工业副产品的循环利用，这些材料的制造不仅降低了对石油资源的依赖，还为废物管理提供了更加环保的解决方案。生物降解材料在废物管理中的应用不仅限于其可降解性，还体现在其对废弃物处理效率的提升上。传统塑料在自然界中难以降解，导致垃圾填埋场逐渐堆积，产生大量的环境压力。而生物降解材料则可以通过自然降解过程大大减少废物的体积和数量，从而有效缓解垃圾填埋场的容量压力。这一优势使得生物降解材料在废物管理领域的应用前景十分广阔。

生物降解材料的使用也有助于减少焚烧处理带来的环境问题。焚烧是传统废物处理的一种常用方法，但它往往伴随着有害气体的排放，对空气质量造成不良影响。相比之下，生物降解材料可以通过堆肥等自然处理方式被分解，不仅避免了有害物质的产生，还可以将其转化为有机肥料，进一步用于农业生产，实现资源的再利用。这种循环利用模式不仅提高了废物处理的环保性，还为农业提供了可持续的资源支持。此外，生物降解材料的推广也在一定程度上推动了资源利用的转型升级。随着人们对环境保护需求的日益增长，越来越多的企业开始研发和使用生物降解材料，以替代传统塑料制品。这一趋势不仅降低了对石化资源的消耗，还鼓励了可再生资源的开发和利用，使得资源利用方式更加多样化和可持续。

生物降解材料在废物管理中的成功应用也为相关政策的制定和实施提供了依据。许多国家和地区已经认识到生物降解材料在资源利用和环境保护中的重要作用，并开始通过立法鼓励其生产和使用。这不仅为生物降解材料产业的发展提供了政策支持，也推动了社会对可持续发展理念的认同和实践。通过资源的高效利用和废物管理模式的创新，生物降解材料将在未来的环保事业中发挥更为重要的作用，为建设一个更加绿色和可持续的世界贡献力量。

（三）市场需求与政策推动

市场对生物降解材料的需求正在迅速增加，这与消费者环保意识的提升密切相关。人们越来越认识到传统塑料制品对环境的危害，开始更加关注自身消费行为对生态环境的影响。这种转变促使消费者在选择商品时，更倾向于购买使用生物降解材料制成的产品，从而推动了市场对这类材料的需求增长。生物降解材料的环保特性使其成为绿色消费的象征，吸引了越来越多的企业投入这一领域，以满足消费者对可持续产品的需求。许多国家和地区已经制定并实施了限制或禁止使用不可降解塑料制品的法规，迫使企业寻找更加环保的替代品。这些政策不仅在减少塑料污染方面发挥了积极作用，也为生物降解材料的推广和应用创造了有利条件。政府通过立法和政策引导市场走向可持续发展的道路，使得生物降解材料成为企业必须考虑的重要选择。

政策推动不仅限于禁用传统塑料，还包括对生物降解材料产业的支持与激励。许多政府为鼓励企业研发和使用生物降解材料，提供了税收优惠、补贴和其他形式的经济激励。这些措施降低了企业的生产成本，提高了生物降解材料的市场竞争力，从而进一步推动了其在各个领域的广泛应用。政策的支持不仅加速了生物降解材料产业的成长，也为技术创新提供了强大动力，促使更多的企业参与到这一环保材料的开发和推广中。企业在面对市场需求和政策压力时，不得不加快生物降解材料的研发与应用。为了在激烈的市场竞争中占据优势，许多企业纷纷投入资源开发新型生物降解材料，以满足不断变化的市场需求。同时，企业还通过宣传环保理念和推广绿色产品，积极迎合消费者对环境友好型产品的偏好。这一系列措施不仅提高了企业的市场地位，也促进了生物降解材料的创新与进步，为相关产业的发展注入了新的活力。

（四）技术创新与应用前景

技术创新为生物降解材料的发展注入了新的活力，推动了其性能的不断提升和应用领域的扩展。近年来，科学家们在改进生物降解材料的物理和化学特性方面取得了突破，这些进展使得这些材料在实际应用中更加高效和可靠。例如，聚乳酸（PLA）和聚羟基脂肪酸酯（PHA）等新型生物降解材料的研发，显著改善了材料的力学性能、热稳定性以及降解速度，从而使其能够满足不同领域的应用需求。进一步的研究还致力于降低生物降解材料的生产成本，使其在市场上更具竞争力。传统的生物降解材料往往因其生产成本较高而难以普及，而科技进步帮助优化了生产工艺，提高了生产效率，降低了材料的成本。例如，通过改进催化剂、优化生产流程以及回收利用副产品，研究人员成功地减少了生产生物降解材料的经济负担，这使得这些材料在价格上与传统塑料产品更具可比性，促进了其广泛应用。

如今，这些材料不仅在食品包装中得到应用，还广泛用于医疗器械、农业膜、3D打印等领域。生物降解材料在食品包装中能够提供有效的保护，同时在使用后能够迅速分解，减少环境负担。在农业中，生物降解膜被用作土壤覆盖材料，有助于保持土壤湿度和减少杂草生长，最后能够自然降解，改善土壤质量。在3D打印技术中，生物降解材料则为制造个性化和定制化产品提供了环保的选择。展望未来，随着技术的不断进步，生物降解材料的应用前景将更加广阔。科学家们正致力于研发新型的生物降解材料，探索其在更多领域的潜在应用，如电子产品和建筑材料等。这些新型材料不仅将进一步提高环境保护的效果，还可能引领更多创新应用的出现。同时，全球对环保和可持续发展的重视也为生物降解材料的发展创造了有利条件，政策支持和市场需求将继续推动其技术创新和产业升级。

（五）国际合作与标准化

生物降解材料的发展急需国际间的合作与协调，以实现全球范围内的标准化和技术共享。全球化背景下，环境问题和资源挑战是跨国性的，这要求各国在生物降解材料的研发和应用中进行紧密的合作。通过制定统一的国际标准和规范，各国可以在技术、生产和应用等方面实现协调一致，从而加快生物降解材料的推广步伐。这不仅有助于减少不必要的技术重复劳动，还能提升资源的利用效率，推动全球绿色经济的建设。这些组织通过制定行业标准、发布技术指南和推动政策对话，为各国提供了明确的方向和框架。例如，国际标准化组织（ISO）和国际电工委员会（IEC）等机构，通过制定生物降解材料的测试方法和认证标准，帮助确保这些材料在不同市场中的一致性和可靠性。这种标准化的工作不仅提升了生物降解材料的全球认可度，还促进了国际贸易，减少了因标准差异导致的市场壁垒。

跨国企业在生物降解材料领域的合作也是推动其全球化发展的重要因素。这些企业通过技术共享、联合研发和市场开拓，能够在全球范围内推广创新产品和解决方案。例如，一些国际化的大型材料企业和研究机构通过合作项目，加速了新型生物降解材料的研发，同时在多个国家和地区开展了广泛的应用试验。这种合作不仅提高了技术研发的效率，还促进了生物降解材料在全球市场的普及。通过国际合作，技术交流得以加强，资源共享也变得更加高效。不同国家和地区在生物降解材料的研究和应用中积累了丰富的经验和技术，国际之间的技术交流使得这些知识能够迅速传播和应用。这种技术的跨国传播，不仅促进了全球范围内的技术进步，也推动了材料性能的不断提升。

（六）社会影响与公众教育

生物降解材料的广泛应用不仅对环境保护起到了积极作用，还对社会发展产生了深远的影响。随着人们对环保问题的关注度提升，生物降解材料作为一种环保替代品，逐渐被更多人所接受。这种材料的推广应用不仅减少了传统塑料对环境的负担，还促进了社会对可持续发展理念的认同。通过将这些材料融入日常生活，社会各界对环保的意识得到了显著提升，为实现可持续发展目标奠定了基础。提高公众对生物降解材料的认识和了解，是推动其广泛应用的必要步骤。教育机构、非政府组织以及企业应通过各种形式的宣传和教育活动，向社会普及生物降解材料的优势和使用方法。这包括举办讲座、发布科普文章、组织体验活动等，通过这些措施让公众了解到生物降解材料不仅是环保的选择，而且在性能和经济性方面也有着不断提升的表现。这种教育和宣传有助于消除公众对新材料的疑虑，提升其接受度，从而推动生物降解材料的市场化进程。

公众教育不仅涉及对生物降解材料本身的理解，还包括对整体环保理念的推广。通过宣传环保理念，社会成员能够认识到每个人的行为对环境的影响，从而形成绿色消费习惯。例如，通过鼓励使用生物降解材料，公众逐渐形成了减少一次性塑料使用的习惯，这种行为改变不仅有助于减少塑料垃圾，还能促进整个社会向绿色发展转型。公众教育还可以引导消费者在选择产品时，优先考虑那些环保认证的产品，这种消费导向将进一步推动环保材料的市场需求。此外，社会对生物降解材料的认可和接受，还会带动相关产业的发展。随着公众环保意识的提高，市场对环保产品的需求不断增加，企业将受到鼓励去研发和生产更多符合环保标准的产品。这种市场驱动效应不仅加速了生物降解材料技术的进步，还推动了环保产业的经济增长，为社会创造了更多的就业机会和经济效益。

第二章　功能材料的应用

第一节　光电材料的基本原理与应用

一、光电材料的基本原理

光电材料是一类能够将光能转换为电能，或者在电场作用下发出光的材料。它们在光电子学、光通信和光电设备中具有广泛的应用。

（一）光电效应

光电效应指的是光照射到材料表面时，材料中电子吸收光子能量后从材料中逸出的现象。根据爱因斯坦的光电效应方程，光子的能量等于逸出电子的动能加上材料的逸出功。光电效应的实现是基于材料中电子的能量状态和光子的能量关系，常见于光电管和光电探测器等器件。

（二）光致发光

光致发光是指材料在光照射下吸收光子后，电子跃迁到激发态，然后通过辐射的方式返回基态并发出光的过程。这种现象在荧光材料和发光二极管（LED）中广泛应用。光致发光的强度与材料的能带结构、掺杂情况以及光源的波长密切相关。

（三）光电导效应

光电导效应指的是材料在光照射下其电导率发生变化的现象。当光子照射到材料时，激发出电子-空穴对，增加了材料的导电性。光电导效应广泛应用于光电探测器、光传感器等设备，用于测量光强度和实现光信号转换。

（四）光电转换效率

光电转换效率是光电材料将光能转化为电能的能力。光伏效应发生在光电池（如太阳能电池）中，光子被材料吸收后，激发出的电子和空穴在内建电场的作用下分离，形成电流。材料的能带结构、光吸收能力和界面特性都会影响光电转换效率。

（五）光电调制效应

光电调制效应指的是材料的电学性质可以通过光的调制来改变。例如，在光调制器中，光的强度或频率变化会影响材料的电导率，进而调节电信号。这种效应在光通信和光信息处理系统中有重要应用。

（六）光电耦合效应

光电耦合效应描述了光电材料中不同物理过程之间的相互作用。例如，光电材料中光的吸收、光致发光和光电导效应可以互相影响，形成复合的光电特性。这种耦合效应对于设计和优化光电器件具有重要意义。

（七）材料的能带结构

光电材料的性能受到其能带结构的影响。能带结构决定了材料对不同波长光子的响应能力。半导体材料的带隙大小、能带宽度和电子状态密度等因素直接影响其光电性质。例如，宽带隙半导体对高能光子响应较好，而窄带隙半导体则适合低能光子的应用。

二、光电材料的应用

（一）太阳能电池

太阳能电池利用光电效应将太阳光能转换为电能，是光电材料最重要的应用之一。常见的太阳能电池包括硅基太阳能电池、薄膜太阳能电池和有机太阳能电池。光电材料如硅、砷化镓和铜铟镓硒等在太阳能电池中起到关键作用，决定了电池的光电转换效率和稳定性。

（二）光电探测器

光电探测器用于探测和测量光信号，将光信号转换为电信号。常见的光电探测器包括光电二极管、光电倍增管和光纤传感器。光电材料如硅、锗、砷化镓和氮化镓等被广泛用于光电探测器中，适用于各种光强度和波长范围的检测。

（三）发光二极管（LED）

发光二极管利用光致发光原理将电能转化为光能。LED广泛应用于显示屏、照明、指示灯等领域。光电材料如氮化镓（GaN）、磷化铟（InP）和铝镓合金等在 LED 中发挥重要作用，不同的材料组合可以实现不同颜色的光发射。

（四）激光器

激光器利用光电材料产生高度集中的光束。常见的激光器包括半导体激光器、固体激光器和气体激光器。光电材料如砷化镓（GaAs）、铝镓砷（AlGaAs）和钛蓝宝石等被用于激光器中，适用于通信、医疗、工业加工等领域。

（五）光通信

光通信系统利用光电材料传输信息，通过光纤传输光信号，光电材料在发射、传输和接收光信号中扮演关键角色。光电材料如光纤、激光二极管和光探测器等在光通信系统中提高了数据传输的速度和容量。

（六）显示技术

光电材料在显示技术中用于制造各种显示器件，如液晶显示器（LCD）、有机发光二极管（OLED）显示器和量子点显示器。光电材料的选择和优化直接影响显示器的亮度、色彩和分辨率。

（七）光学传感器

光学传感器利用光电材料检测环境变化，如温度、压力和气体浓度等。这些传感器在环境监测、医疗诊断和工业控制中具有重要应用。例如，光纤传感器和激光雷达传感器在高精度测量和探测中发挥关键作用。

（八）光学存储

光学存储设备，如 CD、DVD 和蓝光光盘，利用光电材料存储和读取数据。光电材料的光学特性决定了存储介质的读取精度和存储容量。例如，光盘中的光刻材料和激光读取材料直接影响存储设备的性能。

（九）光电开关

光电开关利用光电材料实现对电流的控制和切换。这些开关在自动化控制、通信和计算机技术中有广泛应用。例如，光隔离器和光耦合器利用光电材料实现信号的隔离和传递，提高系统的稳定性和可靠性。

（十）环境监测

光电材料被用于环境监测设备中，检测空气质量、水质和土壤污染等。例如，光谱分析技术可以通过光电材料检测水中的污染物质，帮助环境保护和资源管理。

第二节　磁性材料的结构与应用

一、磁性材料的结构

（一）磁性离子和原子排列

磁性材料中的磁性行为通常源于未配对电子的自旋和轨道角动量。磁性离子的排列方式（如反铁磁排列、铁磁排列）决定了材料的宏观磁性。例如，在铁磁材料中，所有的磁矩都趋向于在同一方向上排列，形成宏观磁化现象；而在反铁磁材料中，磁矩按交替方向排列，导致整体磁化强度为零。

（二）磁畴结构

磁性材料通常由多个磁畴组成，每个磁畴内的磁矩方向相同，而不同磁畴之间的磁矩方向则可能不同。磁畴结构影响了材料的磁性和磁响应。磁畴的存在使得材料在外加磁场下能够发生磁畴壁移动和磁畴翻转，从而表现出不同的磁性特征，如磁滞现象。

（三）缺陷和杂质

材料中的缺陷和杂质对磁性有显著影响。晶体缺陷（如空位、位错）和外来杂质会影响磁性离子的局部环境，从而改变材料的磁性。例如，铁氧体材料中的掺锰可以改变其磁性特征。缺陷和杂质的引入可能导致材料的磁各向异性变化和磁性强度的改变。

（四）磁性相互作用

磁性材料中的磁性相互作用决定了材料的磁性特征。主要的相互作用包括交换相互作用、磁偶极相互作用和磁性晶体场效应。交换相互作用是决定铁磁和反铁磁行为的关键因素，而磁偶极相互作用则影响磁性材料的磁各向异性。

（五）磁各向异性

磁各向异性指的是磁性材料在不同方向上表现出的不同磁性。这种现象是由于材料中晶体场、应变和形状等因素导致的。例如，在单晶材料中，磁性沿着特定晶体轴的方向可能比其他方向表现出更强的磁性。磁各向异性影响了材料的磁导率和磁储能能力。

（六）微观结构

磁性材料的微观结构，如颗粒大小、形状和分布，也对其磁性有重要影响。纳米磁性材料由于尺寸效应，其磁性特征（如超顺磁性、磁滞回线）与宏观材料不同。微观结构的调控可以优化磁性材料的性能，应用于磁存储、传感器等领域。

（七）磁性相的存在

某些磁性材料存在多个磁性相，如铁磁相、反铁磁相和亚铁磁相。每种相具有不同的磁性特征和温度依赖性。例如，某些铁氧体材料在高温下可能表现出亚铁磁性，而在低温下表现出铁磁性。这种相变现象对材料的应用有重要影响，如温度传感器和记忆器件。

二、磁性材料的应用

（一）磁存储设备

磁性材料广泛应用于磁存储设备中，如硬盘驱动器（HDD）和磁带。硬盘驱动器利用磁性材料在盘片上记录和读取数据，通过磁性材料的磁化状态变化存储信息。高密度磁性材料能够实现更高的数据存储容量和更快的数据读取速度。

（二）电动机和发电机

磁性材料在电动机和发电机中起到核心作用。电动机和发电机的磁场通常由永久磁铁或电磁铁产生，磁性材料的选择直接影响设备的效率和性能。例如，高磁导率的硅钢片用于电动机的铁芯，提高了电动机的功率密度和能效。

（三）变压器

磁性材料在变压器中用于传递和转换电能。变压器的铁芯通常由高磁导率的材料（如硅钢片或铁氧体）制成，以减少能量损失和提高转换效率。变压器的设计和材料选择影响电压的稳定性和能量的传输效率。

（四）磁共振成像（MRI）

磁共振成像（MRI）利用强磁场和射频波对人体进行成像。MRI设备中的超导磁体需要使用高性能的磁性材料，如钇钡铜氧化物（YBCO），以生成强磁场。磁性材料在MRI中确保图像的高分辨率和清晰度。

（五）传感器和探测器

磁性材料在传感器和探测器中用于检测磁场变化。常见的磁传感器包括霍尔效应传感器、磁阻传感器和磁力计。这些传感器在自动驾驶、工业控制、医疗诊断和环境监测中发挥重要作用。

（六）磁性分离和催化

磁性材料用于磁性分离和催化过程，例如在水处理和生物分离中应用的磁性颗粒。这些磁性材料能够通过外加磁场从混合物中分离目标物质，实现高效的分离和纯化过程。在催化反应中，磁性催化剂能够在反应结束后通过磁场迅速回收和再利用。

（七）电子器件和计算机硬件

磁性材料在电子器件和计算机硬件中应用广泛。例如，磁性存储器（如磁随机存取存储器，MRAM）利用磁性材料的磁阻效应存储数据，提供高速度和非易失性的存储解决方案。此外，磁性材料在电感器和变压器中用于调节电流和电压。

（八）磁性开关和继电器

磁性材料用于磁性开关和继电器，这些设备利用磁场控制开关的开闭状态。磁性开关和继电器在自动化控制系统、家电和工业设备中应用广泛，通过磁性材料的磁场作用实现高效的电流控制和信号传递。

（九）磁性传动系统

磁性材料在磁性传动系统中用于实现无接触传动和动力传递。磁悬浮技术利用磁场支撑和推动物体，在高精度和低摩擦的传动系统中应用广泛。这些系统可以应用于高速列车、精密机械和特殊制造设备中。

（十）医疗器械

磁性材料在医疗器械中用于各种功能，如磁性导向、磁疗和磁性植入物。磁性材料在磁性导向手术中能够提供精确的定位和控制，磁疗技术则用于缓解疼痛和促进愈合。磁性植入物（如磁性假体）能够在体内实现无电源驱动的功能。

第三节 导电材料与超导材料

一、导电材料

（一）金属导电材料

金属材料是最常见的导电材料，如铜、铝和银等。金属的优良导电性来源于其内部的自由电子，这些自由电子能够在金属晶体中自由移动，从而有效传递电流。例如，铜因其高导电性被广泛用于电线和电缆中，铝则常用于高压输电线中，银则用于高端电子器件中。

（二）半导体材料

半导体材料的导电性能介于导体和绝缘体之间，导电性可以通过掺杂、温度变化或光照等方式调节。常见的半导体材料包括硅和锗。硅广泛应用于集成电路和太阳能电池中，锗则用于某些高频电子器件中。半导体材料的可调导电性使其在现代电子技术中扮演了重要角色。

（三）超导材料

超导材料在低于其临界温度时展现出零电阻的特性，即在此温度下它们能够无损耗地传导电流。超导材料包括铅、铌钛合金和高温超导体（如钇钡铜氧化物）。超导材料在医学成像（如 MRI）和粒子加速器中有广泛应用，其在无损耗电力传输和高磁场应用中的潜力巨大。

（四）导电聚合物

导电聚合物是具有导电性的有机聚合物，如聚苯胺、聚吡咯和聚乙炔等。这些材料通过掺杂或共轭结构形成导电性。导电聚合物具有柔性和轻量的优点，广泛应用于柔性电子器件、传感器和智能材料中。它们在可穿戴设备和智能纺织品中表现出较好的应用前景。

（五）碳材料

碳材料如石墨、碳纳米管和石墨烯也是导电材料的优秀代表。石墨由于其层状结构和 π 电子的离域化表现出良好的导电性。碳纳米管和石墨烯具有极高的电导率和优异的机械性能，广泛应用于高性能电子器件、储能设备和复合材料中。石墨烯的高导电性使其在未来电子技术中具有广阔的应用前景。

（六）电解质导电材料

电解质材料在液体或固体状态下能够导电，通过离子在电场中的迁移实现电流传导。常见的电解质包括酸、碱、盐溶液以及固体电解质（如氧化锂）等。这些材料广泛应用于电池和燃料电池中，支持电池的能量储存和释放功能。

（七）导电陶瓷材料

导电陶瓷如氧化锌（ZnO）和氧化钛（TiO_2）具有特殊的导电性，并且常用于高温和高压环境下的应用。导电陶瓷的主要应用包括气体传感器、加热元件和电子器件中。它们的稳定性和耐高温性能使其在工业和电子领域中具有重要地位。

（八）合金导电材料

合金通过将两种或多种金属混合而成，通常用于改善材料的机械性能和导电性。合金导电材料，如青铜（铜和锡的合金）和铝铜合金，广泛应用于电气连接、导线和电子组件中。合金的特性可以通过调整成分来优化，以满足不同应用的需求。

（九）高温导电材料

高温导电材料能够在极高温度下保持良好的导电性，例如某些特殊金属合金和陶瓷。它们在高温环境下（如航天器、核反应堆）表现出良好的稳定性和导电性能。这些材料的应用确保了高温系统的可靠运行和性能。

（十）纳米导电材料

纳米尺度的导电材料，如纳米金属颗粒和纳米线，展现出独特的导电特性。由于其高表面积和量子效应，这些材料在纳米电子学、传感器和能源存储设备中具有重要应用。纳米导电材料的开发推动了新一代高性能电子器件的研究。

二、超导材料

（一）超导现象的基本概念

1. 定义

超导材料是指在低于某一临界温度（超导转变温度）时，其电阻完全消失的材料。这种现象使得电流可以在超导体中无阻力地流动。同时，超导材料还能排斥磁场，这种现象称为迈斯纳效应。超导现象的发现和研究不仅揭示了物质的特殊电磁性质，也推动了新型电子设备和应用的发展。

2. 历史背景

超导现象的历史可以追溯到 1911 年，当时荷兰物理学家海克·卡末林·昂内斯（Heike Kamerlingh Onnes）在实验中首次观察到。昂内斯在研究液态氦的物理性质时，意外发现铅在极低温度下电阻消失的现象。这一发现不仅揭示了超导现象的存在，也标志着超导材料研究的起点。昂内斯的工作获得了 1913 年的诺贝尔物理学奖，这为超导体的深入研究奠定了基础。在 20 世纪初，科学家们对于物质在极低温下的行为充满了好奇。昂内斯利用液氦的低温特性，通过精密的实验装置对各种金属的电阻进行了测量。通过将铅冷却到接近绝对零度的温度，昂内斯观察到铅的电阻骤然消失，这一现象与当时已知的所有物理理论相悖。此后，这种电阻为零的现象被称为"超导现象"。

20 世纪 20 年代和 30 年代，物理学家们开始深入研究这一奇特现象，尽管当时尚未有理论解释其根本机制。1940 年代，约翰·巴丁（John Bardeen）、利昂·库珀（Leon Cooper）和约翰·施里弗（John Robert Schrieffer）提出了 BCS 理论，系统地解释了低温超导现象的微观机制。BCS 理论的提出为超导物理学的发展提供了理论支持，并成为后续研究的基石。与此同时，超导材料的研究也不断取得进展。1950 年代，科学家们发现了新型超导材料，并在 1960 年代提出了迈斯纳效应理论，进一步解释了超导体如何排斥磁场。迈斯纳效应的发现不仅增强了对超导现象的理解，也推动了超导技术的实际应用。

进入 20 世纪 80 年代，超导研究迎来了新的突破。高温超导材料的发现改变了人们对超导体的认识。这些材料在较高的温度下表现出超导特性，从而拓展了超导材料的应用范围。1990 年，研究者们进一步探索了铁基超导体和拓扑超导体等新型超导材料，推动了超导领域的快速发展。从最初的发现到现代的高温超导材料，超导现象的研究经历了一个由发现、理论解释应用开发的漫长过程。每一阶段的突破都为超导材料的实际应用奠定了坚实的基础，并推动了相关科技的进步。超导技术的不断演进不仅在基础科学研究中扮演着重要角色，也在实际应用中展现出广泛的潜力。

（二）超导材料的分类

1. 低温超导材料

低温超导材料是指在极低温度下表现出超导现象的材料，通常这些材料的超导转变温度低于液氦的沸点，即 4.2 开尔文。铅（Pb）和铌（Nb）是两个典型的低温超导材料，它们在这种极端低温下展现了零电阻的特性。铅作为一种典型的低温超导材料，其超导转变温度约为 7.2K。该温度虽然高于液氦的沸点，但仍然要求使用液氦进行冷却。铅的超导特性最早由海克·卡末林·昂内斯在 1911 年发现，这一发现标志着超导研究的开端。铅的超导性使其在低温物理实验中成为重要的研究材料，并且在早期超导技术的发展中发挥了关键作用。

铌的超导转变温度稍低，为 9.25K。铌的超导性同样在 20 世纪初被观察到，并在随后的几十年里得到了广泛的研究。与铅相比，铌具有更高的临界磁场和更高的临界电流密度，这使得铌在实际应用中具有优势。铌被广泛用于制造超导磁体，例如超导磁共振成像（MRI）设备中的磁体，因其能在较高的磁场强度下保持超导状态。低温超导材料的研究不仅局限于理论方面，实际应用中也取得了显著进展。这些材料的零电阻特性使其在电力传输、磁共振成像等领域表现出优异的性能。通过低温超导材料，可以实现无损耗的电流传输，这在传统的电缆中是难以实现的。同时，低温超导磁体的高磁场强度应用于高能物理实验和医学成像等领域，为科学研究和医疗技术的发展提供了重要支持。

尽管低温超导材料在许多应用中展示了其卓越的性能，但在实际应用中也面临一些挑战。液氦冷却系统成本高且复杂，这限制了低温超导技术的广泛应用。这些材料通常在极低温度下才能维持超导状态，这对材料的制备和操作提出了严格要求。为了解决这些问题，研究者们不断探索高温超导材料，希望能够在更高温度下实现超导现象，从而降低成本和技术难度。

2. 高温超导材料

高温超导材料的研究是超导物理学的重要突破，这些材料能够在比低温超导材料较高的温度下展现超导特性。例如，钇钡铜氧化物（YBCO）和铋锶钙铜氧化物（BSCCO）是两种典型的高温超导材料，它们的超导转变温度均高于液氮的沸点，即 77 开尔文。钇钡铜氧化物（YBCO）是一种重要的高温超导材料，其超导转变温度约为 93 K。YBCO 的发现大大扩展了超导材料的应用范围，因为其超导温度远高于传统的低温超导材料。YBCO 的超导特性使得其能够在液氮的温度下保持超导状态，从而降低了冷却成本和技术复杂性。该材料被广泛应用于超导磁体、超导电缆和其他电子设备中，并且在电力传输和磁共振成像（MRI）等领域显示了巨大的应用潜力。

铋锶钙铜氧化物（BSCCO）是另一种具有高超导转变温度的材料，其超导转变温度在 110 K 左右。BSCCO 的发现进一步推动了高温超导材料的发展，特别是在超导材料的结构设计和合成方面。BSCCO 不仅具有较高的超导转变温度，还展示了优异的超导性能，包括较高的临界电流密度和较强的临界磁场。这些特性使得 BSCCO 在超导电缆和磁体等应用中具有重要地位。高温超导材料的出现对于科技进步产生了深远影响。这些材料使得超导技术的应用变得更加经济和实际。液氮的冷却成本远低于液氦，使得高温超导材料在许多实际应用中变得更具吸引力。高温超导材料的高临界温度和良好性能使得它们在电力传输、电子设备和医学成像等领域中展现了广泛的应用前景。例如，高温超导电缆能够在长距离电力传输中减少能量损失，而高温超导磁体则在高磁场应用中提供了更好的性能。尽管高温超导材料具有诸多优点，但仍面临一些挑战。材料的制造和加工仍然复杂且昂贵，高温超导体的脆性和加工难度限制了其在某些领域的应用。此外，高温超导材料的机理尚未完全清楚，这限制了新型高温超导材料的设计和优化。

（三）超导材料的理论基础

1. BCS 理论

BCS 理论由物理学家约翰·巴丁（John Bardeen）、利昂·库珀（Leon Cooper）和约翰·施里弗（John Robert Schrieffer）在 1957 年提出，这一理论为低温超导现象提供了微观机制的解释。BCS 理论的提出标志着对超导现象的理论理解迈出了重要一步，解答了超导体如何在极低温下保持零电阻的根本问题。理论认为，在超导状态下，材料中的电子通过声子（晶格振动）相互作用，形成一种被称为"库珀对"的配对状态。这些库珀对是由两个具有相反动量和自旋的电子组成的。这种配对现象能够使电子在晶格中以无阻力的方式流动，从而实现超导特性。库珀对的形成是 BCS 理论的核心，它解释了为何超导体在低温下能够实现零电阻。

BCS 理论提出，超导体中的电子配对不仅能消除电阻，还能使材料对磁场产生排斥效应，即迈斯纳效应。BCS 理论中的"能隙"概念解释了超导体在能量上形成的能隙如何阻止了电子的散射，进一步支持了超导现象。这个能隙对应于电子配对的束缚状态，使得在超导体中，只有非常少量的电子能够获得足够的能量突破这个能隙，从而避免了电阻的产生。理论的另一个重要贡献是对超导体的临界温度（Tc）的预测。BCS 理论成功地解释了不同材料的超导转变温度的变化规律，尽管理论对于高温超导体的解释仍有一定的局限性。通过计算，BCS 理论能够预测材料在超导状态下的电流、磁性和能隙等特性，从而为实验研究提供了理论依据。

BCS 理论还解释了超导体中的"凝聚态"现象，即超导状态下的电子云会形成一种集体行为的状态。这种集体行为使得超导体表现出一致的电流流动和一致的磁场排斥效应，进一步验证了超导现象的微观机制。理论中涉及的数学模型和计算方法为后续的超导研究和材料开发提供了重要的工具和参考。尽管 BCS 理论在解释低温超导现象方面取得了显著成功，但它并未完全覆盖所有超导现象。特别是对于高温超导体，BCS 理论的解释力存在一定的不足。因此，后续研究者在 BCS 理论的基础上发展出了新的理论模型，例如解释铁基超导体和其他新型超导材料的理论。这些进展进一步推动了超导科学的发展，扩展了对超导机制的理解。

2. 朗道-冈兹堡理论

朗道-冈兹堡理论（Ginzburg-Landau Theory）是对超导现象的宏观描述，特别是超导相变的连续性和相变现象。由苏联物理学家列夫·朗道（Lev Landau）和维塔利·冈兹堡（Vitaly Ginzburg）于 1950 年代提出，该理论为高温超导材料的研究提供了重要的理论框架。朗道-冈兹堡理论基于自由能的概念，描述了超导体在不同温度下的行为。该理论引入了一个名为超导序参量（或称为朗道-冈兹堡参数）的量，该参数与超导体的电流密度、磁场以及超导体的自由能密切相关。序参量的平方与超导体的电子对密度成正比，能够有效地描述超导体的宏观物理特性。通过对自由能的分析，朗道-冈兹堡理论能够预测超导体的相变行为，即从正常态到超导态的转变过程。

与传统的第一类相变（如水的冰点融化）不同，超导相变是第二类相变，即相变过程中物质的自由能并不会出现明显的跳跃。相变的连续性意味着超导体的性质在接近临界温度时会逐渐变化，这一特性能够帮助研究人员理解和预测超导体在不同温度下的行为。该理论通过引入一个连续变化的自由能函数，能够较为准确地描述超导体在接近临界温度时的特性变化。朗道-冈兹堡理论也引入了磁场和超导体的关系。理论中通过磁场的引入，解释了超导体的临界磁场现象，以及超导体在磁场作用下的行为。这为理解和描述超导体在外部磁场中的表现提供了理论支持。理论指出，当外部磁场超过一定临界值时，超导体会失去其超导性，从而转变为正常态。这个过程也遵循第二类相变的规律，表现为超导性在临界磁场下的逐渐消失。

由于高温超导材料的超导转变温度远高于传统超导材料，这些材料在临界温度附近的表现与朗道-冈兹堡理论的预期相符。理论的应用使研究人员能够较好地描述和预测高温超导体的相变特性，并为高温超导材料的设计和优化提供了理论支持。特别是对于复杂的高温超导体结构，朗道-冈兹堡理论能够帮助理解其超导性质的起源和变化规律。

（四）超导材料的性质

1. 电阻为零

超导材料表现出零电阻的特性，这一现象是超导体最显著的特征之一。在超导体中，电流能够在没有任何电阻的情况下持续流动，这与传统导体中的电阻现象形成了鲜明对比。电阻为零的现象源于超导材料中电子的特殊行为。当材料处于超导状态时，电子形成了所谓的库珀对，这些电子对以一种有序的方式共同运动。库珀对在材料内部以无障碍的方式流动，因为它们不会受到晶格振动或其他散射机制的阻碍。这种无阻力的流动机制使得电流能够在超导材料中持续流动而不会衰减，从而实现了零电阻的状态。根据 BCS 理论，超导体中的电子在低温下形成了能量上的配对状态，即库珀对。这些电子对通过声子相互作用而形成的束缚状态，能够避免在材料中由于不规则的原子排列或晶格振动造成的散射。因此，超导状态下的电子对在流动时不会失去能量，电流因此能够无限制地流动。

零电阻现象不仅在理论上得到了验证，而且在实际应用中也得到了充分验证。实际测量显示，当超导材料进入超导状态后，其电阻会突然降为零。这一现象已经在各种超导材料中得到了广泛观察，包括经典的低温超导材料和近年来发现的高温超导材料。通过这些实验数据，研究人员确认了超导体在其临界温度以下的电阻为零的特性，并进一步验证了超导电流的稳定性和持久性。传统导体在电流流动时会产生能量损耗，这种损耗以热量的形式释放到环境中，导致电力传输中的能量浪费。超导材料的零电阻特性使其在电力传输和电磁设备中具有巨大的应用潜力。例如，超导电缆可以实现长距离的无损耗电力传输，超导磁体能够产生强大的磁场而不消耗电能。这些应用不仅提高了能源利用效率，还推动了相关技术的发展。

零电阻现象的实现通常要求材料在极低温度下维持超导状态，这对材料的冷却和操作提出了挑战。虽然高温超导材料的出现部分缓解了这一问题，但仍然需要进一步的研究和技术进步来实现更高温度下的零电阻状态。未来的研究可能会揭示更多关于超导材料的特性，并推动超导技术在更广泛领域的应用。

2. 迈斯纳效应

迈斯纳效应是超导体的重要特性，它指的是超导体能够完全排斥内部的磁场线。这一效应在超导体进入超导状态时表现得尤为明显，它不仅验证了超导体的基本性质，还为理解超导现象提供了重要的实验依据。在超导体进入超导状态时，即使外部磁场存在，也不会有磁场穿透材料内部。这种现象表明，超导体具有一种特殊的电磁特性，使其内部磁场完全被排斥。这个特性与普通导体或绝缘体完全不同，后者在外部磁场作用下会在材料内部产生一定的磁场。当材料转变为超导状态时，其内部的电子以一种有序的方式排列，形成了一种称为超导电流的状态。这些超导电流在材料的表面流动，产生了一个反向的磁场，抵消了外部磁场的影响。这种反向磁场的形成和维持，使得超导体内部的磁场线被完全排斥，从而实现了迈斯纳效应。

迈斯纳效应的出现还标志着超导体的分界线与普通导体的不同。超导体不仅在临界温度以下表现出零电阻，而且在磁场下也展现出完全的排斥作用。这一现象能够帮助我们区分超导体和非超导体，并为进一步研究超导体的性质提供了实验依据。例如，迈斯纳效应可以用于验证某种材料是否真正具备超导性质，为超导材料的鉴定和研究提供了重要的手段。由于超导体能够完全排斥磁场，这一特性被广泛应用于磁悬浮技术中。例如，超导磁悬浮列车利用迈斯纳效应实现了列车与轨道之间的无摩擦悬浮，从而提高了运输效率和速度。此外，超导磁体在医学成像领域也发挥了重要作用，超导磁共振成像（MRI）技术利用超导体的迈斯纳效应产生高强度的磁场，实现了高分辨率的医学成像。对于高温超导体，虽然迈斯纳效应仍然存在，但其具体的表现和特性可能与低温超导体有所不同。研究人员需要深入探讨高温超导体的迈斯纳效应，以便更好地理解其超导机制并优化相关应用。

3. 临界温度

临界温度是超导材料的一个关键参数，它指的是超导材料在其电阻完全消失的温度。临界温度的高低直接影响超导材料的应用前景及其实际可行性，因此对其研究具有重要意义。超导材料的临界温度一般较低，通常在液氦温度（约 4.2 K）以下。例如，铅和铌等传统低温超导材料的临界温度都在这一范围内。对于这些低温超导体来说，虽然它们在超导状态下表现出零电阻和迈斯纳效应，但其需要的低温环境限制了其实际应用的范围和经济性。低温超导体通常需要复杂且昂贵的冷却设备，这对其在工业和技术领域的广泛应用提出了挑战。

近年来，随着高温超导材料的发现，临界温度的研究取得了突破性进展。高温超导体，如钇钡铜氧化物（YBCO）和铋锶钙铜氧化物（BSCCO），在液氮温度（约 77 K）下也能表现出超导特性。这一进展显著提高了超导材料的应用可行性。液氮相比液氦价格更为低廉且处理更为方便，这使得高温超导材料在技术应用中更具经济性和实用性。例如，高温超导材料在电力传输和磁悬浮列车等领域展现了巨大的应用潜力，推动了相关技术的发展。临界温度的提高不仅扩大了超导材料的应用范围，还促使了相关领域的技术创新。材料科学家们不断探索新的超导材料，以期发现临界温度更高的超导体。这些研究不仅帮助我们理解超导现象的基本机制，还可能推动新型高温超导材料的开发，为未来的科技应用提供更多可能性。

临界温度的变化也引发了对超导材料稳定性的关注。即使是高温超导材料，在接近临界温度时，其超导特性可能会受到磁场、压力或其他环境因素的影响。因此，了解超导材料在临界温度附近的行为，对于确保其在实际应用中的可靠性至关重要。研究人员需要深入探讨这些材料在不同条件下的表现，以优化其在实际环境中的应用效果。

第四节 智能材料的发展与应用

一、智能材料的发展

（一）形状记忆材料的发展

形状记忆材料能够在经历变形后，恢复到其原始形状。形状记忆合金（如镍钛合金）和形状记忆聚合物是其中的代表。形状记忆合金在医学、航空航天和机器人技术中得到了广泛应用。例如，在医学领域，这些合金被用作自膨胀支架。近年来，研究者们在改进形状记忆材料的响应速度、恢复力和耐用性方面取得了显著进展，这使得它们在更多领域中展现出应用潜力。

（二）自愈材料的发展

自愈材料具有在受损后能够自行修复的能力，这一特性使得它们在建筑、交通和消费品等领域具有重要的应用前景。自愈材料通常通过内含修复剂或自愈微胶囊实现自我修复。近年来，研究者们在提高自愈效率、扩展修复范围和减少修复时间方面取得了显著进展。例如，基于微胶囊的自愈材料已经应用于汽车涂料和建筑材料中，显著提高了这些产品的使用寿命。

（三）压电材料的进展

压电材料在施加外部电场或压力时能够产生电荷，反之，施加电场也会导致其形变。这种材料在传感器、执行器和能量采集装置中得到了广泛应用。近年来，纳米压电材料和柔性压电材料的开发为新型传感器和可穿戴设备的设计提供了更多可能性。例如，基于纳米材料的压电传感器已被应用于智能手机和环境监测设备中，提高了设备的灵敏度和功能。

（四）光敏材料的发展

光敏材料能够对光照变化做出响应，广泛应用于光学传感器、显示技术和智能窗户等领域。近年来，光敏材料在可调光窗户和光学隐形材料中的应用取得了突破。这些材料能够在不同的光照条件下调节其透光性，从而改善建筑能效和用户舒适度。例如，智能窗户可以根据光照强度自动调整透明度，有效控制室内温度和光线。

（五）磁敏材料的发展

磁敏材料能够响应外部磁场的变化，常用于磁传感器、磁存储设备和磁控材料等领域。近年来，研究者们在开发具有高灵敏度和稳定性的磁敏材料方面取得了显著进展。例如，新型的磁性纳米材料和复合材料在生物医学成像和信息存储中展现了良好的应用前景。这些进展为提升磁传感器的性能和开拓新型磁性应用提供了新的可能性。

二、智能材料的应用

（一）医疗领域

智能材料在医疗领域的应用包括自愈材料、形状记忆材料和智能药物释放系统等。形状记忆合金常用于医学支架和血管内支架中，这些合金能够在体温下恢复到预设形状，从而在体内提供支持和治疗。自愈材料可以用于制造具有修复功能的医疗器械，减少了设备的维护需求并延长其使用寿命。此外，智能药物释放系统能够根据体内环境的变化（如 pH 值、温度等）调节药物释放速度，提高治疗效果。

（二）航空航天领域

智能材料被广泛应用于提高飞行器的性能和可靠性。例如，形状记忆合金可以用于制造飞行器的可变形翼面，这些翼面在飞行中可以自动调整形状以优化空气动力学性能。智能材料还被应用于飞行器的结构健康监测系统，通过内置传感器实时监测结构状态，及时发现潜在的损伤，提高飞行安全性。

（三）建筑与基础设施

在建筑与基础设施领域，智能材料的应用包括自愈混凝土、智能窗户和节能建筑材料等。自愈混凝土通过内含微胶囊或自愈剂，能够在出现裂缝时自动修复，从而延长建筑物的使用寿命。智能窗户材料可以根据光照强度自动调节透明度，从而提高建筑的能效和舒适度。此外，智能材料还被用于开发具有自调节温度和湿度功能的建筑材料，进一步提升建筑的舒适性和节能性。

（四）消费电子产品

智能材料在消费电子产品中得到了广泛应用。例如，柔性电子器件和触摸屏中的智能材料使得设备能够具有更好的可弯曲性和耐用性。压电材料被用于制造高灵敏度的传感器和微型执行器，提升了设备的响应速度和操作精度。智能材料还用于开发智能穿戴设备，如智能手表和健康监测设备，这些设备能够实时监测用户的生理数据并进行反馈。

（五）交通运输

在交通运输领域，智能材料被用于提高车辆的性能和安全性。例如，形状记忆合金可以用于制造汽车的可调节悬挂系统，提供更好的驾驶舒适性和操控性。自愈材料被用于汽车涂料中，能够在出现刮擦时自动修复，保持车身外观的整洁。智能材料还在磁悬浮列车中发挥重要作用，通过磁力悬浮减少摩擦，提高运行速度和效率。

（六）环境保护

智能材料在环境保护领域的应用包括污染监测、废水处理和能源回收等。智能传感器可以用于实时监测空气和水质中的污染物，提供数据支持以制定环境保护措施。智能材料还被应用于废水处理系统中，能够在特定条件下自动吸附和去除污染物，提高处理效率。此外，能源回收系统中的智能材料可以从废热中回收能量，提升能源利用效率。

（七）军事与国防

在军事与国防领域，智能材料被应用于制造高性能的防护装备和智能武器系统。例如，智能复合材料用于制造防弹衣和防爆材料，这些材料能够在受到冲击时自动增强其防护性能。形状记忆合金和自愈材料被应用于军事设备的结构中，提高其耐用性和可靠性。智能材料还被用于开发新型的武器系统和传感器，提升军事装备的性能和作战能力。

第三章　材料的表面与界面化学

第一节　表面化学的基本概念

一、表面化学的内涵

表面化学研究的是材料表面及其界面上的化学现象和反应，包括吸附、催化、腐蚀和表面改性等过程。它探讨了表面原子、分子及其相互作用的行为，并关注这些现象如何影响材料的物理和化学性质。通过理解和控制表面化学，可以优化材料性能，开发新材料，并改善工业过程。

二、表面化学的特点

（一）表面效应显著

表面效应在表面化学中占据了核心地位，这一现象与材料的表面及其界面密切相关。材料的表面层由于其独特的原子排列和化学环境，与体相的原子或分子有所不同。这种差异使得表面原子具有独特的化学行为和反应性，对材料的整体性质和应用性能产生深远的影响。表面效应尤其在吸附过程中表现得尤为明显。当气体或液体分子与固体表面接触时，它们会被吸附到表面，形成吸附层。这种吸附现象不仅影响了材料的反应活性，还决定了材料在催化、分离和传感器中的表现。催化反应中，催化剂的表面特性直接决定了其催化效率。催化剂的活性位点通常分布在表面，表面原子的电子环境和几何结构对催化反应的速率和选择性具有重要影响。例如，在汽车催化剂中，催化剂表面的金属纳米颗粒能够有效地加速有害气体的转化，从而减少排放。这表明，催化剂的表面设计和优化是提升催化性能的关键。

腐蚀是指材料与环境中的化学物质反应，导致材料的性能退化。在金属腐蚀过程中，腐蚀速率通常受限于材料的表面性质。表面状态的变化，如氧化层的形成或机械损伤，会显著影响腐蚀的速率和形式。因此，通过改进表面处理技术，如涂层和防护膜的应用，可以有效地减缓或防止腐蚀，延长材料的使用寿命。在传感器的设计和应用中，表面效应也是不可忽视的因素。传感器的敏感层通常由具有特定表面特性的材料构成，这些材料能够与待检测的物质发生特异性反应。例如，在气体传感器中，敏感层的表面能够选择性地吸附气体分子，从而改变电导率或其他物理属性。通过优化敏感层的表面特性，可以提高传感器的灵敏度和选择性，使其在环境监测和安全检测中表现得更加出色。

（二）界面现象复杂

界面现象在表面化学中展示了极其复杂的化学和物理特性，涉及固体、液体和气体的交界面。这些界面常常成为各种化学反应和物理过程的关键区域。例如，催化剂的表面结构对反应的速率和选择性具有决定性作用。催化剂的表面不仅需要具备足够的活性位点，还需要具有适当的几何结构和电子环境，以促进反应物的吸附和转换。这种复杂的表面行为要求研究人员深入探讨催化剂表面的微观结构和反应机制，以优化催化效果。此外，液体与固体的界面现象也极其复杂，尤其在涉及润湿性和界面张力的研究中表现得尤为明显。当液体与固体表面接触时，液体的润湿行为取决于固体表面的化学特性和物理状态。例如，液体在不同表面上的铺展程度和形态会受到界面张力的影响，这些现象在材料科学和涂层技术中具有重要意义。界面张力的变化不仅影响液体的铺展和浸润性能，还会影响液体的黏附力和流动性，这些因素在液体涂层和胶黏剂的设计中尤为重要。

气体与固体的界面也是复杂的研究对象，特别是在吸附和脱附现象中。气体分子与固体表面之间的相互作用决定了气体的吸附行为，影响催化过程、气体储存和分离技术等应用。在高温下，气体分子的动力学行为和表面反应速率会受到不同界面结构和表面状态的影响，这要求对气体-固体界面进行详细的分析，以理解和控制气体吸附和反应过程。界面现象的复杂性还体现在多种界面类型的共存。例如，在多层薄膜或复合材料中，固体-液体界面、固体-气体界面和液体-气体界面的相互作用共同影响材料的整体性能。这些多重界面现象的相互作用可能导致材料性能的非线性变化，要求对不同界面之间的交互作用进行综合分析，以优化材料设计和应用效果。

（三）尺寸效应

尺寸效应在表面化学中体现得尤为显著，这是因为表面原子或分子占据了材料中原子的相当大一部分。随着材料尺寸的减小，表面原子的比例相对增加，这使得表面效应在材料整体行为中的影响变得更加突出。尤其在纳米材料和薄膜技术中，尺寸效应的影响尤为明显。当材料的尺寸缩小到纳米级别时，其表面原子所占的比例急剧增加，导致表面效应对材料性质的主导作用。纳米材料的表面不仅具有较高的比表面积，还经常表现出与体相材料截然不同的物理和化学特性。例如，纳米颗粒的催化活性通常比同种材料的宏观颗粒高得多，这是由于其较大的比表面积提供了更多的反应位点。此外，纳米材料的光学特性也会因尺寸效应而发生变化，这在光催化和传感器设计中具有重要应用。

表面原子的排列和电子环境也发生了显著变化。这种变化不仅影响材料的机械强度和稳定性，还可能改变其化学反应性。例如，在纳米颗粒中，表面能量和应力状态对材料的力学性能具有重要影响，这使得纳米材料在高强度和高硬度应用中展现出独特的优势。这种尺寸效应在薄膜技术中同样明显。薄膜的厚度减少时，其表面与界面效应变得更加显著，这影响了薄膜的光学、电学和磁学性质。在纳米材料和薄膜的应用中，尺寸效应还会引发一系列的现象，例如量子效应。量子效应是指当材料的尺寸减少到纳米尺度时，电子的运动受到限制，表现出量子化的行为。这种效应对材料的电子、光学及磁性性质产生重要影响，使得纳米材料在电子器件、光学传感器和磁性材料等领域具有广泛的应用前景。此外，尺寸效应在表面化学中还会影响材料的热学性质。纳米材料的热导率通常较低，这是由于其较大的表面/体积比导致的散射效应。这一特性在热管理和热隔离材料的设计中具有实际应用价值。例如，纳米绝缘材料可以有效地隔绝热量流动，改善能源利用效率。

（四）动态特性

表面化学过程的动态特性是其研究中的一个关键方面，这些过程通常涉及表面物质的迁移、反应和再生。催化反应是表面化学中一个典型的动态过程，其中催化剂的表面经历着复杂的变化。这些变化包括吸附、反应和解吸三个主要阶段，每个阶段都对催化剂的性能和反应速率产生重要影响。在催化反应的初期，反应物分子会被吸附到催化剂的表面。这一过程不仅依赖于表面的化学性质，还受到表面结构和反应物的性质影响。吸附过程是动态的，涉及分子与表面之间的相互作用，这些相互作用可能会导致反应物的重新排列或重新定向。吸附的稳定性和强度直接影响反应的进行，良好的吸附有助于反应物的有效接触和转化。随后，吸附的反应物在催化剂表面进行化学反应。此阶段，催化剂表面可能发生变化，包括催化剂的表面结构变化或活性位点的变化。这些变化会影响反应的速率和选择性。由于表面反应是动态的，反应物和产物在催化剂表面上不断地进行交换和转化，因此对催化剂表面的实时监测和分析是至关重要的。通过了解反应中催化剂表面的具体变化，研究人员可以优化催化剂的设计，以提高其催化性能。

催化反应结束后，产物需要从催化剂表面解吸。这一过程的效率决定了催化剂的再生能力和整体反应速率。解吸过程也是动态的，涉及产物从催化剂表面的脱离以及可能的二次反应。解吸不完全可能导致催化剂表面的中毒或失活，从而降低催化剂的整体性能。因此，了解解吸过程的动态特性对于催化剂的长期稳定性和性能维护至关重要。除了催化反应外，表面化学的其他领域，如吸附、腐蚀和材料表面改性，也具有动态特性。例如，在材料的腐蚀过程中，腐蚀产物的生成和去除以及表面状态的变化都是动态的，直接影响材料的耐久性和使用寿命。材料表面改性中的动态过程，如涂层的沉积和剥离，也会影响最终产品的性能和质量。动态特性还要求研究人员对表面过程进行实时监测和动态分析。现代技术，如原子力显微镜（AFM）、扫描隧道显微镜（STM）和质谱分析等，为实时跟踪和分析表面过程提供了强有力的工具。这些技术能够在分子尺度上观察和记录表面反应的变化，从而帮助科学家深入理解和优化表面化学过程。

（五）依赖于表面结构

表面结构的特征，包括原子排列、表面缺陷、晶体取向和化学环境等，决定了表面化学反应的机制和速率。这些因素的变化会显著影响材料的性能和反应效果，因此，对表面结构的精确控制和表征在材料科学中至关重要。表面原子的排列决定了催化剂的活性位点和反应物的吸附方式。例如，金属催化剂的表面原子排列可以形成不同的晶面，这些晶面具有不同的反应性。某些晶面可能提供更多的活性位点，或具有更适合反应物的排列方式，从而影响催化反应的效率和选择性。因此，理解和优化表面原子的排列对于提高催化剂性能具有关键作用。

除了原子排列，表面缺陷也是影响表面化学现象的重要因素。表面缺陷，如台阶、缺口和错位，能够显著改变材料的化学性质。这些缺陷通常会引入额外的活性位点，增强表面的反应性。例如，在催化剂的表面，缺陷位置可能成为吸附和反应的优先区域，从而影响催化性能。对表面缺陷的控制和利用可以帮助提高材料的催化活性和稳定性。不同的晶体取向具有不同的表面能量和电子性质，从而导致不同的化学行为。例如，某些晶体取向的表面可能具有更高的催化活性或更低的反应能垒。了解和选择合适的晶体取向可以优化催化反应的效果，进而提高材料在实际应用中的性能。

表面环境包括表面吸附的分子、表面修饰和化学处理等。表面修饰，例如通过化学气相沉积（CVD）或其他方法在表面引入特定的化学基团，可以改变表面的反应性和选择性。例如，某些功能化表面能够提高催化剂对特定反应物的亲和力，从而提升催化效率。因此，对表面环境的精确调控是优化材料性能的一个重要方面。现代表面科学技术，如扫描隧道显微镜（STM）、原子力显微镜（AFM）和透射电子显微镜

（TEM），可以在原子尺度上观察和分析表面结构。这些技术不仅能够提供关于表面原子排列和缺陷的信息，还能帮助研究人员理解和预测表面化学反应的行为。这些工具的应用促进了对表面结构的深入研究，为材料的设计和优化提供了强有力的支持。

（六）应用广泛

在催化过程中，催化剂的表面提供了反应物的吸附和反应位点，从而加速了化学反应。通过优化催化剂的表面结构和性质，可以显著提高催化效率和选择性，进而推动工业催化技术的发展。这在石油精炼、环境保护和化学合成等领域都有重要应用。传感器的性能往往依赖于其表面的化学性质。例如，传感器的表面需要具备特定的化学活性，以便有效地与目标气体发生反应。通过调整传感器表面的化学环境或引入特定的功能性材料，从而在环境监测和工业检测中发挥关键作用。

腐蚀是导致材料损坏和失效的主要原因，尤其是在金属和合金中。表面化学的研究可以帮助开发更有效的防腐蚀涂层和保护材料。通过对材料表面进行化学改性或应用防腐蚀涂层，可以显著提高材料的耐腐蚀性，从而延长其使用寿命和减少维护成本。这种技术在建筑、交通运输和能源领域具有广泛应用。通过表面化学的方法，可以改变材料表面的物理和化学性质，以满足特定应用的需求。例如，材料表面的润湿性、硬度和摩擦特性都可以通过表面化学方法进行调节。这在制造业中尤其重要，能够提高产品的性能和耐用性。表面化学改性技术也在电子器件中得到广泛应用，通过优化材料表面特性，可以改善电子器件的性能和可靠性。

在微电子技术中，材料表面的化学处理对于半导体器件的制造至关重要。例如，在集成电路的生产中，对硅片表面的化学处理可以控制其表面状态，从而提高器件的性能和集成度。此外，表面化学在显示器和传感器中的应用也同样重要，通过对材料表面的精细调控，可以实现更高的分辨率和更好的性能。表面化学的研究成果不仅推动了工业技术的发展，还为新材料的设计和应用提供了理论基础和技术支持。新材料的开发常常依赖于对其表面特性的精确调控。例如，在纳米材料和功能性材料的设计中，表面化学的应用可以帮助实现材料的性能优化，从而推动新材料的商业化应用。这些新材料在医疗、能源、环保等领域的应用前景广阔，具有重要的经济和社会价值。

第二节　界面现象与材料性能

一、界面现象

（一）界面定义

界面是指两个不同相的交界面，在这两个相之间，物质的性质和行为会发生显著变化。界面现象涵盖了固体、液体和气体之间的界面，涉及各种物理和化学过程。这些现象在催化、材料科学、生物医学等领域中都有重要应用。界面化学专注于研究这些不同相之间的相互作用及其对整体系统性能的影响。

（二）吸附现象

吸附是在界面上发生的过程，其中一种物质（吸附质）从气相、液相或固相中转移到另一个相的界面上。吸附可以是物理吸附或化学吸附。物理吸附主要依赖于范德华力，而化学吸附则涉及化学键的形成。吸附现象在催化反应、传感器设计和污染控制中起着关键作用。例如，反应物的吸附状态决定了反应的速率和选择性。

（三）界面张力

界面张力是界面上的分子相互作用力所造成的现象。它是指界面上单位长度的力，其作用使得界面倾向于最小化其表面积。液体与气体、液体与固体的界面张力直接影响液滴的形状、泡沫的稳定性和液体的润湿性。在材料科学和涂料技术中，界面张力的调控对于实现良好的表面特性至关重要。

（四）界面反应

界面反应是指发生在界面上的化学反应。反应物分子吸附后发生化学反应，然后生成物从界面脱附。界面反应的效率和选择性取决于界面上的化学环境和结构。例如，电催化和光催化中的许多关键反应均发生在界面上，这要求对界面反应机制有深入的了解，以优化催化剂性能。

（五）界面现象的调控

界面现象的调控是通过改变界面结构或化学环境来实现的。通过表面改性、涂层技术或引入功能化材料，可以调整界面特性以满足特定应用需求。例如，通过对材料表面进行化学修饰，可以提高其对特定反应物的选择性和活性。在生物医学应用中，界面调控可以优化生物相容性和传感器的灵敏度。

（六）界面现象在纳米技术中的应用

在纳米技术中，界面现象显得尤为重要。纳米尺度下，材料的表面和界面效应占据主导地位，显著影响其物理和化学性质。纳米材料的独特界面特性使得它们在催化、电子器件和药物传递等领域具有广泛应用。对纳米材料界面的精细控制可以显著提高其性能和功能，为新材料的开发提供了重要的基础。

（七）界面现象的研究方法

研究界面现象的方法包括多种先进技术，如扫描探针显微镜（SPM）、表面增强拉曼散射（SERS）和原子力显微镜（AFM）。这些技术可以在原子尺度上观察和分析界面特性，提供有关界面结构和行为的详细信息。这些研究方法对于深入理解界面现象及其在实际应用中的表现至关重要。

二、界面化学材料的性能

（一）吸附性能

界面化学材料的吸附性能是其重要的性能指标。这一性能决定了材料在气体、液体或溶液中对目标物质的吸附能力。例如，活性炭和某些高分子材料的表面具有较高的吸附能力，使它们在水处理和气体分离中发挥重要作用。吸附性能受到材料表面结构、表面化学性质以及材料的比表面积等因素的影响。通过调节材料的表面特性或功能化处理，可以显著提高其吸附性能。

（二）界面稳定性

界面稳定性指的是材料在不同环境下维持其表面性质和功能的能力。稳定的界面可以避免材料在使用过程中出现脱落、降解或性能退化的问题。例如，在催化剂应用中，界面的稳定性直接影响催化反应的持续性和效率。材料的界面稳定性取决于其化学组成、表面结构以及与环境的相互作用。通过选择合适的材料和表面处理方法，可以提高界面的长期稳定性。

（三）界面润湿性

界面润湿性是描述液体如何在材料表面扩展的能力。高润湿性的材料表面可以促进液体的均匀分布，而低润湿性的表面则可能导致液体珠状或形成不均匀的涂层。润湿性对材料的应用至关重要，例如在涂料、印刷和生物医用材料中。材料的润湿性可以通过表面化学改性来调节，以满足特定的应用需求，如提高防污性或改善液体接触性。

（四）界面反应性

界面反应性涉及材料在界面处的化学反应能力。这一性能在催化、传感器和电化学等应用中尤为重要。材料的界面反应性决定了其催化效率、传感器的灵敏度和电化学反应的速率。通过调整材料的表面结构或化学环境，可以优化其界面反应性。例如，设计具有高催化活性的表面结构可以提升催化剂的整体性能。

（五）界面导电性

界面导电性是指材料在界面处的电导能力。高界面导电性对于电极材料、电池和导电涂层等应用至关重要。材料的界面导电性受到其电子结构、表面接触和界面相互作用的影响。通过对材料的表面进行改性或引入导电材料，可以提高其界面导电性，以增强其在电子器件中的应用表现。

（六）界面摩擦特性

界面摩擦特性描述了材料表面之间的摩擦和磨损行为。这一性能对于机械部件和摩擦材料的设计至关重要。摩擦特性受到表面粗糙度、材料硬度和润滑状态等因素的影响。优化界面摩擦特性可以减少磨损、提高耐用性，并改善材料在实际应用中的表现。例如，在润滑剂和磨损保护涂层中，调节界面摩擦特性可以显著提高设备的使用寿命和可靠性。

（七）界面相容性

界面相容性指的是材料与其他材料或环境在界面处的相互作用和适配性。相容性好的材料能够在界面处与其他材料良好结合，避免出现剥离或界面失效的问题。在复合材料、涂层和黏合剂等应用中，界面相容性至关重要。通过选择合适的材料配方和界面处理技术，可以提高材料的界面相容性，以确保材料在实际应用中的稳定性和性能。

（八）界面反射和透过特性

界面反射和透过特性描述了材料表面对光、热等辐射的反射和透过能力。这些特性在光学涂层、绝热材料和传感器中具有重要应用。材料的界面反射和透过特性受到其表面光滑度、厚度和折射率等因素的影响。通过优化材料的表面结构和厚度，可以实现所需的光学性能，例如提高反射率或增加透过率。

第三节　表面改性技术

一、物理气相沉积技术

物理气相沉积技术（PVD）是一种在真空环境中进行材料气化并沉积在基材表面的技术。这种方法通过将固态材料转变为气态，然后再在基材表面冷凝形成薄膜，以实现涂层的制备。PVD 技术的核心在于它能在没有化学反应的情况下，通过物理手段实现薄膜的沉积。这种沉积过程主要包括蒸发沉积和溅射沉积两种主要方法。蒸发沉积是一种经典的 PVD 方法，其原理是通过加热材料至其蒸发点，将材料蒸发成气态，然后使其在冷却的基材表面上凝结成薄膜。这种方法广泛应用于制造光学涂层和装饰性薄膜。由于蒸发沉积过程可以在控制的环境中进行，因此它能够提供非常均匀且高质量的涂层，适用于需要高精度和光滑表面质量的应用。

另一种 PVD 方法是溅射沉积，它的工作原理是将高能粒子（通常是离子）轰击靶材，使其表面原子或分子被溅射出来并沉积到基材表面。这种方法能够在较低的温度下进行，适合于沉积较复杂的薄膜材料，如合金和复合材料。溅射沉积技术常用于半导体器件的制造中，因为它可以实现高质量的薄膜层，并且能够沉积多层膜结构。PVD 技术因其能够提供高质量的薄膜而受到广泛应用。特别是在光学涂层中，PVD 技术用于制造抗反射涂层、镜面涂层等，以提高光学器件的性能和耐用性。在硬质涂层方面，PVD 技术能够提供耐磨性和耐腐蚀性极强的涂层，这对于工业工具和模具的长期使用至关重要。此外，在半导体器件制造中，PVD 技术用于沉积各种功能性薄膜，如导电层、绝缘层和半导体层，保证器件的性能和稳定性。PVD 技术的优越性能来自其高精度的控制能力。通过调节沉积过程中的各种参数，如气压、温度、沉积速率等，可以实现对薄膜厚度、均匀性和成分的精确控制。这种高精度的控制能力使得 PVD 技术能够满足各种高要求的应用场景，成为现代工业中不可或缺的表面处理技术。

二、化学气相沉积技术

化学气相沉积技术（CVD）是一种用于在基材表面沉积薄膜的先进技术，利用气态前驱体在高温环境下发生化学反应，形成所需的薄膜材料。这一过程的关键在于将气态前驱体转化为固态沉积物，并控制其在基材表面的分布和性质。CVD 技术的多样性体现在它能够沉积多种功能薄膜，包括导电层、绝缘层和耐腐蚀涂层，广泛应用于集成电路制造、太阳能电池和光学器件等领域。CVD 技术的一个重要变种是低压 CVD（LPCVD）。该方法在低于常规大气压力的条件下进行沉积，通常在几毫米汞柱的压力下操作。LPCVD 技术的优势在于它能够在大面积基材上均匀沉积薄膜，且具有较高的沉积速率和较好的膜质量。由于其高均匀性和较低的沉积温度，LPCVD 常用于制造半导体器件中的薄膜材料，如多晶硅和氮化硅薄膜。

另一个常见的 CVD 变种是金属有机化学气相沉积（MOCVD）。在 MOCVD 过程中，使用金属有机化合物作为前驱体，这些化合物在高温下分解并沉积在基材表面。MOCVD 技术特别适用于制造高质量的半导体薄膜，如氮化镓（GaN）和砷化镓（GaAs）。它在蓝光 LED 和激光二极管的生产中发挥了重要作用，因为 MOCVD 能够提供精确的化学成分控制和优良的膜质量。等离子体增强化学气相沉积（PECVD）是 CVD 的另一种重要形式，它利用等离子体源在较低的温度下激发气体分子，从而提高沉积速率并改善薄膜的特性。PECVD 技术在沉积薄膜的过程中，等离子体的高能粒子能够促进化学反应，使得薄膜可以在较低的温度下形成。这一特性使 PECVD 在沉积材料方面表现出色，特别适用于制备具有高质量和良好附着力的薄膜，如硅氧化物和硅氮化物。

在集成电路制造中，CVD 技术因其能够沉积高纯度、高均匀性薄膜而被广泛使用。薄膜材料的质量直接影响到芯片的性能和稳定性，因此 CVD 技术的精确控制和高效性使其成为半导体制造过程中的关键技术。此外，在太阳能电池生产中，CVD 技术被用来沉积光伏材料，如硅薄膜，以提高太阳能电池的转换效率。光学器件的制造也从 CVD 技术中受益，特别是在光学涂层和薄膜滤光片的生产中，能够实现优异的光学性能和稳定性。

三、涂层技术

涂层技术是一种在材料表面施加保护性或功能性涂层的工艺，旨在改善其性能。这些涂层可以通过多种方法制备，如喷涂、电泳涂层和刷涂等。每种方法都有其独特的优点，适用于不同的应用场景和需求。喷涂是最常见的涂层技术，它通过将涂料以雾状喷射到材料表面，从而形成均匀的涂层。这种方法能够在大面积表面上实现高效涂覆，且涂层厚度和均匀性较易控制。喷涂技术广泛应用于汽车制造中，通过涂覆车身表面，提升了汽车的耐候性和外观效果。涂层不仅提供了对紫外线和化学品的保护，还改善了汽车的视觉效果，使其更加美观。电泳涂层是另一种重要的涂层技术，它利用电场驱动涂料颗粒在基材表面沉积。该技术在涂层过程中提供了均匀的涂层厚度，特别适合于复杂形状和大面积表面的涂覆。电泳涂层具有优良的绝缘性和防腐蚀性能，这使其在汽车制造、家电和工业设备中得到了广泛应用。电泳涂层能够在材料表面形成致密的保护膜，有效防止腐蚀和老化，提高材料的耐用性和可靠性。

刷涂是一种传统且简单的涂层方法，通过使用刷子将涂料涂抹在材料表面。这种方法适合于小面积或特殊形状的表面涂覆，操作简单且成本较低。尽管刷涂技术在均匀性和覆盖范围上可能不如喷涂和电泳涂层，但其在一些特殊应用中仍然具有不可替代的优势。例如，在建筑和家居装饰中，刷涂技术常用于涂抹墙面和家具表面，提升了材料的外观和保护性能。涂层技术在各个行业中具有广泛的应用。涂层不仅提升了车辆的耐候性，还改善了车辆的视觉效果。在建筑行业，涂层技术被用来保护建筑材料免受环境侵蚀。涂层技术可以提高材料的耐高温性和抗腐蚀性，保证飞行器的安全和性能。

四、化学改性技术

化学改性技术是一种通过改变材料表面的化学组成和结构，以提升其性能的工艺。这些技术能够显著改进材料的性质，包括其亲水性、疏水性、抗菌性等。常见的化学改性方法包括表面接枝、化学蚀刻和化学沉积等，每种方法都有其独特的应用和优势。表面接枝是一种重要的化学改性技术，通过在材料表面引入功能性聚合物链来改变其性质。这种方法涉及在材料表面进行聚合反应，从而将功能性单体接枝到基材上。接枝聚合可以有效地提高材料的生物相容性、抗污染性或改变其表面化学特性。例如，在医疗器械的表面接枝聚合可以引入抗菌聚合物链，以提高设备的抗菌性能，从而减少感染风险。此外，接枝技术还可以赋予材料新的表面活性，使其适用于特定的应用领域，如增强的润湿性或疏水性。

化学蚀刻是一种通过化学反应去除材料表面部分区域，从而实现表面结构的微观调节的技术。这种方法可以用来创建微结构或改变表面粗糙度，从而影响材料的性能。化学蚀刻广泛应用于半导体制造中，用于在硅片上精确刻蚀出电路图案。此外，这种技术还可以用于改进材料的表面粘附性或机械强度。例如，通过选择性蚀刻，可以在材料表面生成微米级的孔洞或纹理，改善其与其他材料的结合能力。化学沉积是另一种关键的化学改性方法，通过在材料表面沉积一层薄膜来改变其表面特性。这种技术包括化学气相沉积（CVD）和化学液相沉积（CLD），它们可以在材料表面形成各种功能性薄膜，如导电膜、绝缘膜或抗腐蚀膜。化学沉积能够提供均匀且高质量的涂层，这在电子器件、光学器件以及防护涂层等领域具有广泛应用。例如，使用CVD技术可以在半导体材料上沉积薄膜，形成高性能的电路层，提高器件的工作效率和稳定性。

通过化学改性技术，材料的表面可以获得全新的性质和功能，从而扩展其应用范围。这些技术不仅可以提升材料的性能，还能够满足特定的使用需求。表面接枝可以为材料引入新的功能性聚合物链，改善生物相容性或表面活性；化学蚀刻可以调节材料的微观结构，提高表面粗糙度或粘附性；化学沉积则能够在材料表面形成高质量的功能性薄膜，提供额外的保护或性能提升。

五、等离子体处理技术

等离子体处理技术是一种通过利用等离子体对材料表面进行改性的方法，以改变其物理和化学性质。等离子体，作为一种高度活跃的气体状态，其包含大量的离子、电子和中性粒子，能够与材料表面进行有效的互动，从而实现表面改性。等离子体处理技术的关键方法包括等离子体增强化学气相沉积（PECVD）和等离子体刻蚀，这些技术在提升材料性能和稳定性方面发挥了重要作用。等离子体增强化学气相沉积（PECVD）是一种常见的等离子体处理技术，通过在等离子体环境中使气态前驱体反应并沉积在基材表面，从而形成薄膜。PECVD 的主要优势在于其低温操作能力，这使得它能够在温度敏感的材料上进行沉积。PECVD 技术可以引入多种功能性官能团到材料表面，如氟化物、氮化物和碳化物等，这些官能团能够显著提高材料的耐磨性、耐腐蚀性和表面活性。例如，在半导体制造中，PECVD 常用于沉积氧化硅或氮化硅薄膜，以形成绝缘层或保护层，增强器件的稳定性和性能。

等离子体刻蚀则是另一种重要的等离子体处理技术，它通过在等离子体环境中使用反应性气体对材料表面进行刻蚀，从而实现表面结构的微观调整。这种方法在半导体工业中尤为重要，用于制造微电子器件时精确刻蚀电路图案。等离子体刻蚀可以在材料表面形成均匀且高度精细的微结构，这对于制造高性能的半导体器件至关重要。此外，等离子体刻蚀还可以用于清洗和去除材料表面的污染物，提升材料的表面质量和粘附性。等离子体处理能够引入功能性官能团，如氟化物和氮化物，改变材料的表面化学性质，从而提高其耐腐蚀性和耐磨性。等离子体处理技术不仅可以在低温下进行高质量的薄膜沉积，还可以实现精确的微结构刻蚀，提升器件的性能和稳定性。

等离子体处理技术还可以改变材料的表面粗糙度。这种改变可以改善材料的粘附性、润湿性和表面活性。例如，通过等离子体处理，可以在材料表面生成微米级的纹理或粗糙度，以增强其与其他材料的结合能力或改变其表面润湿性。这在涂层、黏合剂以及复合材料的制造中具有重要的应用价值。

六、激光表面处理技术

激光表面处理技术是一种通过激光束对材料表面进行加热和熔化的先进工艺，其主要目的是实现材料表面的改性。激光处理技术具有高精度、高效率和良好的控制性，是现代材料科学中重要的表面改性技术。激光束的高能量集中特性使其能够在极短的时间内加热材料表面，迅速熔化并重新固化，从而改变材料的表面性质。激光表面处理技术显著提高了材料的硬度和耐磨性。激光熔覆技术就是这种处理技术中的一个典型应用。通过将激光束聚焦在基材表面，使其在熔融状态下引入硬质合金粉末，形成均匀的涂层。这个涂层不仅增强了基材的硬度，还显著提高了耐磨性和耐腐蚀性。例如，在航空航天和汽车工业中，激光熔覆被广泛应用于发动机部件的修复和强化，以延长其使用寿命并减少维护成本。

激光束能够精确地控制加热区域，使得材料表面在处理过程中产生的热梯度和熔融层能够增强与涂层材料的结合力。这种精确的控制能力使得激光处理技术在需要高附着力的涂层应用中，展示了显著的优势。例如，激光表面处理可以用于汽车零部件的涂层工艺，确保涂层与基材的牢固结合，从而提高部件的耐久性和可靠性。激光表面处理技术还具有广泛的应用前景，尤其是在金属部件的加工和修复领域。通过激光的精确控制能力，技术能够处理复杂形状和细小区域，而传统的处理方法可能难以实现。这种高效、精准的特点使激光表面处理成为许多高要求工业应用的首选技术。在金属部件的修复中，激光技术能够有效修复磨损部件，恢复其原有的性能和功能，从而减少更换成本和材料浪费。

激光处理过程中产生的高温条件能够改善材料表面的微观结构，使其具有更好的抗腐蚀性能。例如，激光熔覆技术可以将耐腐蚀材料如铬合金涂覆到基材表面，形成一层保护性涂层，有效阻止腐蚀介质的侵入。这样，在恶劣环境下工作的部件可以显著延长使用寿命，降低腐蚀带来的经济损失。激光表面处理技术还具有很好的环境友好性。与传统的表面处理技术相比，激光处理不涉及化学药品的使用和处理，减少了有害废物的产生。这种环保特性使其在现代工业中越来越受到青睐，尤其是在对环境影响要求严格的领域，如电子器件和生物医疗设备的制造中。

七、电化学表面处理技术

电化学表面处理技术是一种通过电化学反应改变材料表面性质的先进工艺，其主要包括电镀、电泳和阳极氧化等方法。这些技术通过在材料表面沉积金属层或氧化膜，显著提升其耐腐蚀性、耐磨性及导电性，广泛应用于制造业和电子器件中。电化学表面处理不仅提高了材料的性能，还扩展了其应用领域。电镀技术是一种常用的电化学表面处理方法，通过在电解槽中将金属离子还原沉积在基材表面，形成均匀的金属涂层。这种技术可以改善材料的耐腐蚀性和耐磨性，常用于汽车零部件、家用电器和装饰品的制造。电镀的金属层不仅提供了美观的外观，还增强了基材的功能性。例如，镀铬技术常用于汽车零件和家具的表面处理，以提高其耐磨损和抗腐蚀能力，同时赋予其光泽的外观。

电泳涂层技术利用电场将带电的涂料颗粒沉积在基材表面。这种技术通常用于汽车和家电行业，以提高材料的防腐蚀性和附着力。电泳涂层具有优良的覆盖性，可以在复杂形状的零部件上形成均匀的涂层，确保每个角落和缝隙都得到保护。此外，电泳涂层的涂膜厚度可控，能够根据需要调整，以满足不同的应用要求。阳极氧化技术是一种通过电化学方法在铝合金表面形成耐腐蚀氧化膜的处理工艺。在酸性电解质中进行的阳极氧化反应，使铝合金表面生成一层坚硬的氧化铝膜。这层膜不仅能够显著提升铝合金的耐腐蚀性和耐磨性，还能赋予其美观的外观。这种处理广泛应用于建筑材料、航空航天和消费电子产品中，以提高材料的耐用性和外观质量。

通过电镀，可以在材料表面沉积各种金属层，以满足不同的功能需求。电泳涂层则提供了优良的保护性和附着力，广泛用于工业和家居产品。阳极氧化技术则使铝合金表面形成耐用的氧化膜，提高了其防腐蚀能力和外观品质。相较于传统的表面处理方法，电化学技术在处理过程中产生的废物和排放较少，减少了对环境的污染。电镀和电泳技术中使用的电解液和涂料可以进行回收和再利用，进一步降低了对环境的影响。阳极氧化过程中产生的废液也可以通过适当处理减少环境负担。在电子器件制造中，电化学表面处理技术的应用尤为重要。例如，电镀技术常用于集成电路中的导线和接触点的金属化，以保证其良好的导电性和连接性。电泳涂层也被广泛应用于电子设备的外壳处理，提供了优良的保护性和美观性。阳极氧化技术则在电子器件中的铝制部件表面形成了保护膜，提高了其耐腐蚀性和耐磨性。

八、自组装技术

自组装技术是一种利用分子自发排列在材料表面形成有序结构的先进方法。该技术通过在特定条件下使分子自发地组织成规则的结构，实现了表面的精确改性。这一过程不依赖于外部操作，能够自然地形成纳米尺度的结构，从而赋予材料特定的功能性和高性能特征。自组装技术在纳米材料制造、超疏水表面以及生物传感器等领域展现了其独特的优势和广泛的应用潜力。通过自组装，能够在基材表面形成精确控制的纳米结构，这些结构对材料的光学、电学和机械性能具有重要影响。例如，利用自组装技术可以制备出纳米级的阵列结构，这些结构具有显著的光子带隙效应，使其在光学器件中具有优异的性能。自组装过程中的分子排列能够实现高度有序的纳米结构，为纳米材料的设计和应用提供了新的可能性。

通过自组装过程，可以在材料表面形成具有纳米级纹理的涂层，这种涂层具有极低的表面能，从而使得材料表面具有超疏水性。超疏水表面能够有效地排斥水滴，防止水滴在表面停留或扩散，这对于防水涂层和自清洁表面的设计具有重要意义。例如，在建筑材料和电子器件中，自组装形成的超疏水涂层可以显著提高其耐用性和功能性。自组装可以在传感器表面创建具有特定功能的分子层，这些分子层能够与目标分子发生特异性结合，从而实现高灵敏度的检测。例如，利用自组装技术可以在传感器表面构建出具有生物识别能力的层，这对于疾病诊断和环境监测等应用具有重要意义。通过精确控制自组装过程，可以实现对生物分子的高效检测，提高传感器的性能和可靠性。

通过调节溶液浓度、温度和反应时间等参数，可以实现对自组装过程的精准控制，从而获得具有预期结构和性能的表面。自组装过程中的分子相互作用和排列方式会直接影响最终的表面特性，因此在实际应用中需要对这些因素进行细致的调节和优化。这样可以确保自组装得到的结构具有高度的均匀性和稳定性，从而满足不同应用领域的需求。

九、纳米技术中的表面改性技术

纳米技术中的表面改性技术致力于调节纳米材料的表面性质，以实现特定功能。这些技术通过调整纳米材料的表面化学、物理或结构特性，赋予其独特的性能，从而极大地扩展了纳米材料在各种应用领域中的潜力。表面改性不仅能够改善纳米粒子的物理和化学特性，还能提升其在催化、药物传递、传感器等应用中的效果。在催化领域，纳米材料的表面改性技术使其具有了优异的催化性能。通过在纳米材料表面引入功能性基团或金属颗粒，可以显著提高其催化活性和选择性。例如，通过表面修饰可以优化催化剂的表面结构，增加其表面活性位点，从而提高催化反应的效率。这种改性技术使得纳米催化剂在化学合成、环境净化等领域得到了广泛应用，展示了其强大的实际应用价值。

通过调整纳米粒子的表面特性，可以实现对药物释放的精准控制。例如，将药物分子通过化学修饰或物理包覆技术附着在纳米粒子表面，可以实现对药物释放速率和靶向传递的调节。这种表面改性技术不仅提高了药物的生物利用度，还减少了药物在体内的不良反应，从而提升了治疗效果。通过对纳米材料表面的改性，可以实现对特定分子的高灵敏度检测。例如，将具有特异性识别功能的分子固定在纳米材料表面，可以增强传感器对目标分子的检测能力。这种技术广泛应用于环境监测、疾病诊断等领域，使得传感器具有了更高的选择性和灵敏度。

随着纳米技术的发展，表面改性技术的创新也在不断推进。新型的改性方法和材料不断涌现，例如，通过自组装技术引入纳米级结构或功能性层，进一步提升了纳米材料的性能。此外，纳米材料的表面改性技术还在材料的设计和合成过程中扮演了重要角色，使得材料可以根据不同的应用需求进行定制化设计。在纳米技术应用中，表面改性技术不仅关注功能性的提升，还考虑到材料的稳定性和生物相容性。通过优化表面改性过程，可以确保纳米材料在实际应用中的长期稳定性和安全性。例如，在生物医学领域，确保纳米粒子在体内的长期稳定性是至关重要的，这需要通过细致的表面改性技术来实现。

第四节　界面化学在材料中的应用

一、界面化学在材料表面改性中的应用

（一）表面功能化

表面功能化是材料科学中一个关键的研究方向，通过化学方法对材料表面进行改性，以赋予其特定的功能性。自组装单层（SAMs）技术是实现表面功能化的常用方法。SAMs 技术利用分子自组装的原理，将有机分子在基材表面形成单层薄膜，这些分子通常具有亲水性或疏水性等功能团。例如，在金属表面形成具有长链烃的自组装单层，可以显著提升其抗腐蚀性和润湿性。通过精确调控 SAMs 分子的结构和排列，可以实现对材料表面性质的定制化设计。与此同时，化学气相沉积（CVD）技术也是表面功能化的重要手段。CVD 技术通过气相化学反应将薄膜材料沉积到基材表面。该技术能够在较大面积和复杂形状的基材上均匀沉积薄膜，形成坚固的覆盖层。例如，在半导体器件中，CVD 技术常用于沉积绝缘层或导电层，这些薄膜层不仅提供了所需的电学性能，还可以通过调节沉积条件来引入不同的功能团。CVD 的高精度和可控性使其成为高性能材料表面改性的理想选择。

结合这两种技术，可以实现材料表面的多功能化。例如，将 SAMs 与 CVD 技术结合，可以在基材表面首先沉积一层 CVD 薄膜，然后通过 SAMs 方法对薄膜进行进一步的功能化处理，从而获得具有多重功能的复合表面。这种方法在生物传感器、电子器件及环境保护等领域中展现出巨大的潜力。此外，表面功能化技术还广泛应用于催化剂的设计中。通过在催化剂表面引入特定的功能团，可以显著提高催化反应的选择性和活性。例如，利用 SAMs 技术在催化剂表面修饰具有特定官能团的分子，有助于调节催化剂的反应路径，从而提升其催化效率。CVD 技术也可以用于在催化剂表面沉积具有催化活性的薄膜，进而增强其催化性能。

（二）耐腐蚀性增强

耐腐蚀性增强是材料保护领域的重要研究方向，通过界面化学技术的应用，可以

有效提高材料，尤其是金属的耐腐蚀性能。在金属表面形成防护膜是一种广泛采用的方法。这种防护膜可以是金属氧化物、氮化物或其他化合物，旨在阻止腐蚀介质与金属基体的直接接触。例如，铝合金表面形成的铝氧化物膜具有优异的耐腐蚀性能，它通过自发形成的氧化层有效隔离了金属表面与环境的接触，从而显著延长了材料的使用寿命。化学气相沉积（CVD）技术可以用于在金属表面沉积耐腐蚀薄膜。这种技术通过气相化学反应，将气态前驱体转化为固态薄膜沉积在金属表面，形成均匀且致密的防护层。CVD 技术能够在复杂形状和大面积基材上均匀地沉积薄膜，提高了材料表面的全面保护能力。例如，通过 CVD 沉积的硅氧化膜或氮化钛膜可以有效防止金属基体的氧化和腐蚀，适用于各种极端环境条件。

界面化学中的自组装单层（SAMs）技术也在提高材料耐腐蚀性方面展现了其独特的优势。SAMs 技术利用有机分子自组装形成的单层膜，可以在金属表面提供额外的保护。通过选择具有特定官能团的分子，这些自组装的单层膜不仅可以提供防腐蚀功能，还能改善金属表面的润湿性和附着性。例如，在铜表面自组装的长链烃分子膜能够有效防止铜的氧化和腐蚀，维持金属的稳定性。此外，化学改性还可以通过界面化学方法在材料表面引入腐蚀抑制剂。这些抑制剂通常以化学物质的形式添加到防护膜中，与腐蚀介质发生反应，从而降低腐蚀速率。例如，在涂层中加入钼酸盐或锌盐作为腐蚀抑制剂，可以有效延缓腐蚀过程，增强金属的耐腐蚀能力。

二、界面化学在复合材料中的作用

（一）界面相互作用

界面化学在复合材料的性能增强中扮演着至关重要的角色，特别是在提升机械强度和热稳定性方面。复合材料通常由两种或两种以上的不同材料组成，通过优化它们之间的界面相互作用，可以显著提升复合材料的整体性能。首先，界面化学通过改进复合材料中基体与增强相之间的界面结合力来增强机械强度。强化的界面结合力可以有效地将外部应力从基体传递到增强相，减少了材料的界面脱层和界面失效。例如，在纤维增强复合材料中，通过在纤维表面施加界面改性剂，可以改善纤维与基体之间的粘附性，从而提高材料的抗拉强度和抗冲击性能。通过界面化学技术的介入，复合材料的热稳定性也得到了显著提升。材料的热稳定性主要受界面相互作用的影响，因为良好的界面结合可以防止高温环境下的界面退化。例如，使用化学气相沉积（CVD）技术在复合材料的界面沉积一层耐高温的薄膜，可以有效提高复合材料的热稳定性。这样，不仅减少了高温环境下基体和增强相的界面反应，还延缓了材料的热降解，从而保证了复合材料在极端条件下的性能稳定性。

　　界面改性技术的应用也表现在通过自组装单层（SAMs）技术优化界面特性。SAMs 技术通过在增强相或基体表面自组装功能化分子，可以调节界面的润湿性和粘附性，从而提高复合材料的综合性能。例如，在陶瓷基复合材料中，使用具有特定功能团的 SAMs 分子可以改进陶瓷与金属基体的界面结合，增强复合材料的耐磨性和抗热震性。此外，界面化学的优化还包括利用纳米技术改善界面性能。通过在复合材料界面引入纳米级填料或改性剂，可以有效提升界面的机械强度和热稳定性。纳米填料如纳米二氧化硅或碳纳米管可以通过提高界面的界面结合力来增强材料的力学性能，同时也可以通过改善界面热导性来提升热稳定性。

（二）界面黏结性

　　界面黏结性是影响复合材料性能的关键因素，通过界面化学方法可以显著改善不同组分之间的黏结性。例如，界面改性剂的应用是一种有效的手段来增强聚合物与填料之间的结合力。界面改性剂通常是具有特定化学结构的分子，可以在填料表面形成一层化学亲和的界面，从而增强其与聚合物基体的相互作用。比如，使用硅烷偶联剂在无机填料表面进行化学改性，可以有效提升填料与有机聚合物之间的黏结力。这些偶联剂通过其官能团与填料表面发生化学反应，同时与聚合物基体形成化学键合，从而增强界面的结合强度。界面改性剂的选择和使用也需要根据填料的性质和聚合物的类型进行优化。对于不同种类的填料，如玻璃纤维、碳纤维或矿物填料，选择适合的改性剂可以提高填料与聚合物的界面黏结性。例如，针对玻璃纤维填料，通常使用含有氨基或环氧基团的改性剂，这些功能团能够与玻璃纤维的表面形成强的化学结合，改善其与聚合物的界面相互作用。对于聚合物基体，界面改性剂的加入不仅可以提高填料的分散性，还能减少填料在基体中的聚集现象，从而提高复合材料的整体性能。

　　界面化学方法还包括通过物理改性技术来提高界面黏结性。例如，通过等离子体处理技术对填料表面进行处理，可以改变填料的表面性质，使其更加亲和于聚合物基体。这种物理改性方法能够在不改变填料本身化学结构的情况下，通过提高表面能量来改善界面黏结性。等离子体处理后的填料表面通常会形成更多的活性位点，这些活性位点可以与聚合物中的功能团发生相互作用，从而提高黏结强度。界面化学还涉及利用纳米技术改进界面黏结性。在复合材料中引入纳米级改性剂，如纳米填料或纳米颗粒，可以有效提高界面的机械黏附力和化学结合力。这些纳米级改性剂可以在微观尺度上改善聚合物与填料之间的界面性能，提高复合材料的强度和韧性。例如，纳米硅或纳米碳材料的添加能够显著增强界面的黏结性，从而提升复合材料的整体性能。

三、界面化学在涂层与薄膜技术中的应用

（一）涂层技术

涂层技术在许多领域中都扮演着关键角色，其中界面化学的应用能够显著提高涂层的附着力和耐磨性。通过调节涂层与基材之间的界面特性，能够显著增强涂层的附着力。在涂层过程中，界面化学技术可以通过选择合适的界面改性剂来改善涂层与基材的结合。例如，在金属基材表面应用硅烷偶联剂，可以提高涂层与金属表面的化学结合力。这些偶联剂能够在金属表面形成一层化学键合层，从而增强涂层的附着力，减少涂层剥落的风险。与此同时，界面化学技术还可以通过优化涂层材料的表面性质来提高涂层的耐磨性。涂层的耐磨性在很大程度上取决于涂层与基材之间的界面强度。采用化学气相沉积（CVD）技术，可以在涂层表面沉积一层硬质薄膜，如氮化硅或氮化钛，这些薄膜能够显著提升涂层的耐磨性。这些硬质薄膜在基材与涂层之间形成了坚固的界面，减少了摩擦和磨损，从而提高了涂层的耐用性。

通过自组装单层（SAMs）技术，也可以有效改善涂层的界面特性。SAMs技术能够在涂层材料的表面形成一层自组装的有机分子，这些分子具有特定的官能团，能够与涂层材料和基材表面进行化学反应。通过这种方式，SAMs技术能够优化涂层与基材之间的界面接触，提高涂层的附着力，并且改善涂层的耐磨性能。这种方法尤其适用于要求高性能的涂层应用，如半导体器件和高端机械部件。此外，界面化学在涂层技术中的应用还包括通过物理改性手段来提升涂层性能。例如，利用等离子体处理技术对基材表面进行处理，可以增加基材的表面能量。等离子体处理可以去除基材表面的有机污染物，并在其表面形成更多的活性位点，这些活性位点可以与涂层材料形成更强的界面结合力，从而提高涂层的附着性和耐磨性。

（二）薄膜沉积

在薄膜沉积技术中，界面化学的应用极大地影响了薄膜材料的质量和性能。在薄膜沉积过程中，薄膜与基材之间的界面特性直接决定了薄膜的附着力和整体稳定性。通过优化界面条件，例如调整沉积过程中的温度、压力和气体组成，可以在基材表面形成均匀且致密的薄膜。这种控制可以减少界面处的缺陷，如气孔和裂纹，从而提高薄膜的机械强度和耐用性。界面化学技术在薄膜沉积中还通过调节沉积物质的化学反应性来提高薄膜的质量。例如，在化学气相沉积（CVD）过程中，界面化学可以通过选择合适的前驱体和反应条件来控制薄膜的组成和结构。优化反应气体的流量和沉积

速率可以确保薄膜的均匀性和致密性，从而提高其性能。例如，沉积氮化钛薄膜时，通过精确控制反应气体的比例，可以获得高硬度和高耐腐蚀性的薄膜材料。

　　界面化学在薄膜沉积中的作用还体现在改善薄膜的界面粘附性。为了提高薄膜与基材之间的附着力，常常需要对基材表面进行预处理，例如使用等离子体处理或化学修饰。这些处理能够增加基材表面的活性位点，提高其与沉积薄膜的相互作用力，从而改善薄膜的附着性。例如，可以在基材表面引入极性基团，这些基团能够与沉积薄膜中的功能团形成强的化学结合，提高薄膜的黏附力和稳定性。界面化学技术还包括利用自组装单层（SAMs）技术优化薄膜的界面特性。SAMs技术能够在基材表面形成一层自组装的分子层，这些分子层具有特定的化学功能团，可以与沉积的薄膜材料形成化学键合。这种预处理不仅可以改善薄膜的附着力，还能控制薄膜的厚度和均匀性。例如，通过在基材表面自组装一层功能化分子，可以显著提升薄膜的电学性能和器件的稳定性。

四、界面化学在纳米材料中的应用

（一）纳米粒子表面修饰

　　界面化学技术在这一过程中发挥着重要作用，通过精确调控纳米粒子的表面性质，可以显著改变其物理化学特性。通过界面化学技术对纳米粒子进行表面修饰，可以调节其表面化学性质，从而影响其溶解性、稳定性和反应性。例如，利用化学合成方法将功能化分子附着在纳米粒子表面，可以改变其亲水性或疏水性，进而改善其在水相或油相中的分散性。这种调节能够提高纳米粒子在药物传递、催化和传感器应用中的性能。纳米粒子的表面活性位点是决定催化效率的关键因素。通过在纳米粒子表面引入特定的功能团，如氨基、羧基或硫醇，可以增加催化反应的活性位点，并提高催化剂的选择性和稳定性。例如，在金属纳米粒子的表面修饰中，通过引入配体分子，可以调整催化反应的速率和产物分布，从而实现对复杂反应过程的精准控制。

　　界面化学技术还可以用于增强纳米粒子的生物相容性和靶向性。在医学应用中，纳米粒子的表面修饰能够显著提高其在体内的生物相容性，并实现对特定细胞或组织的靶向定位。通过在纳米粒子表面修饰生物分子如抗体、肽或糖链，可以使其与目标细胞或组织特异性结合，从而提高药物递送的效率和治疗效果。这种表面修饰技术不仅改善了纳米粒子的生物分布，还减少了副作用，提升了其在临床应用中的安全性和有效性。通过在纳米粒子表面修饰光敏分子，可以调节其光学吸收和发射特性，从而实现对光学性能的精准控制。这种修饰技术在光学成像、光电器件和光催化等领域中得到了广泛应用。例如，通过在金纳米粒子表面引入特定的光敏分子，可以实现对可见光或红外光的调控，提高其在光学探测和成像中的应用效果。

（二）纳米复合材料

在纳米复合材料中，纳米粒子作为增强相，其与基体材料之间的界面特性直接影响复合材料的力学强度。通过使用界面改性剂，如偶联剂或交联剂，可以在纳米粒子与基体之间建立强的化学键合，从而有效提高材料的抗拉强度和抗冲击韧性。例如，硅烷偶联剂的引入可以在填料表面形成一层化学亲和层，这不仅增强了填料与聚合物基体的结合力，还改善了复合材料的整体力学性能。纳米复合材料通常在高温环境下应用，因此其热稳定性至关重要。通过优化界面相互作用，可以提高复合材料的热稳定性。例如，采用界面改性技术在纳米粒子表面形成一层保护性薄膜，可以有效隔离纳米粒子与基体之间的热传递，从而提高材料的热稳定性。此外，界面化学技术还能通过调节界面的化学环境，减少因高温导致的界面退化或反应，进一步提升材料的热稳定性。

纳米复合材料的电学性能受到纳米粒子与基体之间界面电荷传输的影响。通过表面修饰和界面改性，可以优化界面电荷传输路径，提升材料的电导率。例如，通过在纳米导电填料表面引入导电功能团，可以提高填料与基体之间的电荷传输效率，从而改善复合材料的电导性能。这种优化不仅提高了纳米复合材料在电子器件中的应用性能，还扩展了其在导电涂层和传感器中的应用范围。对于需要阻隔气体或液体渗透的应用，界面化学技术可以通过优化界面相互作用，改善材料的阻隔性能。例如，在纳米复合材料的基体中引入具有高阻隔性能的纳米粒子，并通过界面改性提高其与基体的结合力，可以显著提高材料的阻隔性能。这种改性方法可以用于开发高性能的包装材料、隔热材料和防护涂层等。

五、界面化学在能源材料中的应用

（一）电池材料

通过调节电极材料与电解质之间的界面特性，可以显著改善电池的电化学性能。在锂电池中，界面化学可以通过优化电极材料的表面结构来提升电池的充放电效率。例如，使用界面改性剂或涂层技术，在电极材料表面形成一层稳定的固体电解质界面（SEI）膜，可以有效减少锂离子在充放电过程中与电极材料的副反应。这种 SEI 膜的形成有助于提高锂电池的电化学稳定性和循环寿命，从而提升电池的整体性能。在燃料电池中，电极材料的催化性能和耐用性对电池的效率至关重要。通过在电极材料表面引入特定的催化剂或改性剂，可以优化电极材料的催化活性。例如，利用界面化学技术将贵金属催化剂（如铂）均匀地分散在碳基材料表面，可以显著提高燃料电池的催化反应效率。此类改性不仅提升了燃料电池的功率密度，还改善了其在长时间运行中的稳定性。

界面化学还可以通过改善电极材料的导电性和结构稳定性来增强电池的循环稳定性。在锂离子电池中，电极材料的导电网络对电池的充放电性能具有直接影响。通过在电极材料中引入导电添加剂，如碳纳米管或石墨烯，并利用界面化学技术优化它们与电极基体的结合力，可以显著提高电极的导电性和结构稳定性。这种方法能够有效减少电极材料在充放电过程中发生的体积膨胀和收缩，进而提升电池的循环稳定性。在电池材料的表面处理方面，界面化学技术也发挥了重要作用。例如，在电池电极材料的表面进行等离子体处理或化学气相沉积（CVD），可以形成具有良好附着力的保护膜或功能化层。这些处理不仅可以提高电极材料与电解质的界面相容性，还可以改善电池在高温和高电流密度下的稳定性。这种改性方法有助于延长电池的使用寿命，并提高其在实际应用中的可靠性。

（二）催化材料

通过优化催化剂的界面特性，可以显著提高催化反应的活性和选择性。催化剂的表面活性位点是决定其催化性能的核心因素。利用界面化学技术，可以在催化剂表面修饰或引入功能化分子，增加其表面活性位点的数量和分布，从而提高催化效率。例如，通过引入金属纳米颗粒作为催化剂的修饰层，可以提供更多的活性位点，增强催化剂对反应物的吸附和转化能力，进而提高反应的整体速度和产物选择性。催化反应中的高温和强酸碱环境常常导致催化剂的失效或中毒。通过对催化剂表面进行化学修饰，可以形成一层保护性膜，减少催化剂与反应物之间的不良反应。例如，在催化剂表面引入氧化物或氮化物薄层，可以有效隔离催化剂表面与反应物的直接接触，从而提高其在恶劣反应条件下的稳定性。此外，界面化学技术还可以通过改善催化剂的抗毒性来延长其使用寿命，提高其经济性。

界面化学在催化材料中的作用还体现在催化剂的界面相互作用调节上。催化剂与反应物、产物之间的界面相互作用对反应速率和选择性具有重要影响。通过调节催化剂的表面性质，如改变化学环境、调整表面电荷密度或引入适当的配体，可以优化催化剂与反应物之间的相互作用，提高反应效率。例如，在选择性氢化反应中，调整催化剂表面的电子性质，可以选择性地促进特定反应路径，从而提高目标产物的选择性。

催化剂的合成方法，如溶胶-凝胶法、化学气相沉积（CVD）和自组装技术，可以通过控制催化剂表面的界面特性，影响其最终的催化性能。例如，通过调节合成过程中的前驱体浓度和沉积速率，可以控制催化剂的表面结构和形态，从而影响其催化性能。特别是在纳米催化剂的合成中，界面化学技术的应用可以实现对催化剂粒径、形貌和表面化学性质的精确控制，进一步提升其催化活性和选择性。

第四章 纳米材料的前沿研究

第一节 纳米材料的基本概念与特性

一、纳米材料的基本概念

纳米材料是指尺寸在 1 至 100 纳米范围内的材料，其具有独特的物理、化学性质和结构特征，与传统材料显著不同。由于其纳米尺度的特性，纳米材料表现出增强的强度、化学反应性、光学性能和电导性，广泛应用于医学、电子、能源和环境等领域。它们的表面效应和量子效应使其在纳米科技中具有重要的研究和应用价值。

二、纳米材料的基本特性

（一）量子效应

量子效应在纳米材料中表现出独特的物理和化学特性，这些特性与宏观材料有着显著的不同。当材料的尺寸降到纳米级别，即接近或小于材料的电子波长时，其电子行为会受到限制，产生量子限制效应。这个效应导致材料的电子能级发生离散化，而不是连续分布。这种能级离散化改变了材料的能带结构，使得纳米材料的光学吸收和发射特性发生变化。例如，纳米粒子在吸收和发射光谱上可能表现出不同于宏观材料的峰值，显示出颜色的变化，这是由于量子限制效应引起的。当材料的尺寸达到纳米尺度时，电子的波动性和隧穿效应变得显著，这使得电子的运动行为不同于宏观材料。在半导体纳米颗粒中，由于量子限制效应，电子的能级间隔变宽，导致其电导率在特定条件下发生变化。这种现象在量子点中表现得尤为明显，量子点的光电特性可以通过改变其尺寸来调节，从而在光电器件中得到应用。

在磁性方面，纳米材料也展现出与宏观材料不同的特性。纳米尺度下的材料可能会经历磁性相变，出现超顺磁性现象。超顺磁性是指在特定尺寸下，材料表现出增强的磁响应，但在外加磁场移除后，磁性会迅速消失。这是由于纳米粒子尺寸较小，导致其磁性原子或离子在热运动中容易发生磁化反转，从而影响了材料的宏观磁性行为。纳米磁性材料在数据存储和医学成像等领域具有潜在应用。当纳米材料的表面原子或分子数量占总原子或分子的比例较大时，表面效应对材料的整体性质有显著影响。量子效应使得这些表面原子的行为与内部原子不同，从而改变了纳米材料的反应性、稳定性和催化性能。例如，在纳米催化剂中，表面原子的量子效应会影响催化反应的活性位点。

（二）高比表面积

高比表面积是纳米材料的一个显著特性，它指的是材料的表面积与其体积或质量之比在纳米尺度下极为增大。这一特性源于纳米材料的尺寸效应，即其尺度微小，使得表面原子或分子在材料总量中占据了更大的比例。这种特性使得纳米材料在许多应用中展现出独特的优势，尤其是在催化、传感器和吸附材料等领域。催化剂的活性位点通常位于其表面。由于纳米材料拥有更大的比表面积，相对于相同质量的宏观材料，它能够提供更多的活性位点。这意味着更多的反应物分子可以同时与催化剂接触，从而提高反应速率和效率。例如，纳米金属催化剂在加氢、氧化还原反应中的表现优于传统的宏观催化剂，显示出更高的催化活性和选择性。

在传感器领域，高比表面积使纳米材料能够显著提升传感器的敏感度和检测能力。传感器的工作原理通常依赖于探测材料表面与目标分子之间的相互作用。由于纳米材料的表面原子比例较高，它们可以提供更多的探测位点，使得探测信号的响应更加显著。这种特性使得纳米材料在气体传感器、生物传感器和化学传感器中表现出极高的灵敏度和选择性。例如，纳米级的碳材料在检测低浓度气体或生物分子的应用中，能够显著提高传感器的检测限和响应速度。此外，纳米材料的高比表面积在吸附材料中也展现出重要的应用价值。在环境治理和资源回收中，吸附材料用于去除水体或气体中的污染物。纳米材料的高比表面积使其在处理污染物时具有更高的吸附能力。由于其表面活性位点的密集分布，纳米材料能够有效地捕捉和去除污染物分子，提高了吸附效率和处理能力。这在废水处理、空气净化和废物回收等方面具有重要应用前景。纳米材料的高比表面积还使其在能源存储和转换领域具有显著的优势。例如，在超级电容器和锂电池中，纳米材料的高比表面积可以提高电极材料的电荷存储能力和电导率，从而提高储能装置的性能。这种特性使得纳米材料在高性能电池和超级电容器的开发中得到了广泛应用。

（三）增强的强度和硬度

纳米材料在机械强度和硬度方面通常优于宏观材料，这种现象主要源于其独特的尺寸效应和微观结构特征。纳米材料的显著特性之一是其高表面原子密度。在纳米尺度下，材料的表面原子或分子占据了更大比例，相对于材料的体积，表面原子的数量远远超过宏观材料。这种高表面原子密度导致纳米材料的原子间相互作用力更强，从而增强了材料的机械强度和硬度。纳米材料中的原子或分子由于其较高的表面原子密度，更加紧密地排列，使得材料在受力时能够有效地分散和承受应力，从而提高其整体强度。纳米材料中的晶体结构通常存在较少的宏观缺陷，如位错、晶界等，这些缺陷会影响材料的力学性能。由于纳米材料的尺寸极小，许多宏观缺陷在纳米尺度下被显著减少或被重新排列，使得材料的力学性能得以提升。例如，纳米纤维和纳米颗粒中的晶体缺陷通常被减少，从而使得材料的抗压强度和抗拉强度显著提高。

通过将纳米颗粒或纳米纤维引入到基体材料中，能够显著提高复合材料的强度和韧性。纳米材料的高强度和高硬度可以有效地提高复合材料的力学性能。这是因为纳米材料能够在复合材料的基体中形成强的界面结合，增强了材料的负载分配和传递能力，从而提高了整体的强度。例如，纳米碳管和纳米颗粒在聚合物基体中能够形成均匀分布的增强结构，使得复合材料在受力时表现出更好的机械性能和抗冲击性。另一个与增强强度和硬度相关的因素是纳米材料的尺寸效应。材料的尺寸变小到一定程度，原子间的相互作用和材料的弹性模量都会发生变化。这种变化使得纳米材料在受力时能够更好地抵抗变形和破坏，从而提高其强度和硬度。这种效应在纳米颗粒、纳米薄膜以及纳米线等材料中表现得尤为明显。

（四）独特的光学特性

纳米材料的独特光学特性使其在许多前沿科技领域中具有广泛的应用潜力。当纳米颗粒的尺寸与入射光波长相当时，金属纳米颗粒会发生表面等离子共振。这种现象是由纳米颗粒表面自由电子的集体振荡引起的，导致光的吸收和散射特性发生显著变化。例如，金属纳米颗粒如金和银能够在特定波长下产生强烈的光吸收和散射，这种特性使它们在生物标记和传感器应用中表现出色。通过调整纳米颗粒的尺寸、形状和组成，可以精确控制其 SPR 特性，从而优化其在生物成像和传感器中的表现。此外，纳米材料的量子点效应使其在光学发射方面也展现出独特的特性。量子点是尺寸在纳米级的半导体颗粒，其电子能级由于量子限制效应而变得离散。这导致了量子点能够在特定波长范围内发射具有高亮度和窄发射带宽的光。这种特性使得量子点在荧光成像和显示器件中具有显著优势。量子点的发射波长可以通过改变其尺寸进行调节，这为高分辨率成像和多通道检测提供了可能。

纳米材料能够在光电转换过程中表现出优异的性能。例如，纳米材料在光伏电池中的应用可以提高光吸收效率和电荷分离效率，从而提升光伏电池的整体能量转换效率。这是由于纳米材料能够有效地捕捉和转换光能，产生更多的电子-空穴对，并且纳米结构的设计可以优化光的传播和电荷的迁移过程。此外，纳米材料在传感器中的应用也受益于其独特的光学特性。例如，表面等离子共振传感器利用纳米材料的 SPR 效应来检测生物分子或化学物质的存在和浓度变化。由于纳米材料的高比表面积和表面增强效应，这些传感器能够提供高分辨率和高灵敏度的检测结果，从而在医疗诊断和环境监测中展现出强大的潜力。

（五）高导电性和磁性

材料的导电性和磁性常常表现出与宏观材料显著不同的特性。这种差异主要源于纳米材料的尺寸效应、表面效应以及量子效应等因素。纳米金属如银和金在缩小到纳米尺度时，其电子迁移率和电导率往往超过宏观材料的表现。这是因为纳米尺度下，材料中的电子运动受到的散射减少，表面散射效应更为显著。这使得纳米金属材料能够在电流通过时减少电子阻力，从而提升导电性。进一步地，纳米金属的高导电性还赋予其在柔性电子和透明导电薄膜等应用中重要的应用价值。

纳米磁材料在特定的尺寸和形状下展现出独特的磁性特征，例如超顺磁性。超顺磁性指的是在外部磁场作用下，纳米磁颗粒能够迅速响应并显示出显著的磁性，但在磁场移除后又迅速失去磁性。这种特性与纳米颗粒的尺寸密切相关。当磁颗粒的尺寸小到一定程度时，它们的磁矩受到量子效应和表面效应的影响，表现出不同于宏观材料的磁性行为。超顺磁性使得纳米磁材料在生物医学领域，如磁共振成像（MRI）和靶向药物输送中具有广泛应用。此外，纳米磁材料在数据存储和信息处理领域中也展现出潜在的应用价值。通过调整纳米磁材料的尺寸和形状，可以精确控制其磁性特征，满足不同应用的需求。纳米材料的高导电性和磁性也带来了新颖的应用机会。例如，在纳米电子器件中，高导电性使得纳米材料能够实现更高的器件性能和更低的功耗。在磁性材料的应用中，超顺磁性使得纳米颗粒能够作为高效的磁标记或探针，广泛应用于生物分析和环境监测等领域。

（六）表面效应

由于纳米材料具有较大的比表面积，其表面原子或分子占据了更高的比例。这意味着，纳米材料的表面原子或分子具有较高的活性，能够更容易地参与化学反应。相较于宏观材料，纳米材料的高表面能量和较大的表面面积使得其反应性显著增强。例如，纳米催化剂能够在更低的温度和压力下加速化学反应，展示了更高的催化活性。这种现象使得纳米材料在催化、化学传感和环境治理等领域具有广泛的应用前景。由于其高比表面积，纳米材料能够提供更多的吸附位点，这使得其在吸附和分离过程中表现出优异的性能。例如，纳米吸附材料在水处理和气体分离中能够有效去除污染物或有害气体。这些纳米材料的表面原子或分子在与目标分子接触时，能够形成强的物理或化学键，从而增强其吸附能力。表面功能化技术，如引入特定的化学基团或分子，也可以进一步调节纳米材料的吸附特性，使其更具针对性和选择性。

纳米材料的表面原子或分子由于其较高的表面能量，容易受到环境因素的影响，如氧化、腐蚀或聚集。这使得纳米材料在实际应用中需要特别注意其稳定性。例如，纳米颗粒在空气中可能会发生氧化反应，从而影响其性能和寿命。因此，合理的表面修饰和保护措施成为提高纳米材料稳定性的关键。例如，通过包覆层或表面化学改性，可以有效地防止纳米材料的降解。

第二节　纳米材料的制备与表征

一、纳米材料的制备

（一）化学合成法

1. 溶胶-凝胶法

溶胶-凝胶法是一种重要的纳米材料制备技术，其通过将溶胶转化为凝胶的过程实现纳米材料的合成。此方法广泛应用于金属氧化物和硅酸盐等纳米材料的制备，具有独特的优势和应用前景。溶胶-凝胶法的核心在于其化学反应机制。通过溶解金属盐或金属有机化合物于溶剂中，形成均匀的溶胶。这一过程涉及金属离子的水解和缩合反应，生成具有一定黏度的溶胶。接着，通过适当的条件控制，将溶胶转变为凝胶。这一过程通常包括溶剂的去除和交联反应，最终形成具有三维网络结构的凝胶。凝胶的形成是溶胶-凝胶法的关键步骤，它决定了最终材料的结构和性质。

溶胶-凝胶法的优点尤为突出。它可以在低温下进行，这不仅减少了能耗，还允许制备出具有高纯度和均匀性的纳米材料。溶胶-凝胶法具有良好的可控性，通过调整反应条件，可以精确控制纳米材料的组成和形貌。此外，该方法还能够在不同的基材上形成薄膜、涂层和颗粒等多种形态的纳米材料，这使得其在光电、催化和生物医药等领域中具有广泛的应用前景。在凝胶的干燥和烧结过程中，可能会出现收缩和裂纹问题，影响材料的质量和性能。由于溶胶-凝胶法的反应过程较为复杂，需要精确控制反应条件，这对实验设备和操作技术提出了较高的要求。因此，研究者们在不断探索改进措施，以优化溶胶-凝胶法的工艺，提高纳米材料的性能和稳定性。

2. 化学气相沉积法

化学气相沉积法（CVD）是一种在气相中进行化学反应，通过原料气体在基底表面沉积形成纳米材料的先进技术。此方法在制备高质量的碳纳米管和石墨烯等纳米材料方面具有显著优势，广泛应用于材料科学和纳米技术领域。在化学气相沉积法中，需要将特定的气体前驱体引入反应室。这些气体前驱体通常包含要沉积的材料的前体，如碳源气体（例如甲烷或乙炔）或其他金属有机化合物。通过加热或电离，这些气体在反应室中发生化学反应，生成气相中的反应产物。这些产物随后在基底表面上沉积，逐渐形成所需的纳米材料。沉积过程中的温度、压力和气体流量等参数对于材料的结构和性能至关重要。

化学气相沉积法的显著优势在于其能够在较高的沉积速率下生成均匀的薄膜或纳米材料。由于反应发生在气相中，材料的沉积过程可以高度控制，从而实现精确的厚度和形貌调节。这种高精度控制使得 CVD 法特别适合制备具有复杂结构的纳米材料，例如单壁或多壁碳纳米管、石墨烯薄膜等。这些材料在电子学、材料科学和能源存储等领域具有广泛的应用潜力。由于反应在高真空或低压条件下进行，可以有效地减少杂质的干扰，提高材料的纯度和一致性。然而，化学气相沉积法也面临一些挑战。首先，该方法通常需要较高的操作温度和复杂的反应设备，这可能导致较高的生产成本。其次，沉积过程中产生的气体和副产物需要妥善处理，以防对环境造成污染。尽管如此，化学气相沉积法的技术优势和广泛应用范围使其成为纳米材料制备的重要手段。随着技术的不断发展，CVD 法在提高生产效率、降低成本和扩展应用领域方面取得了显著进展。未来，化学气相沉积法有望在更多前沿科技领域中发挥关键作用，为纳米材料的研究和应用提供更加稳定和可靠的解决方案。

3. 水热/溶剂热法

水热/溶剂热法是一种在高温高压条件下合成纳米材料的有效方法。其基本原理是在密闭容器中，通过水或有机溶剂作为反应介质，在高温高压条件下促使反应进行，从而得到具有特殊形态和结构的纳米材料。这种方法的独特之处在于，它能够在相对低的温度下（通常低于 200 摄氏度）实现材料的结晶和生长。水热法通常用于制备氧化物，而溶剂热法则更广泛地应用于制备非氧化物如硫化物、碳化物等。这两种方法的区别在于所用介质的不同：水热法以水为介质，而溶剂热法则使用有机溶剂。此外，水热/溶剂热法具备高效的可控性，这使得研究人员能够精确地调控反应条件，从而得到不同形态、尺寸和组分的纳米材料。通过改变温度、压力、溶液的 pH 值、反应时间以及溶剂的种类，研究人员可以调控产物的形貌、尺寸分布以及结晶度。例如，在氧化物纳米材料的合成中，水热法可以通过调节溶液的酸碱性和反应温度，得到形貌从纳米颗粒到纳米棒、纳米线等不同形态的产物。这种高度的灵活性使得水热/溶剂热法在纳米材料的研究中具有重要的应用价值。

水热/溶剂热法的一个重要优势在于其能够实现复杂化合物的合成。由于该方法能够在温和的反应条件下提供足够的活性能量，它常用于合成一些在常规条件下难以制备的材料。例如，利用溶剂热法可以制备一些具有特定光学或电学性能的硫化物纳米材料，如硫化镉（CdS）和硫化锑（Sb2S3）等，这些材料在光电器件和催化领域中有着广泛的应用前景。进一步探讨水热/溶剂热法的应用，还可以发现该方法在制备纳米复合材料方面同样具有显著的优势。通过精确控制反应条件，可以在同一反应体系中得到多种相的材料复合物。例如，通过水热法可以合成钛酸钡（$BaTiO_3$）和二氧化钛（TiO_2）的复合纳米材料，这种复合材料由于结合了两种材料的优异特性，在光催化和介电材料领域表现出更优异的性能。水热/溶剂热法的实际操作相对简单，但对反应条件的精确控制要求较高。这种方法的实验过程一般在密闭的高压反应釜中进行，因此对设备的耐压性能有较高要求。随着技术的发展，越来越多的高性能反应釜被用于水热/溶剂热合成中，使得这一方法能够处理更大规模的实验室生产和潜在的工业化应用。

（二）物理制备法

1. 物理气相沉积法

物理气相沉积法（PVD）是一种通过物理过程在基底上形成薄膜的技术。这种方法主要包括蒸发沉积和溅射沉积两大类。蒸发沉积是通过加热固体材料，使其蒸发并在真空环境中扩散至基底表面，凝结成薄膜。常用的加热方法包括电阻加热、电子束加热和激光加热等。这种方法的优势在于其设备简单，能够实现高纯度的薄膜沉积，适用于金属、合金和某些绝缘材料的薄膜制备。溅射沉积则是通过高能粒子（通常是氩离子）轰击靶材，使其表面的原子脱离，并在基底上沉积形成薄膜。溅射沉积的一个显著特点是它能够沉积化合物材料的薄膜，如氧化物、氮化物等，这是蒸发沉积较难实现的。由于溅射沉积不依赖于靶材的蒸发，因此可以对那些熔点较高或者热敏性较强的材料进行薄膜制备。这使得溅射沉积在半导体工业中得到了广泛的应用，特别是在集成电路和微电子器件的制造过程中。

物理气相沉积法还包括一些其他变种，如脉冲激光沉积（PLD）和离子束辅助沉积（IBAD）。这些技术通过引入脉冲激光或离子束，在传统 PVD 基础上进一步提高了薄膜的均匀性和附着力。PLD 技术利用高能脉冲激光轰击靶材，使其产生等离子体羽流，羽流中的原子和离子再沉积到基底上，形成薄膜。这种方法适用于制备高质量的多元化合物薄膜，特别是在功能性薄膜材料的研究中具有重要的应用价值。除此之外，PVD 技术的一个关键优势在于其能够在较低的基底温度下实现薄膜沉积。相较于化学气相沉积（CVD）需要较高的反应温度，PVD方法由于主要依赖于物理过程，因此对基底温度的要求较低，这不仅有助于保护基底材料的完整性，还扩展了其应用范围。PVD方法适用于在玻璃、陶瓷以及各种聚合物基底上沉积薄膜，为柔性电子器件的开发提供了技术支持。

通过精确控制沉积过程中的参数变化，如靶材成分、气体压力和电源功率，可以在同一基底上连续沉积不同成分的薄膜，从而形成多层结构或梯度功能薄膜。这种能力使得PVD方法在光学薄膜、耐磨涂层和超硬材料等领域得到了广泛应用，尤其是在需要复杂结构的涂层和薄膜时，更是显示出无可替代的优越性。

2. 激光烧蚀法

激光烧蚀法是一种通过高能激光束轰击靶材，使靶材表面发生剧烈加热和蒸发，最终在冷凝过程中形成纳米颗粒的技术。这种方法以其高精度和对材料特性控制的优势，被广泛应用于纳米材料的制备。与传统的机械粉碎或化学沉积法不同，激光烧蚀法能够在不引入杂质的情况下制备出高纯度的纳米颗粒。这种方法的核心在于利用激光的高能量和短脉冲特性，将靶材快速加热至高温，使其表面的原子或分子脱离出来，并在冷却过程中凝聚形成纳米颗粒。激光烧蚀过程中，激光束的参数如功率密度、脉冲持续时间以及激光波长对靶材的烧蚀效果有着重要影响。功率密度越高，靶材表面温度上升越快，蒸发速率也随之增加，这使得蒸发出的物质在冷凝过程中更容易形成均匀的纳米颗粒。同时，脉冲持续时间的长短决定了靶材表面温度的峰值和冷却速率，短脉冲激光能够有效控制纳米颗粒的大小和分布。此外，激光波长的选择也与靶材的吸收特性相关，不同的靶材对不同波长的激光吸收能力不同，这直接影响了烧蚀效率和最终的纳米颗粒产物。

通过调整激光参数，可以精确控制纳米颗粒的尺寸和形貌，从而获得具有特定功能的纳米材料。例如，在制备金属纳米颗粒时，可以选择适当的激光功率和脉冲宽度，以确保颗粒的均匀性和高纯度。此外，激光烧蚀法还具有适用性广泛的优点，可以处理金属、半导体、陶瓷等多种材料，这使得它在纳米材料的研究和工业生产中具有广阔的应用前景。激光烧蚀法不仅在纳米材料的制备中表现出色，还被广泛应用于薄膜沉积、微电子器件加工以及表面修复等领域。由于激光烧蚀过程能够精确控制材料去除和沉积的速度和位置，因此它在微纳米尺度的加工中展现出独特的优势。这种方法的高精度和灵活性使得研究人员能够开发出性能优异的纳米器件和功能材料，为纳米科技的发展提供了新的技术手段。

3. 球磨法

球磨法是一种通过机械研磨的方式将大块材料粉碎成纳米级粉末的技术，这种方法在制备纳米材料时具有广泛的应用。球磨法的基本原理是利用高速旋转的研磨球对材料施加强大的机械力，从而使材料逐渐破碎成微小的颗粒。在这个过程中，材料的颗粒尺寸不断减小，最终达到纳米级别。这种方法因其操作简单、设备成本低廉，适用于各种金属、陶瓷材料以及其他坚硬的固体物质的粉碎。研磨的过程通常在一个封闭的容器中进行，容器内装有研磨介质（通常是硬度较高的钢球、陶瓷球或氧化锆球）以及待研磨的材料。当容器在球磨机的带动下高速旋转时，研磨介质在重力和离心力的作用下相互碰撞，并以极高的速度冲击材料。这种高能量的冲击力使得材料逐层破碎，逐渐形成细小的粉末，随着研磨时间的延长，颗粒尺寸会逐渐达到纳米级别。

研磨介质的种类和大小对研磨效果至关重要。硬度高、密度大的研磨介质能够提供更强的冲击力，从而提高研磨效率。研磨球的大小也会影响材料的粉碎程度，小尺寸的研磨球更适合精细的粉磨过程。研磨时间的长短直接决定了最终产物的粒径分布，通常较长时间的研磨可以获得更细小的颗粒，但也需要权衡过度研磨可能引起的颗粒团聚问题。研磨过程中添加适量的研磨助剂可以有效避免颗粒的团聚现象，从而获得更加均匀的纳米粉末。在应用上，球磨法广泛用于制备纳米级的金属粉末、陶瓷粉末以及复合材料。特别是在金属材料的研磨中，通过球磨法可以获得具有高活性和大比表面积的金属纳米粉末，这些粉末在催化、电子材料以及金属基复合材料领域具有重要的应用前景。此外，球磨法还被用于制备难溶材料的纳米粉末，利用高能球磨可以将难以溶解的材料粉碎成极细的颗粒，这对于开发新型材料和研究材料的性能具有重要意义。

虽然球磨法具有操作简单和适用性广的优点，但在实际应用中也存在一些挑战。例如，研磨过程中产生的高温可能导致一些材料发生热分解或相变，因此在研磨过程中需要控制温度，甚至采用低温研磨的方式来避免材料性能的改变。此外，球磨过程中可能引入杂质，如研磨介质或容器的磨损碎片，这需要在后续处理中进行去除，以确保最终产物的纯度。

（三）生物合成法

1. 微生物法

微生物法是一种利用微生物的代谢作用来合成纳米材料的技术。这种方法以微生物的独特代谢能力为基础，通过控制微生物的生长环境，使其在特定条件下产生所需的纳米材料。金属纳米颗粒的合成是微生物法的重要应用之一。细菌和真菌等微生物在适当的培养基和条件下，可以通过其细胞外或细胞内的生化反应，将金属离子还原为纳米颗粒。微生物代谢产生的酶和其他生物分子在这个过程中起到了催化和稳定作用，使得合成过程更加高效和可控。微生物法是一种绿色合成技术。与传统的物理和化学方法相比，微生物法不需要高温、高压或强酸强碱等苛刻条件。此外，微生物法使用的原材料多为生物体或天然物质，反应过程中产生的副产物也相对无害，这使得这种方法更具可持续性。其次，微生物法合成的纳米材料通常具有良好的分散性和生物相容性，这使得它们在生物医学领域具有广泛的应用前景。

微生物法的应用范围不仅限于金属纳米颗粒的合成，还可以用于制备其他类型的纳米材料，如氧化物纳米颗粒、量子点以及复合材料等。不同微生物在代谢过程中表现出的特异性和多样性，使得这种方法具有极大的灵活性和可调整性。例如，一些真菌可以通过分泌生物大分子来稳定纳米颗粒的生长，使其形貌和尺寸更加均一。此外，通过基因工程手段改造微生物，可以进一步优化其纳米材料合成能力，提高产率和效率。由于微生物的生长条件和代谢途径复杂多变，合成过程中的可控性和稳定性仍需进一步研究和优化。微生物法的生产规模相对有限，如何实现大规模工业化生产也是一个亟待解决的问题。尽管如此，随着生物技术和纳米技术的不断发展，微生物法在纳米材料合成领域的潜力依然巨大。通过深入研究微生物的代谢机制和调控方法，未来有望实现更高效、更绿色的纳米材料制备技术，从而推动这一领域的发展。

2. 植物提取法

植物提取法在纳米材料制备领域展现出独特的优势。这种方法利用植物提取物中的活性成分，如酚类、黄酮类和生物碱等，作为还原剂，将金属离子还原为纳米材料。这种技术不仅具有环保的特点，还具备成本低廉的优势，因此在纳米材料制备中受到了广泛关注。植物提取物来源广泛，种类繁多，几乎所有的植物都含有能够作为还原剂的活性成分。常见的植物提取物包括绿茶提取物、葡萄籽提取物和芦荟提取物等。这些提取物不仅能够有效还原金属离子，还可以通过调控提取物的浓度、反应时间和温度等因素，控制纳米材料的形貌和大小，从而制备出符合特定需求的纳米材料。传统的化学还原法通常使用有毒的化学试剂，这不仅对环境造成了污染，还可能对人体健康带来潜在的危害。相比之下，植物提取物来源于天然植物，不含有毒化学物质，在还原过程中不会产生有害的副产物，能够大大降低对环境的影响。这种绿色合成方法契合了当前可持续发展的理念，因此被视为未来纳米材料制备的重要途径之一。除此之外，植物提取物还具备生物可降解性，这进一步增强了植物提取法在环境保护方面的应用潜力。

植物原料价格低廉，且容易获取，特别是在农业资源丰富的地区，植物提取物的生产成本相对较低。这使得利用植物提取物制备纳米材料成为一种经济实惠的选择。与传统化学还原法相比，植物提取法不需要使用昂贵的化学试剂或复杂的设备，整个制备过程更加简单易行，从而大大降低了生产成本。此外，由于植物提取物中含有多种活性成分，这些成分可以协同作用，提供多重还原机制，从而提高了纳米材料的还原效率，进一步降低了生产成本。植物提取物中含有的多种生物活性成分，如抗氧化剂、抗菌剂等，使得以植物提取法制备的纳米材料不仅具有优异的物理化学性能，还具备生物活性。这为纳米材料在医学、环保和能源等领域的应用开辟了新的途径。例如，利用植物提取物制备的金属纳米颗粒在癌症治疗、抗菌材料和污染物降解等方面显示出潜在的应用价值。这种多功能性使得植物提取法不仅能够满足当前纳米材料市场的需求，还为未来的研究和开发提供了丰富的可能性。

（四）模板法

1. 自模板法

自模板法是一种通过自组装形成模板，再利用这些模板来合成纳米材料的技术。这种方法具有高度的可控性，能够精确地调节纳米材料的形貌和尺寸。模板的选择和制备过程在自模板法中至关重要，通常通过自组装技术形成纳米结构的模板，然后在模板的指导下，纳米材料以特定的形貌生长，最后通过去除模板来获得所需的纳米材料。胶体模板法便是这一技术的典型应用，通过胶体微粒自组装形成规则的排列，再利用这些排列来制备纳米颗粒。在胶体模板法中，胶体微粒通常通过物理或化学方法自组装成三维有序的结构，这些结构被称为胶体晶体或光子晶体。这些晶体结构由于其高精度和有序性，常用于制备尺寸均匀、形貌规则的纳米颗粒。模板去除的方法多种多样，如化学溶解、加热分解或物理剥离等，选择合适的方法可以确保纳米材料的完整性和形貌的精确保留。胶体模板法的优点在于其对纳米颗粒尺寸和形貌的高度控制能力，这使得它在光学材料、催化剂以及药物载体等领域具有广泛的应用前景。

自模板法的核心在于模板的自组装过程，这是纳米材料合成中最关键的一步。模板的自组装通常依赖于分子间的相互作用，如范德华力、静电力或氢键作用，这些相互作用的精确调控决定了模板结构的形成和稳定性。通过调节这些作用力，可以实现对模板形态的控制，从而间接调控最终纳米材料的形貌和性能。自模板法因此可以实现高度的定制化，适用于需要精确控制纳米结构的研究和应用，如光子学、催化和传感器开发等领域。此外，自模板法在材料科学中的广泛应用也得益于其相对简单的操作和低成本的优势。相比其他复杂的纳米材料合成方法，自模板法通常不需要昂贵的设备和高难度的操作条件，且所需的原料也较为常见。这使得自模板法成为一种易于推广和应用的技术，尤其在实验室研究中，能够快速有效地制备各种所需的纳米结构材料。此外，自模板法还能够通过选择不同的模板材料，来制备功能各异的纳米材料，如金属纳米颗粒、半导体纳米颗粒以及复合材料等，极大地拓展了其在多学科领域中的应用范围。

自模板法还可以与其他纳米材料制备技术相结合，如化学气相沉积、电化学沉积和溶液合成等，以实现对纳米材料的复合功能化和多样化发展。这种方法的灵活性使其能够应对不同领域中对于纳米材料的多样需求，尤其是在电子学、生物医学和环境科学等领域，均展现出良好的应用前景。自模板法的不断发展和完善，将进一步推动纳米科技的发展，为未来的材料科学研究和新技术的实现提供坚实的基础。

2. 模板辅助法

模板辅助法是一种利用外部模板来引导纳米材料形成特定形状的合成方法。外部模板，如多孔材料或纳米线阵列，提供了一个物理限制或指导，使得纳米材料能够按照模板的形状进行生长和排列。这种方法因其能够精确控制纳米材料的形貌和结构，在纳米技术领域得到了广泛应用。模板辅助法的核心在于模板的选择和设计，模板的孔径、排列方式、材料组成等因素都将直接影响最终纳米材料的形态和性能。使用多孔材料作为模板是模板辅助法中常见的一种技术。多孔模板通常由氧化铝、聚合物或其他纳米结构材料制成，其孔洞大小和形状可以通过精密的工艺控制。纳米材料通过沉积、注模或电化学等方法被引导进入这些孔洞中，随后在特定条件下固化或生长形成与模板孔洞形状一致的纳米结构。多孔模板的优点在于其多样化的孔结构可以实现复杂的纳米形貌设计，这在催化、能源储存、传感器等领域具有重要的应用价值。通过去除模板，所得到的纳米材料将保留模板赋予的特定形态，实现高效的功能表现。

除了多孔模板，纳米线阵列也是模板辅助法中常用的一种外部模板形式。纳米线阵列模板通常通过光刻、电纺等工艺制备，其排列方式和间距可以精确控制，能够为纳米材料的生长提供方向性指导。在纳米线模板上进行材料沉积，材料会沿着纳米线的方向生长，从而形成一维或准一维的纳米结构。这种方法特别适用于制备具有高度方向性或各向异性性能的纳米材料，如纳米线、纳米棒等，广泛应用于电子、光学、热电材料等领域。纳米线模板辅助法的优势在于能够实现纳米材料在微观尺度上的精确排列，提升其在实际应用中的性能表现。模板辅助法的应用并不仅限于纳米材料的形貌控制，它还能够通过选择性地引导特定材料组分的生长，制备出功能复合型纳米材料。例如，通过在多孔模板中引导多种材料组分同时或分步生长，可以形成多层或复合结构的纳米材料。这种复合型材料在催化、电池电极、药物递送等方面表现出优异的性能。模板辅助法因此不仅在基础科学研究中具有重要意义，还为材料工程提供了创新的解决方案。

模板的制备过程通常较为复杂，特别是在模板的重复使用和规模化生产方面，需要克服一些技术难题。此外，模板的去除过程可能涉及有机溶剂或高温处理，可能对纳米材料的表面性质或结构完整性产生影响。为此，近年来的研究也在探索更为简便、环保的模板辅助技术，以进一步推动该方法在工业中的应用。模板辅助法作为一种先进的纳米材料制备技术，其在控制纳米材料形貌、性能优化和功能复合化方面展现出巨大的潜力。随着材料科学和纳米技术的不断发展，模板辅助法的应用范围将进一步扩大，不仅在科研领域中发挥作用，还将逐步进入实际应用，推动新材料的开发和应用进程。未来，模板辅助法有望通过技术的进一步成熟，为多领域的创新提供更加精细化和高效的纳米结构材料解决方案。

（五）溶液化学法

1. 共沉淀法

共沉淀法是一种通过化学反应在溶液中同时沉淀多种金属离子或化合物，从而制备纳米材料的技术。这种方法因其简单、易于操作且成本较低，被广泛应用于纳米材料的制备中。在共沉淀过程中，金属离子在溶液中通过加入沉淀剂或调节溶液的 pH 值，诱导金属离子同时发生沉淀反应，形成固态的纳米材料。反应温度、pH 值、金属离子的浓度以及沉淀剂的选择都会直接影响最终产物的形貌和物理化学性质。通过精确调控这些参数，可以实现对纳米材料粒径、形貌和晶型的有效控制。例如，在制备磁性纳米材料时，通过调节反应温度和 pH 值，可以得到不同晶型的氧化铁纳米颗粒，这些不同晶型的颗粒在磁性和应用性能上表现出显著差异。此外，共沉淀法的快速沉淀特点也使得它适用于大规模制备纳米材料，是工业生产中一种具有实用价值的方法。

共沉淀法的一大优势在于其能够实现多种金属离子的共沉淀，形成具有复杂成分和结构的纳米材料。这种多元共沉淀技术在制备复合氧化物、混合金属氧化物以及其他多组分纳米材料中具有独特的优势。例如，在制备钙钛矿型氧化物时，通常需要将几种不同的金属离子按照特定比例进行共沉淀，然后经过后续的热处理形成稳定的钙钛矿结构。这样的复合材料在能源、光电和催化等领域具有广泛的应用前景。共沉淀法提供了一种简便而高效的途径，能够在分子水平上混合不同组分，从而实现材料性能的精细调控。由于沉淀反应通常在短时间内迅速进行，如果反应条件控制不当，容易导致沉淀物的粒径不均匀或团聚现象。这种不均匀性可能会影响纳米材料的性能和后续的应用效果。为了克服这一问题，研究者们通常采用添加表面活性剂、控制沉淀速度或进行后处理等方法，以提高沉淀物的分散性和均匀性。此外，共沉淀法在多组分体系中的应用还需要考虑各组分间的相互作用和沉淀顺序，这对反应条件的精确控制提出了更高的要求。

共沉淀法在纳米材料制备中的成功应用，还得益于其与其他技术的结合与创新。例如，共沉淀法可以与水热法、溶胶–凝胶法或微波辅助法等其他技术相结合，以进一步改善材料的性能和扩展其应用范围。这种多技术联用的策略，为纳米材料的制备提供了更大的灵活性和创造性，使得共沉淀法不仅能够满足传统材料制备的需求，还能在新兴领域中探索出更多的可能性。

2. 还原法

还原法是一种常用于制备金属纳米材料的技术，通过还原反应将溶液中的金属离子转化为金属纳米颗粒。这种方法因其操作简便、可控性强以及适用于多种金属的制备而广受欢迎。还原法通常涉及化学还原剂的使用，如氢气、柠檬酸钠、硼氢化钠等，这些还原剂能够在特定条件下将金属离子还原成零价金属，从而形成纳米颗粒。这些纳米颗粒具有独特的物理和化学性质，使其在催化、传感、光学材料以及生物医学等领域具有广泛的应用。还原剂的选择、反应温度、反应时间以及金属离子的浓度等因素都会对最终形成的金属纳米颗粒的粒径、形态和分布产生显著影响。例如，在金纳米颗粒的制备中，通过调整柠檬酸钠的浓度和反应温度，可以得到从球形到三角形、六角形等多种形貌的纳米颗粒。这样细致的调控使得还原法成为一种极具灵活性和可控性的纳米材料制备手段，能够满足不同应用领域对于纳米颗粒的特定要求。

还原法的另一大优势在于它的广泛适用性。几乎所有的金属离子都可以通过合适的还原剂和条件进行还原，形成相应的金属纳米颗粒。这使得还原法在制备多种金属纳米材料，如金、银、铂、钯等方面表现出卓越的性能。例如，银纳米颗粒因其优异的抗菌性能和光学性质，广泛应用于医疗器械、化妆品和电子元件的制造中。通过还原法制备的银纳米颗粒不仅粒径可控，且表面光滑，分散性好，能够有效提升其在实际应用中的表现。这种方法的普遍性和高效性，使其在工业生产中也得到了广泛应用。反应过程中容易发生纳米颗粒的团聚现象，导致颗粒尺寸不均匀。还原法在大规模生产中可能存在还原剂用量大、环境不友好等问题，这需要通过工艺改进或使用绿色还原剂来解决。近年来，随着对环境保护要求的提高，开发环保型还原法成为研究的热点。例如，利用植物提取物作为绿色还原剂，通过还原法制备金属纳米材料，不仅减少了化学试剂的使用，还实现了工艺的绿色化。

尽管存在这些挑战，还原法在纳米材料的制备中依然具有不可替代的地位。通过与其他制备技术的结合，如水热法、微波辅助法和电化学法，还原法可以进一步优化纳米颗粒的形貌和性能，拓展其应用范围。这种多技术结合的策略，不仅提升了还原法的应用潜力，还为纳米科技的发展提供了新的途径。在未来的发展中，还原法有望通过技术的不断革新和优化，为金属纳米材料的研究和产业化应用提供更加高效和环保的解决方案。

二、纳米材料的表征

（一）粒径与形貌表征

纳米材料的粒径和形貌是其最基本的物理特性，直接影响其在不同应用中的性能。常用的表征方法包括透射电子显微镜（TEM）、扫描电子显微镜（SEM）和原子力显微镜（AFM）。TEM 能够提供纳米材料的高分辨率图像，显示其内部结构和形貌。SEM 则主要用于观察纳米材料的表面形貌和微观结构。AFM 通过探针扫描材料表面，能够提供纳米尺度的三维表面形貌信息。

（二）晶体结构表征

晶体结构决定了纳米材料的物理和化学性质。X 射线衍射（XRD）是表征纳米材料晶体结构的主要方法，通过分析衍射图谱可以确定材料的晶型、晶格参数以及晶粒尺寸。电子衍射（ED）也是一种常用的晶体结构表征手段，特别适用于小尺寸纳米颗粒的晶体结构分析。

（三）表面化学表征

纳米材料的表面化学性质对其反应活性和稳定性有重要影响。X 射线光电子能谱（XPS）和傅里叶变换红外光谱（FTIR）是表征表面化学成分的常用方法。XPS 可以测定纳米材料表面元素的化学状态和成分比例，而 FTIR 则用于分析表面官能团和化学键结构。此外，拉曼光谱也被广泛用于研究表面化学特性，特别是在分析碳基纳米材料方面具有独特优势。

（四）比表面积与孔径分布表征

比表面积和孔径分布是影响纳米材料吸附和催化性能的关键参数。氮气吸附-脱附等温线测量是表征比表面积和孔径分布的常用技术。通过布鲁纳-埃梅特-特勒（BET）法可以计算出材料的比表面积，而通过巴雷特-乔伊纳-哈伦达（BJH）法则能够分析材料的孔径分布。此外，氮气吸附实验还能够提供关于材料孔结构类型的详细信息。

（五）光学性质表征

纳米材料的光学性质与其尺寸、形状和表面结构密切相关。紫外-可见吸收光谱（UV-Vis）、光致发光光谱（PL）和表面增强拉曼散射（SERS）是常用的光学表征方法。UV-Vis 光谱可用于研究纳米颗粒的光吸收特性，从而推断其粒径和带隙信息。PL 光谱用于测量纳米材料的发光性质，而 SERS 则通过表面等离子体共振效应增强拉曼信号，用于检测表面分子信息。

（六）磁学性质表征

对于磁性纳米材料，磁学性质的表征至关重要。振动样品磁强计（VSM）和超导量子干涉仪（SQUID）是测量纳米材料磁学性质的主要工具。VSM 通过测量样品在外加磁场中的磁化强度，提供磁滞回线、矫顽力和饱和磁化强度等信息。SQUID 则具有更高的灵敏度，适用于测量极低磁性信号的纳米材料。

（七）电学性质表征

纳米材料的电学性能在电子器件和传感器应用中非常重要。四探针法、霍尔效应测量和电子顺磁共振（EPR）是表征电学性质的常用方法。四探针法用于测量材料的电阻率，霍尔效应测量可用于确定载流子浓度和迁移率，而 EPR 用于研究具有未配对电子的纳米材料的电子自旋状态。

（八）热学性质表征

纳米材料的热稳定性、热导率和比热容等热学性质对其在能源和材料领域的应用有重要影响。热重分析（TGA）、差示扫描量热法（DSC）和热导率测量是表征纳米材料热学性质的主要方法。TGA 用于分析材料的热分解过程，DSC 用于测量材料的热效应，而热导率测量则用于评估材料的导热性能。

第三节　纳米材料的应用领域

一、电子与光电子器件

纳米材料在电子与光电子器件领域有着广泛应用。石墨烯、碳纳米管、量子点等纳米材料因其优异的电学性能被用于制造高性能的电子器件，如场效应晶体管、纳米传感器和柔性电子设备。量子点因其独特的光学性质，广泛应用于量子点发光二极管（QLED）显示器和光电探测器中，提升了器件的光电转换效率和色彩显示性能。

二、能源存储与转换

在能源存储与转换领域，纳米材料发挥了重要作用。锂离子电池的电极材料、燃料电池的催化剂、超级电容器的电极材料均受益于纳米技术的应用。纳米结构的电极材料能够提供更大的比表面积和更短的电子传输路径，从而提高电池的容量和充放电速度。钙钛矿太阳能电池中的纳米材料同样显著提高了光电转换效率，推动了清洁能源技术的发展。

三、生物医学领域

纳米材料在生物医学领域的应用日益广泛。金属纳米颗粒、纳米载体、纳米探针等被用于癌症治疗、药物递送、医学成像和生物传感。纳米载体可以通过改性表面特性来实现对特定细胞的靶向递送，提高药物的治疗效果，并减少副作用。磁性纳米颗粒在磁共振成像（MRI）中作为对比剂，增强了成像的清晰度和准确性。纳米材料在生物传感器中的应用，则大大提高了检测的灵敏度和特异性。

四、环境治理

纳米材料在环境治理中展现出巨大的潜力。它们被用于水处理、空气净化和污染物降解等领域。纳米催化剂和纳米吸附剂可以高效去除水中的有害物质，如重金属离子、有机污染物等。光催化纳米材料，如二氧化钛，在紫外光照射下可以分解有机污染物，净化空气和水源。纳米材料的高比表面积和反应活性使其在环境修复中的应用前景广阔。

五、催化领域

纳米材料因其具有较高的表面积和丰富的表面活性位点，被广泛应用于催化领域。金属纳米颗粒、纳米合金、纳米氧化物等作为催化剂在化学反应中表现出卓越的催化活性和选择性。它们被用于工业催化、汽车尾气处理和能源转化反应中，如氢气生产、二氧化碳还原和生物质转化。这些纳米催化剂能够显著提高反应效率，降低能耗和成本。

六、涂料与涂层

纳米材料在涂料和涂层中的应用改善了材料的机械性能、耐腐蚀性和自清洁能力。纳米二氧化硅、纳米氧化铝等被用于制备超疏水涂层，这些涂层具有防水、防污、自清洁的特性，广泛应用于建筑、交通和电子设备中。抗菌纳米材料，如纳米银被添加到涂料中，能够有效抑制细菌生长，广泛用于医疗器械和食品包装领域。

七、食品与农业

在食品与农业领域，纳米材料正在逐渐发挥作用。纳米传感器用于食品质量检测，能够实时监控食品的安全性和新鲜度。纳米材料还被用于开发智能包装，延长食品的保质期。此外，纳米肥料和纳米农药通过提高有效成分的利用率，减少对环境的污染，提升了农业生产的效率和可持续性。

八、纺织与服装

纳米材料在纺织与服装行业也有着重要应用。纳米技术被用于开发抗菌、抗静电、防紫外线和自清洁的功能性纺织品。纳米银和纳米氧化锌等被添加到纤维中，赋予织物持久的抗菌性能。纳米涂层则使织物具有更高的耐用性和舒适性，同时保持良好的透气性和柔软性。

第四节　纳米材料的环境与健康影响

一、纳米材料的环境影响

（一）生态毒性

纳米材料的独特性质使其在环境中具有潜在的生态毒性。当纳米材料进入水体、土壤或空气中，它们可能与生物体发生相互作用，对生态系统造成影响。例如，纳米银和纳米氧化锌等材料被发现对水生生物如藻类、鱼类具有毒性。这些材料的高表面积和活性表面可以与生物分子结合，导致细胞损伤甚至死亡，破坏食物链和生态平衡。

（二）环境持久性

纳米材料在环境中的持久性也是一个重要问题。某些纳米材料，如碳纳米管、石墨烯等，具有高度的化学稳定性，在环境中不易降解。这意味着它们一旦释放到环境中，可能长期存在，累积并扩散到更广泛的区域，增加其对环境的潜在影响。这种持久性可能导致长期的环境风险，需要研究其在环境中的迁移和转化路径。

（三）空气污染

纳米材料的生产和应用过程可能导致空气中的颗粒物污染。纳米颗粒可以通过吸入进入生物体内，对呼吸系统造成伤害。纳米材料在空气中传播的广泛性和持久性增加了人类健康风险，特别是对敏感人群如儿童和老年人。工业生产和废弃物处理不当可能进一步加剧这一问题，因此需要严格的环境控制措施。

（四）水体污染

纳米材料可能通过工业废水或家庭污水进入水体，对水体环境造成污染。纳米颗粒的高反应活性和容易移动的特性使其能够进入水生生态系统，影响水质和生物多样性。研究表明，某些纳米材料如纳米银和纳米氧化铝在水体中会形成悬浮态，阻碍光合作用，影响水生生物的生长和繁殖，进而破坏整个水生态系统的平衡。

（五）土壤污染

纳米材料可能通过农业用地、废弃物填埋或其他途径进入土壤，导致土壤污染。它们能够与土壤中的矿物质、有机物质发生复杂的物理化学反应，改变土壤的结构和功能。纳米材料可能影响土壤中的微生物群落，抑制有益微生物的活动，从而影响土壤肥力和农作物的生长。长期来看，这种土壤污染可能对农业生产和生态环境造成不可逆的影响。

（六）生物积累

纳米材料可能在生物体内富集，进而通过食物链传递，导致生物积累现象。这些材料一旦进入生物体内，可能通过细胞膜进入细胞内，干扰生物的正常生理功能。特别是在高营养层次的生物体中，这种积累可能造成更大的生态危害。对生物积累的研究有助于理解纳米材料的长远环境影响，帮助制定更有效的管理和防控措施。

（七）废弃物处理

纳米材料的废弃物处理也是一个亟待解决的问题。传统的废弃物处理方法可能无法完全消除纳米材料的环境风险。例如，焚烧和填埋可能导致纳米颗粒的二次污染。开发专门针对纳米材料的废弃物处理技术，如纳米颗粒的捕集和再利用，将有助于减少其对环境的负面影响。还需制定相应的法规和标准，确保纳米材料在使用后得到安全处理。

（八）环境监测与评估

针对纳米材料环境影响的监测与评估十分必要。由于纳米材料的独特性，传统的监测技术可能不足以检测其在环境中的存在和行为。因此，开发高灵敏度和特异性的检测技术，用于监测环境中纳米材料的浓度和分布，是确保环境安全的重要环节。同时，建立完善的环境影响评估体系，能够为纳米材料的安全使用和管理提供科学依据，减少其对环境和健康的潜在危害。

二、纳米材料的健康影响

（一）呼吸系统影响

纳米材料通过空气传播后，可能被人体吸入，对呼吸系统造成影响。由于其尺寸极小，纳米颗粒可以深入肺泡并穿过肺屏障进入血液循环，导致呼吸系统的炎症反应、肺损伤和其他呼吸系统疾病。纳米材料如纳米氧化钛和碳纳米管，被证实具有较高的肺毒性，长期暴露可能增加哮喘、肺纤维化甚至肺癌的风险。

（二）皮肤接触影响

纳米材料通过皮肤接触后，可能引起皮肤炎症或过敏反应。尽管皮肤屏障对大多数物质有一定的防护作用，但某些纳米材料能够穿透皮肤表层进入体内，引发免疫反应或其他健康问题。例如，纳米银作为抗菌剂被广泛应用于纺织品和化妆品中，但长期使用可能会引发皮肤刺激或过敏反应，特别是在敏感皮肤人群中。

（三）消化系统影响

纳米材料通过口腔摄入进入消化系统，可能对胃肠道健康产生影响。食物、饮水或误吞含有纳米材料的物质可能导致纳米颗粒在消化道内的蓄积，引发胃肠道炎症、黏膜损伤或其他消化系统疾病。研究表明，纳米材料如纳米二氧化钛，可能通过消化道吸收进入体循环，影响内脏器官的功能，并且长期暴露可能增加癌症的风险。

（四）神经系统影响

纳米材料的极小粒径使其能够穿过血脑屏障，对神经系统产生影响。纳米材料如纳米金属颗粒，可能通过嗅觉神经或血液进入大脑，导致神经细胞损伤、氧化应激反应和神经炎症。这些反应可能引发神经系统功能障碍，增加患神经退行性疾病的风险，如阿尔茨海默病和帕金森病。对神经系统的长期影响需要进一步研究，以明确其潜在的健康风险。

（五）免疫系统影响

纳米材料的独特物理化学性质可能干扰人体的免疫系统。纳米颗粒进入体内后，可能被免疫系统识别为异物，激发免疫反应。某些纳米材料可能抑制或过度刺激免疫系统，导致免疫功能紊乱。例如，纳米金颗粒和碳纳米管等材料可能引发急性或慢性免疫反应，导致全身性炎症或免疫系统疾病。对免疫系统的长期影响，特别是在长期低剂量暴露的情况下，仍需进一步研究。

（六）细胞毒性

纳米材料可能对人体细胞产生直接的毒性作用。由于其高表面积和化学活性，某些纳米材料可以与细胞膜、蛋白质和 DNA 相互作用，导致细胞损伤、基因突变或细胞死亡。例如，氧化锌纳米颗粒被发现能够诱导细胞凋亡和 DNA 损伤，可能增加致癌风险。纳米材料的细胞毒性因其成分、尺寸、形态和表面修饰等因素而异，因此需要针对不同类型纳米材料进行细致的毒理学评估。

（七）长期健康影响

由于纳米材料的潜在持久性和生物累积性，其长期健康影响也值得关注。长期暴露于低剂量纳米材料可能引发慢性健康问题，如慢性炎症、器官功能障碍或癌症风险增加。目前，关于纳米材料长期健康影响的研究仍处于初步阶段，尚需开展长期和系统的流行病学研究，以确定其对公众健康的潜在威胁。

（八）职业健康风险

从事纳米材料生产、加工和应用的工人面临着职业健康风险。由于在工作场所可能接触高浓度纳米材料，这些工人可能受到呼吸、皮肤或其他方式的暴露，增加健康风险。对纳米材料暴露的防护措施和健康监测对于保护工人健康至关重要。制定职业暴露限值和安全操作规程，有助于减少职业健康风险。

第五章 新能源材料的开发

第一节 新能源材料的分类与特性

一、新能源材料的分类

（一）太阳能材料

太阳能材料是将太阳能转化为电能或热能的关键组件，主要包括光伏材料和太阳能热利用材料。光伏材料如硅基太阳能电池、薄膜太阳能电池和有机太阳能电池等，能够将太阳光直接转换为电能，广泛应用于太阳能发电系统。太阳能热利用材料则用于太阳能集热器和太阳能热水器，通过吸收太阳辐射加热介质，实现热能的收集与利用。这些材料的高效能和长寿命是其应用的核心要求。

（二）锂离子电池材料

锂离子电池材料包括正极材料、负极材料、电解液和隔膜。正极材料如磷酸铁锂、钴酸锂和镍钴锰氧化物等，负责储存和释放锂离子，决定了电池的能量密度和稳定性。负极材料如石墨和硅基材料，则为锂离子的存储提供结构支持。电解液是锂离子在正负极之间传输的媒介，而隔膜则防止电池内部短路。锂离子电池材料的发展直接影响着电动汽车和便携电子设备的性能和普及。

（三）燃料电池材料

燃料电池材料主要用于氢燃料电池和甲醇燃料电池等类型的燃料电池系统。这些材料包括催化剂、质子交换膜、气体扩散层和双极板。催化剂如铂基材料促进燃料的电化学反应，质子交换膜则负责导电和分离反应物。气体扩散层确保反应气体均匀分布，双极板则用于集电和支持电池结构。燃料电池材料的发展对提升燃料电池效率、耐久性和降低成本具有重要意义。

（四）超级电容器材料

超级电容器材料主要由电极材料、电解质和集电器组成。电极材料如活性炭、碳纳米管和石墨烯等，具有高比表面积和良好的导电性，用于存储电荷。电解质可以是液体或固体，负责电荷的传导和储存，集电器则用于电极与外部电路的连接。超级电容器材料因其快速充放电和高功率密度，被广泛应用于储能设备、混合动力汽车和电力调节系统中。

（五）风能材料

风能材料涉及风力发电系统的关键组件，包括风机叶片材料、发电机材料和传动系统材料。风机叶片通常采用复合材料，如玻璃纤维增强聚合物或碳纤维复合材料，以实现轻质、高强度和耐腐蚀性。发电机材料则需要具备高导电性和耐久性，如铜合金和永磁材料。传动系统材料则要求高耐磨性和抗疲劳性能，以确保风力发电设备的长期稳定运行。

（六）地热能材料

地热能材料主要用于地热发电和地热供暖系统中，涉及导热材料、管道材料和耐腐蚀材料。导热材料如高导热性金属和复合材料，用于有效传导地下热能。管道材料需具有耐高温、耐腐蚀的特性，以适应地热井中的极端环境。耐腐蚀材料则用于地热设备的外壳和关键部件，确保地热系统的长期可靠运行。

（七）生物质能材料

生物质能材料包括生物质燃料和生物质转化催化剂。生物质燃料如木屑、秸秆和藻类等，通过直接燃烧或生物化学转化生成热能或生物燃气。生物质转化催化剂则用于提升生物质转化效率，如在生物柴油生产中的催化剂材料。生物质能材料的利用有效减少了对化石燃料的依赖，并在碳中和目标下具有重要的战略意义。

（八）氢能材料

氢能材料涉及氢的生产、储存和应用的关键技术，包括电解水制氢材料、储氢材料和氢燃料电池材料。电解水制氢材料如高效电极催化剂，能够降低制氢过程的能耗。储氢材料如金属氢化物和碳基材料，则用于高效、安全地储存氢气。氢燃料电池材料用于将氢气转化为电能，为清洁能源汽车和其他应用提供动力。

二、新能源材料的特性

(一) 高能量密度

新能源材料普遍具有较高的能量密度，这使得它们能够在相对较小的体积内存储和释放大量能量。例如，锂离子电池材料通过电化学反应有效地存储能量，适用于电动汽车和便携电子设备等需要高能量密度的应用。同样，燃料电池材料也具备高能量密度，特别是在氢能应用中，能够提供比传统化石燃料更高的能量输出。

(二) 高效能转换

新能源材料的一个关键特性是它们能够高效地将不同形式的能量进行转换。光伏材料能够将太阳能直接转化为电能，而燃料电池材料则通过电化学反应将化学能转换为电能。这种高效的能量转换能力是实现清洁能源生产和使用的基础，推动了可再生能源技术的发展。

(三) 长循环寿命

许多新能源材料具有长循环寿命，即它们能够经过多次充放电或能量转换而不显著劣化。例如，超级电容器材料和锂离子电池材料经过数千次循环仍能保持较高的容量和效率。长循环寿命是这些材料在能源存储和转换应用中取得成功的重要因素，能够降低使用成本并延长设备的使用寿命。

(四) 可再生性与环保性

新能源材料通常来自可再生资源或可以通过循环利用来减少环境负担。例如，生物质能材料利用植物或有机废料作为原料，减少了对化石燃料的依赖，同时降低了二氧化碳的排放。太阳能和风能材料在使用过程中几乎不产生污染物，是实现可持续能源发展的重要组成部分。

(五) 高导电性与导热性

高导电性和导热性是许多新能源材料的显著特性，特别是在电池和燃料电池中。高导电性材料如石墨烯和碳纳米管，在电极中起到快速传导电流的作用，提升了能量转换效率。导热性良好的材料，如某些金属氧化物和碳基材料，在燃料电池和热能存储系统中帮助有效散热，维持系统的稳定运行。

（六）轻质与高强度

轻质与高强度是新能源材料在应用中的重要特性，尤其是在便携式设备和交通工具领域。风力发电中的风机叶片通常由轻质复合材料制成，这些材料不仅能够承受高应力，还减少了设备的整体重量，提升了风力发电的效率。同样，锂离子电池中的电极材料和隔膜材料也要求具有轻质和高强度的特性，以确保电池的安全性和性能。

（七）化学稳定性

新能源材料的化学稳定性确保了它们在各种工作环境中的长期可靠性。化学稳定性高的材料能够耐受高温、腐蚀性介质和电化学环境，适用于各种苛刻的应用场景。例如，燃料电池中的质子交换膜和催化剂材料需要在酸性和高温环境下保持稳定，以确保电池的长时间高效运行。

（八）高选择性与催化活性

在催化应用中，新能源材料常常展示出高选择性与催化活性。例如，燃料电池中的铂基催化剂具有优异的催化性能，能够选择性地加速特定化学反应，提升能量转化效率。同时，纳米结构的催化剂材料通过优化表面结构，进一步提高了催化反应的速度和效率，是氢能和其他新能源应用中的关键。

（九）环境适应性

新能源材料的环境适应性使其能够在不同的气候条件下稳定运行。例如，太阳能电池材料需要在强紫外线、温度变化和潮湿环境中保持高效能转换，而风能材料则需要抗风沙、耐腐蚀和低温环境适应性。这种适应性确保了新能源系统在全球范围内的广泛应用，满足各种气候和地理条件下的能源需求。

第二节　太阳能材料的研究与应用

一、太阳能材料的研究

（一）硅基太阳能电池的高效化

研究者们致力于提高硅基太阳能电池的光电转换效率，主要通过改进晶体生长技术、表面钝化工艺和减反射涂层等手段。新型异质结硅太阳能电池和接触太阳能电池也在研究中展现出较高的效率和潜力。同时，降低硅材料的生产成本，优化电池制造工艺，以实现硅基太阳能电池的更广泛应用和商业化。

（二）钙钛矿太阳能电池的稳定性与环保性

钙钛矿太阳能电池因其高光电转换效率引起广泛关注，但其稳定性和环境安全性仍是研究的重点。研究方向包括提高钙钛矿材料的环境稳定性、减少或替代有毒铅元素、开发更高效的封装技术以延长电池寿命。此外，通过材料成分优化和界面工程，努力提升电池的长期稳定性能。

（三）薄膜太阳能电池的材料开发

在薄膜太阳能电池中，研究者探索铜铟镓硒（CIGS）、镉碲化物（CdTe）以及有机材料的潜力，以实现高效能和低成本生产。研究方向包括优化材料的光吸收特性、改进电荷载流子的传输效率以及开发新的薄膜沉积技术。通过这些研究，有望进一步提升薄膜太阳能电池的市场竞争力。

（四）有机太阳能电池的新型材料

有机太阳能电池的研究重点在于开发高效的有机半导体材料、提高电荷分离和传输效率以及增强器件的稳定性。研究者们通过设计和合成新型共轭聚合物和小分子材料，力图提高光电转换效率。此外，研究还涉及有机太阳能电池的大面积印刷和柔性电子的应用。

（五）量子点太阳能电池的光吸收与能量转换

量子点太阳能电池研究集中于材料的带隙可调性和多激子生成效应。研究方向包括开发高效稳定的量子点材料、优化量子点与电极之间的界面工程以及改进电池的光电转换效率。量子点的优异光学特性为太阳能电池提供了新的提升路径。

（六）光伏-热电联用系统的集成与优化

研究者致力于将光伏和热电技术相结合，开发综合利用太阳能的光伏-热电联用系统。研究方向包括优化光伏材料和热电材料的匹配性、提高系统整体效率以及开发新型热管理技术，以提升太阳能的整体利用率。

二、太阳能材料的应用

（一）硅基太阳能电池的广泛应用

硅基太阳能电池因其高效能和可靠性被广泛应用于住宅、商业和工业太阳能发电系统中。其应用包括屋顶太阳能板、太阳能农场以及偏远地区的独立电力系统。随着技术进步，硅基太阳能电池在全球能源市场中的占比逐年增加，成为可再生能源的核心组成部分。

（二）钙钛矿太阳能电池的商业化进程

尽管钙钛矿太阳能电池仍处于研发阶段，其高效率和低成本使其在市场上具有巨大的商业潜力。当前的应用探索集中在便携式能源设备、建筑一体化光伏（BIPV）以及新兴市场的应用推广。研究和开发团队正在致力于解决钙钛矿电池的稳定性问题，以推动其大规模商业化应用。

（三）薄膜太阳能电池的灵活应用

薄膜太阳能电池因其轻质、柔性和低成本的特性，广泛应用于建筑一体化光伏、便携式电子设备以及太阳能汽车等领域。其在空间受限和重量敏感的应用中表现出色，如在汽车车顶、船只和无人机等移动能源平台上的应用。

（四）有机太阳能电池的创新应用

有机太阳能电池以其独特的柔性、可印刷性和色彩多样性，被应用于新型电子设备、可穿戴设备和智能窗户中。其轻质和柔性的特性使其在需要灵活布局和设计的应用场景中具有独特优势，如集成到纺织品、服装和小型电子设备中。

（五）量子点太阳能电池的未来应用

量子点太阳能电池凭借其优异的光学特性和高效的光电转换能力，有望应用于高效太阳能发电系统、光电探测器和通信设备中。其潜在应用包括高效低成本的光伏发电、太阳能窗户以及集成在建筑和车辆中的太阳能装置。

（六）光伏-热电联用系统的综合能源利用

光伏-热电联用系统的应用主要集中在提高能源利用率的集成发电系统中。它们被应用于分布式能源系统、工业余热利用和建筑物供能系统中，通过同时利用光电和热电效应，最大化太阳能的利用效率，为能源多样化利用提供了一种新的路径。

第三节　燃料电池材料的开发

一、催化剂材料开发

催化剂是燃料电池核心组件，直接影响燃料的电化学反应效率。当前的研究主要集中在开发高活性、高耐久性的催化剂材料，以降低燃料电池的成本和提高其性能。铂基催化剂虽然表现出优异的催化性能，但其高成本和资源稀缺性限制了广泛应用。为此，研究者们正在探索非贵金属催化剂、金属合金催化剂、碳基纳米材料以及新型纳米结构催化剂，通过优化催化活性位点和提高催化剂的稳定性，开发更具成本效益和性能优越的替代材料。

二、质子交换膜材料开发

质子交换膜（PEM）是燃料电池的关键材料，它在高温和酸性环境下传导质子并阻隔燃料与氧化剂的直接混合。当前的研究方向包括开发高导电性、低成本和高耐久性的质子交换膜材料。传统的全氟磺酸聚合物（如 Nafion）虽然具有良好的导电性，但成本高且在高温下性能不稳定。因此，研究者们致力于开发新型膜材料，如复合膜、杂化膜和高温质子导体，以实现更高的质子传导率、更长的使用寿命和更宽的工作温度范围。

三、双极板材料开发

双极板是燃料电池中用于分配反应气体、传导电流并提供机械支撑的重要部件。双极板材料需要具备高导电性、耐腐蚀性和机械强度，同时还要轻便以减少燃料电池的整体重量。传统的石墨双极板虽然具有良好的导电性和耐腐蚀性，但加工成本高，且容易脆裂。为此，研究者们正在开发金属双极板、复合材料双极板以及涂层改性双极板，以优化其导电性、耐久性和成本效益，使其更适合于质子交换膜燃料电池（PEMFC）和固体氧化物燃料电池（SOFC）的实际应用。

四、电解质材料开发

电解质材料在燃料电池中负责离子传导，其性能直接影响燃料电池的工作效率和温度范围。研究者们正在开发新型电解质材料，如高温质子导体、氧离子导体和碳酸盐基电解质材料。这些材料能够在更高温度下保持稳定的离子导电性，提高燃料电池的效率和可靠性，特别是在固体氧化物燃料电池（SOFC）和熔融碳酸盐燃料电池（MCFC）中的应用。此外，研究还涉及通过纳米复合材料技术来增强电解质的导电性和机械稳定性。

五、电极材料开发

电极材料是燃料电池中进行电化学反应的场所，要求具有良好的导电性、催化活性和结构稳定性。研究者们正在开发高性能电极材料，如纳米结构电极、复合电极和自支撑电极。这些材料通过优化电极的比表面积和催化剂的分布，提高了反应速率和电流密度。新型碳基材料和纳米金属材料的应用，使得电极材料的开发更加灵活，可以满足不同类型燃料电池的需求，如质子交换膜燃料电池（PEMFC）、直接甲醇燃料电池（DMFC）和固体氧化物燃料电池（SOFC）。

六、多功能复合材料开发

多功能复合材料结合了不同材料的优点，旨在优化燃料电池的综合性能。研究者们正在开发集成多种功能的复合材料，如导电、催化、储氢和结构支撑等，以简化燃料电池的结构和工艺。例如，碳纳米管复合材料不仅可以作为电极材料，还能提供额外的催化活性和储氢能力。通过纳米复合技术和材料功能集成，这类材料有望进一步提升燃料电池的性能和成本效益。

七、储氢材料开发

储氢材料在燃料电池中起着关键作用，尤其是在氢燃料电池的应用中。研究方向包括开发高容量、低温储氢材料，如金属氢化物、化学氢化物和碳基储氢材料。这些材料需要具备高储氢密度、快速释放和吸收氢气的能力，同时还要确保在多次使用中的稳定性。通过优化材料的纳米结构和化学修饰，研究者们正在努力提高储氢材料的效率，以满足便携式能源设备和交通工具对氢燃料的需求。

八、环保与可持续材料开发

随着环保意识的提高，燃料电池材料的开发也向着绿色、可持续的方向发展。研究者们正在探索利用可再生资源和环保工艺来开发燃料电池材料，如生物质基催化剂、可降解复合材料和低温合成技术。这些材料不仅降低了燃料电池的环境足迹，还提高了其在全球能源市场中的竞争力。通过创新的材料开发，燃料电池有望成为实现碳中和目标的重要技术支撑。

第四节　储能材料的发展与挑战

一、储能材料的发展

（一）锂离子电池材料的进步

锂离子电池作为主流的储能技术，其材料的持续发展是提升电池性能的关键。研究方向包括开发高能量密度的正极材料如磷酸铁锂、钴酸锂和镍钴锰氧化物，以及高容量的负极材料如硅基合金、钛酸锂和碳硅复合材料。此外，电解液和隔膜材料的优化也在进行，以提高电池的安全性和循环寿命。这些进展使锂离子电池在便携电子设备、电动汽车和可再生能源储能系统中的应用更为广泛。

（二）固态电池材料的突破

固态电池材料的发展旨在解决传统锂离子电池的安全性和能量密度问题。研究集中在开发高导电性的固态电解质材料，如硫化物、氧化物和聚合物电解质，同时优化正负极材料的界面稳定性。固态电池通过消除液态电解质和提升材料的能量密度，有望实现更高的安全性能和更长的使用寿命，尤其适用于电动汽车和大规模储能应用。

（三）钠离子电池材料的探索

钠离子电池作为锂离子电池的潜在替代品，因其成本低、资源丰富而备受关注。研究方向包括开发高性能的钠离子正极材料如普鲁士蓝、钠铁磷酸盐，以及适配的负极材料如硬碳和钛基化合物。此外，钠离子电池电解液的配方优化和隔膜材料的选择也是关键研究领域。钠离子电池在中大型储能系统中具有应用前景，如电网调峰和可再生能源并网储能。

（四）超级电容器材料的发展

超级电容器材料的研究主要集中在提升其能量密度和功率密度。电极材料如活性炭、石墨烯、碳纳米管和金属氧化物被广泛研究，用于提高电荷存储能力和导电性。此外，电解液的选择和电极与电解液之间的界面优化也是研究的重点。超级电容器因其快速充放电能力和长循环寿命，被广泛应用于交通、可再生能源储能以及电力调节领域。

（五）钙钛矿储能材料的创新

钙钛矿材料以其优异的光电转换性能和潜在的储能应用价值，正在成为储能材料研究的新热点。研究者们正在探索将钙钛矿材料应用于新型电池结构中，以提高能量密度和稳定性。钙钛矿储能材料的发展还包括通过化学掺杂和纳米结构设计来优化其电化学性能。钙钛矿储能技术在未来有望成为储能材料领域的重要补充，特别是在结合太阳能和储能一体化的应用中。

（六）液流电池材料的发展

液流电池是大规模储能的理想选择，其材料的发展集中在提高电解质溶液的能量密度和电极材料的催化活性。研究方向包括开发新型有机和无机电解质材料，如钒液流电池和全有机液流电池，并优化电极材料的选择，以提升反应效率和稳定性。液流电池的模块化设计和长寿命使其在电网储能和可再生能源并网系统中具有显著优势。

（七）氢能储存材料的突破

氢能储存材料的研究主要集中在开发高密度、低温储氢材料，如金属氢化物、化学氢化物和吸附型储氢材料。研究者们正在探索通过纳米结构设计和表面修饰来提高这些材料的储氢能力和释放速度。此外，轻质、高强度的储氢容器材料也在开发中，以实现更高效的氢能储存和运输，促进氢燃料电池和其他氢能应用的发展。

（八）混合储能材料的多功能化

混合储能材料通过结合不同类型的储能技术，如电池和超级电容器，旨在实现更高效的能量管理和储存。研究方向包括开发具有双功能的复合材料，如能够同时进行电化学存储和电容存储的电极材料，以及能够在高功率和高能量需求间切换的电解质材料。混合储能系统通过优化能量存储与释放的平衡，满足多样化的能源需求，特别是在智能电网和移动设备中的应用。

二、储能材料面临的挑战

（一）成本高昂

尽管储能材料技术不断进步，但高成本仍然是其大规模应用的一大障碍。高性能电池材料如锂、钴和镍的价格昂贵，且其提取和加工过程复杂。固态电池、钠离子电池等新型材料的研发和制造成本也较高。降低储能材料的成本需要创新的生产工艺、替代原材料的开发以及供应链的优化。

（二）安全性问题

储能材料的安全性是一个重要的考虑因素，特别是在高能量密度的电池中。锂离子电池存在过热和短路风险，可能导致燃烧或爆炸。固态电池和钠离子电池等新型储能材料虽然在安全性上有潜在优势，但其长期稳定性和安全性仍需进一步验证。开发更安全的电解液、隔膜和封装技术是当前研究的重点。

（三）循环寿命

储能材料的循环寿命直接影响其经济性和实用性。锂离子电池在多次充放电后，电极材料会发生不可逆的容量衰减，导致电池性能下降。钠离子电池、超级电容器等也面临类似的问题。提高材料的稳定性和抗衰减能力，需要深入理解材料在电化学过程中的变化机理，并开发具有更好循环稳定性的材料和结构设计。

（四）能量密度

能量密度是衡量储能材料性能的重要指标。尽管锂离子电池的能量密度已经取得显著进展，但与化石燃料相比仍有较大差距。新型储能材料如固态电池和钙钛矿电池的能量密度提升潜力巨大，但仍需克服材料性能优化和工艺成熟度等挑战。如何在提升能量密度的同时保持材料的安全性和稳定性，是一个关键研究方向。

（五）环境影响

锂、钴等金属的开采和提取过程对环境有较大破坏，且这些金属资源的地理分布不均衡，存在资源枯竭风险。废旧电池的处理和回收不当也可能造成环境污染。开发环保友好的材料、改进回收技术和建立可持续的供应链，是储能材料领域急需解决的问题。

（六）材料一致性与可靠性

储能系统需要高度一致和可靠的材料性能，以确保其在各种应用环境中的稳定运行。然而，批量生产中材料性能的一致性和可靠性难以保证，可能导致电池性能波动和故障。解决这一问题需要改进材料制备工艺、严格质量控制，并发展先进的检测和监测技术。

（七）界面问题

储能材料中的界面问题，如电极与电解质之间的界面稳定性，是影响电池性能的重要因素。界面反应可能导致界面层的形成，阻碍离子传输，降低电池效率和寿命。深入研究界面反应机制，开发具有良好界面兼容性的材料和界面工程技术，是提升储能材料性能的关键。

（八）规模化生产与技术转化

新型储能材料从实验室到实际应用的转化过程中，面临规模化生产的挑战。实验室条件下的材料性能往往难以直接复制到大规模生产中。需要开发适合大规模生产的工艺技术，解决材料的一致性、可靠性和成本控制等问题。同时，跨学科合作和产业化技术支持对于新材料的快速转化也至关重要。

第六章 环境友好材料的探索

第一节 绿色化学与材料科学

一、绿色化学

（一）绿色化学的含义

绿色化学是指通过设计和开发对环境友好的化学工艺和产品，旨在减少或消除有害物质的产生和使用，减少资源消耗和能源浪费，最大限度地降低化学过程对环境和健康的负面影响。它强调从源头预防污染，通过改进工艺和材料，实现可持续发展的目标，推动化学产业向绿色环保方向转型。

（二）绿色化学的特点

1. 污染预防

绿色化学强调在化学反应和工艺设计阶段就采取措施，减少或消除有害物质的产生，预防污染的发生，而不是在事后处理污染。

2. 资源节约

通过高效的反应设计和优化工艺条件，绿色化学尽量减少原材料和能源的消耗，提升资源利用率，实现经济效益和环境效益的双赢。

3. 安全性

绿色化学注重使用安全、无毒或低毒的原材料和试剂，减少对人体健康和环境的危害，提高生产过程的安全性。

4. 原子经济性

绿色化学关注反应的原子利用率，旨在使尽可能多的反应物原子被有效转化为目标产品，减少副产物的生成，提高化学反应的效率和环保性。

5. 可再生原料

绿色化学鼓励使用可再生资源作为原材料，如生物质、植物提取物等，以减少对不可再生资源的依赖，推动可持续发展。

6. 能源效率

在绿色化学中，反应条件的优化和催化剂的使用能够降低反应所需的能量消耗，提高能源效率，减少温室气体排放和环境压力。

7. 环境友好

绿色化学工艺设计中，尽量避免使用和产生对环境有害的物质，强调产品和过程的环境兼容性，推动生态环境的保护和恢复。

8. 产品降解性

绿色化学还关注最终产品的环境影响，设计生产出的化学品应具备良好的生物降解性或可再循环性，避免持久性有机污染物的积累。

二、材料科学

（一）材料化学的含义

材料化学是研究材料的组成、结构、性能及其制备与应用的一门学科，旨在通过化学手段设计、合成和改良材料，以满足特定应用需求。它涵盖了从原子、分子层次到宏观材料的各个方面，涉及固体、液体和气体等多种状态材料的研究。材料化学在推动新材料开发、提升材料性能以及解决工业和科技领域中的实际问题中发挥着关键作用。

（二）材料化学的特点

1. 跨学科融合

材料化学结合了化学、物理、材料科学和工程学的知识，涉及从分子水平到宏观材料性能的研究，强调学科间的交叉与融合。

2. 结构-性能关系

材料化学关注材料的微观结构与宏观性能之间的关系，通过改变材料的组成和结构，调整其物理、化学性能，以实现特定的应用目标。

3. 创新与应用导向

材料化学注重新材料的设计、开发与应用，推动创新型材料的诞生，广泛应用于电子、能源、环境、医药等领域，为科技进步提供材料基础。

4. 合成与制备

合成和制备技术是材料化学的核心内容，涵盖从分子设计、化学反应到材料的加工与制造，通过优化工艺实现高效制备和性能提升。

5. 多尺度研究

材料化学研究对象包括原子、分子、纳米结构、微米级和宏观材料，涉及多尺度的分析和表征，要求在不同尺度上理解和控制材料特性。

6. 功能性与多样性

材料化学致力于开发具有特定功能的材料，如导电性、磁性、光学性质、机械强度等，通过多样化的化学设计，实现材料功能的多样化。

7. 环境与可持续性

在材料化学中，环保和可持续发展理念越来越重要，强调绿色化学的应用，开发可再生、可降解的材料，减少材料制备和应用对环境的影响。

第二节　环保材料的设计与合成

一、环保材料的设计

（一）材料选择与资源优化

在环保材料的设计中，确保材料的选择具有可再生性和可循环利用性。生物基材料、再生材料和低能耗材料成为首选，这些材料不仅来源广泛，还能够在生命周期结束时重新回归到自然循环中，减少对自然资源的消耗。例如，生物基材料通常来源于植物或微生物，通过生物质转化过程生成，这种材料的使用不仅减少了对石化资源的依赖，还能有效降低碳排放。此外，再生材料的使用也是实现可持续设计的重要手段。通过回收废弃物再利用，不仅能够延长材料的使用寿命，还能减少废弃物堆积对环境的压力，提升资源的利用效率。合理选择和使用材料是实现这一目标的关键。例如，在生产过程中尽可能减少原材料的损耗和浪费，优化工艺流程，提高材料的利用率。在建筑材料的设计中，可以通过模块化设计减少材料的切割和废料的产生，从而实现资源的高效利用。此外，通过选择合适的加工技术和工艺，可以进一步降低材料的能耗，从源头上减少对环境的影响。例如，选择低温合成技术或采用绿色化学方法，可以在保证材料性能的前提下，大幅度降低生产过程中的能源消耗和有害物质的排放。

为了实现环保材料的可持续设计，还必须关注整个供应链的资源管理。材料的运输、存储和分销环节同样需要注重环保和资源的优化。在选择材料供应商时，考虑到材料的生产地、运输方式以及供应链的整体碳足迹，可以帮助减少材料运输过程中的能源消耗。此外，通过建立健全的材料管理体系，确保材料从生产到使用再到回收的全生命周期中，资源得到充分利用，避免不必要浪费和环境污染。这样的资源优化不仅能够提升材料的环境效益，还能为企业带来经济效益，促进绿色经济的发展。同时，为了减少材料使用过程中对环境的影响，需要加强对废弃材料的管理和再利用。通过发展完善的回收体系，确保材料在使用结束后能够被有效回收和再利用，减少进入垃圾填埋场的废弃物量。对于难以回收的材料，可以考虑在设计阶段进行替代材料的研究和应用，以降低这些材料对环境的长期影响。在此基础上，推动资源的循环利用，实现资源的闭环管理，最大限度地减少资源的浪费和环境负担。

（二）材料生命周期分析

从原材料的获取、生产、使用直至废弃处理的各个环节，都需要系统性地评估其对环境的影响。首先，在原材料的获取阶段，应优先选择可持续来源的材料，如生物基材料或通过再生技术获得的材料。此时不仅要考虑材料的可再生性，还需关注原材料采集对生态系统的影响，确保在源头上减少对自然资源的破坏。通过对采集过程的碳足迹分析，可以更好地控制并减少这一阶段对环境的负面影响。生产过程中的能耗和废物排放是影响材料环保性的关键因素。为了降低生产过程中的碳排放，应优先采用低能耗的生产技术，同时尽量减少废弃物的产生。例如，可以通过改进生产流程、使用绿色能源以及优化工艺条件，来最大限度地降低生产对环境的负担。此外，生产过程中使用的化学品和溶剂也需经过严格筛选，以避免产生有害副产品或污染物，从而确保整个生产过程的环保性。

在材料的使用阶段，耐久性、可维护性和再利用性成为分析的核心。环保材料的设计需要确保其在使用过程中具有较长的使用寿命，以减少频繁更换材料所带来的资源浪费。同时，材料的可维护性也是评价其环保性能的重要标准之一，设计应尽可能简化维护过程，减少对能源和资源的额外需求。为了提高材料的可持续性，还需关注其在使用结束后的再利用和回收潜力，确保材料在生命周期的这一阶段仍能对环境产生积极影响。例如，模块化设计和可拆解结构的应用，可以使材料在使用后被方便地分解和再利用，从而延长材料的生命周期，减少对新资源的需求。材料在使用结束后如何处理，将直接影响其整体环保性能。理想的环保材料应具有良好的生物降解性或易于回收利用的特性，以减少对环境的长期影响。通过对材料在废弃后的降解速度、降解产物以及对土壤、水体的潜在影响进行详细评估，可以指导设计师在材料选择和结构设计中做出优化，确保废弃处理阶段的环境影响降至最低。此外，对于那些不具备生物降解性的材料，则需建立有效的回收体系，以便材料在被废弃后仍能进入新的使用周期，而不至于成为环境的负担。

（三）低能耗生产工艺

降低生产过程中的能耗不仅可以有效减少碳排放，还能大幅降低材料生产对环境的整体影响。为此，在设计生产流程时，优先考虑使用可再生能源，如太阳能、风能或水能，这些绿色能源不仅能够满足生产所需的能量，还能减少对化石燃料的依赖，从而在源头上控制碳排放的增长。通过结合当地的自然资源条件，合理布局生产设备和能源使用，可以实现能源的高效利用和生产过程的环保性。在环保材料的生产中，通过改进工艺技术和设备配置，可以显著减少材料加工过程中的能量消耗。比如，采用先进的工艺技术，如冷加工、无溶剂合成或低温反应技术，能够在不牺牲材料性能的前提下，大幅度降低生产所需的能量投入。同时，通过自动化和智能化生产线的引入，可以提高生产效率，减少人工干预导致的能耗波动，从而确保生产过程的稳定性和能源的有效利用。此外，生产过程中的废热回收和再利用技术也逐渐成为降低能耗的重要方式。这些技术可以将生产过程中产生的余热重新利用，降低整个生产系统的能源需求，进一步优化能量的使用效率。

在实际操作中，为了确保低能耗生产工艺的有效实施，材料生产企业应建立完善的能源管理体系。通过对生产各环节的能耗进行实时监测和数据分析，可以及时发现能耗过高的环节，并采取相应的优化措施。定期进行能源审计和评估，能够帮助企业识别出潜在的节能机会，并不断改进生产工艺以达到更低的能耗水平。与此同时，企业还可以通过引入环保认证标准，如 ISO 50001 能源管理体系认证，来规范和提升能源管理的水平，确保低能耗生产工艺的长期有效实施。此外，生产工艺的选择还应考虑材料的生命周期分析，通过综合评估生产能耗、原料供应和废弃物处理等环节的环境影响，确保整体工艺的绿色性和可持续性。低能耗生产工艺的推广和应用不仅依赖于技术的进步，也需要政策和市场的支持。政府可以通过出台激励政策，如节能减排补贴、税收优惠等，鼓励企业采用低能耗的生产工艺。同时，市场需求的变化也在推动着生产工艺的转型。随着消费者对环保产品的需求不断增加，企业需要在满足市场需求的同时，确保其生产过程的环境友好性和可持续性，从而在激烈的市场竞争中脱颖而出。最终，通过政策、市场和技术的多方协同，低能耗生产工艺的普及将不仅带来经济效益，还将对环境保护和资源的可持续利用产生积极的影响。

（四）功能性与可降解性设计

材料的功能性决定了其在实际应用中的效用，因此在设计过程中，必须确保材料在满足基本应用需求的同时，能够兼顾环境的可持续性。通过对材料的化学结构进行精细的调整，设计师可以赋予材料特定的性能，如防水性、耐热性或抗菌性等，以满足不同领域的需求。然而，在赋予材料功能性的同时，设计师还需考虑材料在使用寿命结束后的环境影响，即可降解性或可回收性。可降解性设计的目标是确保材料在特定条件下能够被自然环境中的微生物分解为无害的自然成分，从而避免对环境造成持久性的污染。材料在其使用过程中不应释放有害物质，以免对使用者的健康或生态环境产生负面影响。为此，设计师需要避免使用那些可能在使用或降解过程中释放出有毒化学物质的材料，取而代之的是选择那些在整个生命周期中都对环境和人体无害的替代品。比如，在选择增塑剂或稳定剂时，应优先考虑那些无毒、可降解的化合物，以确保材料在使用和处理过程中不会对环境构成潜在的威胁。通过这种设计方式，可以显著减少材料对生态系统的压力，促进生态环境的良性循环。

可降解性设计不仅需要考虑材料在自然环境中的降解能力，还需关注降解过程中可能产生的中间产物。材料在分解过程中可能生成一系列中间化合物，这些化合物的性质和对环境的影响需要经过严格的评估和测试，确保它们不会对土壤、水体或空气质量造成长期的不利影响。例如，一些生物基塑料在降解过程中可能会生成微塑料，这些微小颗粒可能会被生物体误食，进入食物链，进而对生态系统造成严重破坏。因此，设计师在开发新型可降解材料时，需对其降解路径和降解产物进行全方位的分析和控制，确保其环保性能符合预期。在可回收性设计方面，材料的再利用潜力也是评估其环保性的重要指标。材料在设计之初应考虑其在生命周期结束后的处理方式，尽量使其易于回收和再利用。为了提高材料的可回收性，设计师可以采用模块化设计或分解设计，使材料在其使用寿命结束后能够被轻松拆解并分类回收，从而降低回收处理的复杂性和成本。同时，材料在回收过程中应能够保持其原有的性能和功能，以便在再利用过程中能够继续发挥作用，减少对新材料的需求，进一步降低对自然资源的消耗。

（五）绿色包装设计

绿色包装设计的核心是减少包装材料的使用量，这不仅能节省资源，还能减少废弃物的产生。设计师应优先选择轻量化材料，以确保在满足包装保护功能的前提下，尽可能降低材料的使用量。例如，采用高强度的薄膜材料代替传统的厚重包装材料，可以在降低材料消耗的同时，提供同等或更好的保护效果。此外，轻量化包装还可以有效降低运输过程中的能源消耗，因为较轻的包装意味着更少的运输能耗，从而减少碳排放。包装材料在完成其使命后，能够被有效回收和再利用，这对于减少环境污染具有重要意义。设计师可以通过选择单一材质的包装材料，简化回收处理过程，并提高回收率。例如，使用纯纸质、纯塑料或可降解的生物基材料，可以避免因材料混合导致的回收难度增加。同时，包装材料的设计应考虑到易拆卸性，使消费者能够轻松分离不同类型的材料，进一步提升回收的效率。绿色包装设计不仅能有效减少资源浪费，还能推动循环经济的发展。

在设计绿色包装时，还需综合考虑包装的运输和存储要求。绿色包装不仅要环保，还必须具备足够的强度和稳定性，以保护产品在运输过程中的安全性。设计师可以通过合理的结构设计和材料选择，在不增加材料使用量的情况下，提升包装的抗压、抗震和防潮性能。这样，不仅能减少因包装破损而导致的产品损失，还能降低因多次包装或重复运输所产生的额外能耗。此外，设计紧凑的包装形态，优化产品的堆叠和装载方式，可以提高运输和仓储的效率，减少空间浪费和运输次数，从而进一步减少碳排放。此外，绿色包装设计还应考虑到整个供应链的环保性和功能性。包装在整个供应链中扮演着重要的角色，从生产到消费者手中的每一个环节，都需要确保其环保性能不受影响。例如，包装材料在生产过程中应尽量减少对环境的影响，如减少有害物质的使用和排放，优先选择可再生能源作为生产动力。包装在使用后应能被有效回收或自然降解，避免对生态系统造成长期的破坏。通过全生命周期的绿色设计，可以使包装材料在整个供应链中保持其环保性，并最终实现资源的可持续利用。

绿色包装设计也需要兼顾消费者的使用体验和市场的需求。消费者越来越关注产品的环保属性，设计师可以通过创新的设计和环保材料的使用，提升产品的市场竞争力。例如，在包装上明确标示材料的环保特性和回收方法，增强消费者的环保意识，并鼓励他们参与到回收和再利用的行动中。绿色包装设计不仅为环境保护做出贡献，还能满足消费者的环保需求，推动市场向更加可持续的方向发展。

（六）可再利用与可回收设计

可再利用与可回收设计不仅能有效延长材料的生命周期，还能大大减少材料对环境的负担。设计师在选择材料时，应优先考虑那些易于拆解和回收的材料，这样当产品达到使用寿命后，可以迅速进入回收系统，重新转化为新的资源，而不是直接进入垃圾填埋场。材料不仅实现了其使用价值，还通过循环利用为环境保护贡献了一份力量。除此之外，环保材料的设计应高度注重材料的可拆解性。材料的结构设计应当简化，以便在产品生命周期结束时能够轻松拆解并分类回收。例如，在电子产品设计中，可以通过模块化设计使各个部件更易拆卸，从而使金属、塑料和其他组件能够分别进入对应的回收流程。材料的回收效率大大提高，减少了因混合材料回收处理复杂性增加而导致的资源浪费。

通过设计可以多次使用的产品，材料的使用寿命得以延长，从而减少对新资源的需求。例如，可重复使用的包装材料和容器，在设计时应考虑到其耐用性和使用便利性，使其能够在多个生命周期中反复使用而不损害其功能性。这样不仅减少了对一次性材料的依赖，还有效减少了废弃物的产生，推动了资源的最大化利用。设计师应考虑到材料在回收处理过程中的兼容性问题，尽量避免使用不易分解的复合材料，或在材料中混入不易回收的元素。这不仅能简化回收流程，还能确保材料在回收再利用时保持其高效性和环保性。通过使用单一材料或可分离的多层结构，设计师可以为材料的回收和再利用奠定良好的基础。

环保材料的设计还应考虑到现有回收系统的实际情况。了解并遵循本地或全球范围内的回收标准和处理能力，设计适合这些系统的材料，有助于提高材料的实际回收率。通过与回收行业的合作，设计师可以确保其产品设计能够适应当前回收技术和设施，从而实现最大化的资源回收和再利用。环保材料设计的目标不仅是减少对环境的影响，还在于建立一个可持续的资源循环体系。通过可再利用与可回收设计，可以显著减少对自然资源的消耗，推动社会从传统的线性经济向循环经济转型。最终，这种设计理念不仅有助于环境保护，还能为企业带来经济上的优势，提升其市场竞争力。

二、环保材料的合成

（一）生物基材料的合成

生物基材料通常通过生物质原料（如植物、农业废弃物等）的转化来合成。这类材料的合成过程包括生物发酵、酶解反应等步骤。常见的生物基材料包括聚乳酸（PLA）、聚羟基脂肪酸酯（PHA）等。这些材料不仅来源于可再生资源，还具有良好的生物降解性，在合成过程中对环境的影响较小。

（二）再生材料的合成

再生材料的合成主要通过废旧材料的回收再利用来实现。例如，回收的废塑料可以通过熔融再加工形成新的塑料制品，废纸经过打浆处理后可以重新合成纸制品。再生材料的合成不仅能够减少废弃物的堆积，还能节约资源和能源，有助于实现循环经济的目标。

（三）绿色化学合成

绿色化学合成是指在材料合成过程中采用环境友好的化学反应和工艺，以减少对环境的负面影响。这种合成方法通常会选择低毒性、可再生的原料，避免使用有害溶剂和催化剂。此外，通过优化反应条件，减少废物的产生，提高反应的选择性和产率，从而实现绿色合成的目标。

（五）无溶剂合成

无溶剂合成技术是环保材料合成中的一项重要技术。传统材料合成通常需要使用有机溶剂，这些溶剂往往对环境和健康有害。无溶剂合成技术通过减少或消除溶剂的使用，不仅降低了合成过程中的环境污染，还能减少溶剂回收处理的成本，提升材料合成的环保性。

（六）低温低能耗合成

在环保材料的合成过程中，低温低能耗的工艺具有重要意义。这类工艺旨在降低反应的能量需求，通过选择适宜的催化剂或反应路径，使反应能够在较低温度下进行，从而减少能源消耗和碳排放。这种合成方法不仅节约了资源，还能够减少生产成本，提高材料的经济性。

（七）天然聚合物的改性合成

天然聚合物如淀粉、纤维素、壳聚糖等，具有良好的生物降解性和环保特性。通过对这些天然聚合物进行化学改性，可以合成出具有特定性能的环保材料。例如，通过对纤维素进行酯化或醚化处理，可以提高其溶解性和成膜性，广泛应用于生物医用材料和包装材料的合成。

（八）纳米材料的绿色合成

纳米材料的合成通常需要严格控制反应条件和化学试剂的使用。绿色合成方法通过利用天然还原剂、稳定剂和绿色溶剂来制备纳米材料，避免使用有毒有害的化学物质。此外，绿色合成方法还注重材料的规模化生产，确保其在工业化应用中的环保性。

第三节 环境友好型催化剂

一、环境友好型催化剂的定义和特点

环境友好型催化剂是指在化学反应中使用的、对环境影响较小或无害的催化剂。这些催化剂通常具备高效性、选择性强、可再生和可降解的特点，能够在催化过程中减少副产物的产生，降低能耗，从而减少对环境的负担。

二、环境友好型催化剂的优点

（一）高效性

环境友好型催化剂的高效性主要体现在它能够在相对较低的温度和压力条件下实现化学反应的高转化率。传统的催化剂往往需要较高的温度或压力才能有效催化反应，这不仅消耗大量能源，还可能对设备和环境造成负担。而环境友好型催化剂的出现，大大降低了这些能源的需求，使得反应过程更加节能和可持续。通过采用这种催化剂，化学工业可以在保证反应速度和效率的同时，减少对化石燃料的依赖，降低碳排放，从而实现更环保的生产模式。与此同时，环境友好型催化剂的高效性也意味着它能显著缩短反应时间，提高生产效率。这对于需要大规模生产的工业过程尤其重要。在相同的生产周期内，使用高效催化剂的反应过程可以产出更多的产品，减少了能源和原料的消耗，从而进一步提升了整个生产链的可持续性。这种效率的提高不仅有助于降低生产成本，还使得企业在满足环保标准的前提下，保持竞争力。高效催化剂的应用不仅限于工业生产，在实验室研究和新材料开发中同样展现出了巨大的潜力，推动了科学研究的进展。

除此之外，高效性还表现在环境友好型催化剂对反应选择性的控制能力上。这类催化剂能够在复杂的反应体系中，有效选择并促进目标反应的进行，而不产生过多的副产物。副产物的减少意味着在后续分离、提纯步骤中的资源消耗和环境负担也会随之减少。这种高选择性和高效性的结合，使得环境友好型催化剂在合成高纯度化学品、制药工业以及精细化工领域得到了广泛应用。通过减少废弃物的产生，这类催化剂不仅降低了对环境的污染风险，还减少了废物处理的成本，从而进一步优化了生产过程的环保性和经济性。进一步来说，环境友好型催化剂的高效性不仅体现在催化能力上，还体现在其耐用性和再生性上。许多这种催化剂在反应后可以通过简单的处理再次使用，这种可再生性降低了催化剂的长期使用成本，同时也减少了因催化剂废弃而产生的环境问题。相比传统催化剂，环境友好型催化剂的寿命更长，在多次循环使用后仍能保持较高的催化效率，进一步突显了其在资源节约和环境保护中的优势。正是因为这些优异的特性，环境友好型催化剂在众多化学反应中逐渐替代了传统催化剂，成为实现绿色化学和可持续发展的重要工具。

（二）选择性强

在环境友好型催化剂的众多优势中，选择性强无疑是一个至关重要的特征。催化剂的选择性决定了它能够在复杂的化学反应体系中，有效地识别并促进特定反应的进行，而不引发其他不必要的反应。这种能力对于工业生产中的高效合成非常关键，因为它直接影响到产物的纯度和反应的效率。通过提高反应的选择性，环境友好型催化剂能够显著减少副产物的生成，进而降低分离和提纯的难度和成本。这不仅使得反应过程更加经济高效，还减少了废物的产生，提升了整体的环境友好性。在这些领域，产品的纯度往往是决定其质量和市场价值的关键因素。传统催化剂可能在反应中产生大量副产物，这些副产物不仅会降低目标产物的纯度，还可能需要耗费大量资源进行后续的分离和处理。相比之下，环境友好型催化剂通过其卓越的选择性，大幅减少了副产物的生成，从而提高了产物的纯度，使整个生产过程更加高效且环保。这对于制药行业尤其重要，因为药物的生产必须严格控制纯度，避免杂质对药效的影响。

选择性强的催化剂在复杂反应体系中还能有效控制反应路径，避免多步骤反应中间体的生成，从而简化反应流程。这种简化不仅节省了时间和资源，还能提高生产的整体效率。例如，在有机合成中，强选择性的催化剂能够通过特定的反应路径直接生成所需的产物，而不需要经历复杂的中间步骤，这在一定程度上减少了不必要的能源消耗和化学试剂的使用。同时，这种选择性还使得催化剂能够适应不同的反应条件，具有更广泛的应用范围，进一步提升了其在工业生产中的应用价值。强选择性也使得环境友好型催化剂能够在多组分反应体系中实现更精确的催化控制。这种控制能力意味着在同一反应体系中，不同的化学成分能够被分别催化，从而实现多个目标产物的高效生成。这在多产品生产的工业流程中尤其具有优势，不仅提高了生产的灵活性，还减少了对单一产品生产线的依赖，优化了资源的利用效率。在这种情况下，环境友好型催化剂不仅帮助企业实现了多样化的产品生产，还通过减少浪费和副产物生成，进一步提高了生产过程的环境可持续性。

（三）可再生性

在环境友好型催化剂的众多优点中，可再生性是其中一项引人注目的特征。这种可再生性意味着催化剂在完成一次反应之后，可以通过简单的处理方法进行回收，再次投入使用。这不仅大大减少了资源的浪费，还显著降低了生产成本。传统催化剂在使用后往往因失活或被污染而难以继续使用，最终成为工业废弃物。而环境友好型催化剂则通过其良好的稳定性和再生能力，能够在多次循环中保持其催化效率，从而延长了使用寿命。这种循环利用的特性使得它在工业生产中具有更高的经济性，同时也减少了对环境的影响。在现代工业中，降低生产成本和减少环境负担是企业追求的重要目标。通过使用可再生的环境友好型催化剂，企业可以有效减少新催化剂的采购需求，从而降低生产成本。这不仅使得生产过程更加经济，还减少了催化剂的生产和处理对环境的负担。此外，在催化剂回收再利用的过程中，通常只需进行简单的处理或再活化即可恢复其催化性能，这种操作的简便性也为工业应用带来了便利和成本优势。

在资源日益紧缺的背景下，如何提高资源的利用效率成为重要的课题。通过开发和使用可再生的催化剂，化学工业可以最大限度地利用现有资源，减少对新资源的依赖。这不仅有助于实现资源的可持续利用，还能减轻生产过程中对环境的负面影响。许多环境友好型催化剂已经可以在保持高催化性能的同时，实现多次回收和再利用，从而进一步提高了资源利用的效率。在传统的生产过程中，失效的催化剂往往被视为废弃物，需要进行处理或填埋，这不仅增加了环境负担，还带来了处理成本。而通过使用可再生的环境友好型催化剂，这些废弃物可以得到有效回收和再利用，减少了废弃物的产生量，从而减少了废物处理的需求。这样的环保优势使得环境友好型催化剂成为实现绿色化学和可持续发展的重要工具。

三、环境友好型催化剂的常见类型

（一）生物催化剂

在环境友好型催化剂的众多类别中，生物催化剂因其独特的优势而备受关注。生物催化剂利用酶或微生物来催化化学反应，这种方法不仅具备高选择性，还能够在温和的反应条件下进行，极大地减少了能源消耗和对环境的负担。酶作为最常见的生物催化剂之一，其催化效率通常远高于传统化学催化剂，且能够在较低温度、常压甚至中性 pH 条件下发挥作用，这使得酶催化成为一种环保且高效的选择。由于酶的高选择性，它们能够精准识别并催化特定的反应底物，从而减少副产物的生成，提升目标产物的纯度，这对于精细化工和制药工业尤为重要。此外，细胞催化剂也是生物催化剂的重要形式。这些催化剂通过利用活体细胞（如细菌、酵母或真菌）来进行复杂的生物合成反应。细胞催化剂的优势在于它们能够进行多步骤反应，将简单的起始物转化为复杂的产物，并且能够通过代谢调控和基因改造来优化其催化性能。这种多功能性使得细胞催化剂在生产天然产物、抗生素和其他高附加值化学品方面具有广泛的应用前景。通过基因工程技术的介入，科学家可以改造细胞的代谢路径，使其更高效地生产特定产物，同时降低副产物的生成，这进一步提升了细胞催化剂在工业应用中的价值。

通过基因工程技术，科学家能够定向改造微生物的基因组，使其表达特定的酶或代谢路径，从而催化目标反应。基因工程技术不仅可以提升微生物的催化效率，还可以增强其在不利环境条件下的耐受性，使其能够在更广泛的工业生产条件下应用。这种技术使得基因工程微生物成为合成生物学和绿色化学的重要工具，推动了可再生资源的利用和生物基材料的开发。由于这些催化剂通常在水性介质中工作，反应过程中避免了有机溶剂的使用，从而减少了有机废物的产生和溶剂的挥发性排放。此外，生物催化反应往往不需要极端条件，如高温高压或强酸强碱环境，因此在反应过程中的安全性大大提高，这对于减少工业过程中的危险性和事故风险具有积极意义。生物催化剂的温和反应条件也使得它们适用于对热敏感或结构复杂的化合物的处理，这在传统化学催化剂难以胜任的情况下展现出了独特的优势。

（二）均相催化剂

均相催化剂是化学工业中重要的一类催化剂，其独特之处在于它们能够在反应介质中均匀分布，从而实现高效的催化作用。这类催化剂通常包括有机金属配合物，通过在液相中均匀地与反应物接触，均相催化剂可以在较低的温度和压力下促进反应进行。这一特点使得均相催化剂在许多精细化工和制药合成中广泛应用，尤其是在对温度敏感的反应或复杂分子合成中，均相催化剂的高效性和温和性是无可替代的。由于均相催化剂在整个反应介质中均匀分布，反应物能够与催化剂充分接触，从而显著提高反应速率和转化率。同时，均相催化剂的分子结构和活性位点可以通过设计和调节，以适应不同的化学反应，从而实现对反应路径的精确控制。这种选择性的控制能力在复杂有机合成中尤为关键，因为它能够有效减少副产物的生成，提高目标产物的纯度，简化后续的分离和提纯步骤。

由于均相催化剂在反应介质中是溶解状态的，在反应结束后要将其从产物和溶剂中分离出来并不容易。这往往需要耗费额外的资源和工序，如通过蒸馏、萃取或膜分离等方法进行回收，这不仅增加了操作的复杂性和成本，也可能造成一定的催化剂损失。此外，回收过程中的能耗和溶剂消耗，也对环境产生了额外的负担，这与绿色化学的初衷相悖。因此，如何有效回收和再利用均相催化剂，成为化学工业中需要重点解决的问题之一。为了克服均相催化剂回收的难题，近年来研究者们提出了多种创新策略。例如，开发可溶于反应介质但不溶于反应后介质的催化剂，或利用磁性材料修饰均相催化剂，使其在反应后可以通过磁性分离的方式进行回收。这些技术尽管在实验室中取得了一定的成功，但在工业化应用中仍需克服规模化生产和成本控制等挑战。同时，研究者们也在探索均相催化剂的非传统应用，如将其固定在可回收的载体上，形成"均相-多相"催化剂的混合体系，从而既保留均相催化剂的高效性，又解决其回收难题。

（三）非金属催化剂

非金属催化剂，如碳基催化剂和磷酸盐，因其材料来源广泛且成本低廉，成为工业和研究领域的重要选择。碳基催化剂，尤其是石墨烯、碳纳米管和活性炭等，不仅具有良好的导电性和化学稳定性，还能通过简单的化学改性实现不同的催化活性。这些碳基材料的制备过程相对简单，且不需要昂贵的原材料或复杂的设备，极大地降低了催化剂的生产成本。与金属催化剂相比，非金属催化剂往往具有更高的耐热性和抗腐蚀性，能够在较为苛刻的反应条件下保持稳定。这种稳定性不仅延长了催化剂的使用寿命，还减少了催化剂失效或降解的风险，从而降低了生产过程中的维护和更换成本。磷酸盐催化剂，作为一种常见的非金属催化剂，在酸催化反应中表现出优异的性能，特别是在催化生物质转化和绿色化学合成方面展现出广阔的应用前景。

由于这些催化剂不含贵金属或重金属元素，它们在使用和废弃过程中不会释放有害金属离子，避免了环境污染的风险。与传统的金属催化剂不同，非金属催化剂在降解或再处理时更加环保，符合当今绿色化学的发展方向。碳基催化剂尤其是在废气净化、污水处理和污染物降解等领域，展现出显著的环保效益。通过催化反应，这些材料能够有效去除或降解有害物质，为环境保护贡献力量。制备这些催化剂的工艺通常较为简单，不需要高温高压等极端条件，能够在常温常压下实现。这种易于制备的特性不仅降低了工业生产的门槛，还使得实验室研究人员能够更快速地开发和优化催化剂的性能。此外，非金属催化剂的多样性使得它们在不同的化学反应中具有广泛的适应性，能够通过调整结构或表面化学性质来适应特定的反应需求，从而实现高效的催化。

四、环境友好型催化剂的应用领域

（一）绿色化学合成

绿色化学合成旨在通过优化化学反应过程，减少对环境的负面影响，这不仅包括降低能耗和资源消耗，还涉及减少有害副产物的生成。环境友好型催化剂在这种背景下应运而生，通过提高反应效率和选择性，显著减少了反应过程中不必要的副产物。这在制药、农药和精细化工等领域尤为重要，因为这些领域的产品通常要求高纯度，而传统催化剂往往在反应过程中生成大量副产物，增加了后续分离和处理的难度。在制药领域，反应的高效性直接关系到药物的生产成本和市场供应。通过使用环境友好型催化剂，制药企业能够在更温和的反应条件下实现高转化率，从而减少能源消耗和生产成本。这种高效催化不仅缩短了生产周期，还减少了因能耗过高而产生的温室气体排放，推动了制药行业向更加环保的方向发展。同样，在农药和精细化工领域，环境友好型催化剂能够提高反应的选择性，使目标产物的产率更高，从而减少了原料的浪费和生产过程中的废弃物产生，进一步减少了对环境的压力。

通过减少有害副产物的生成，这些催化剂能够降低工业排放中的有毒化学物质，从而减少对空气、水源和土壤的污染。例如，在农药的合成过程中，传统的催化剂可能会产生对环境有害的副产物，而环境友好型催化剂则能够有效抑制这些副产物的形成，从而降低农药对生态系统的潜在威胁。这样的环保优势使得这些催化剂成为绿色化学合成中不可或缺的一部分，推动了环保和经济效益的双重提升。环境友好型催化剂的可再生性和稳定性，使其在绿色化学合成中具备长期应用的潜力。这些催化剂通常可以多次循环使用，不仅降低了生产成本，还减少了废弃催化剂的处理问题。通过适当的再生和处理，这些催化剂能够在保持高催化性能的同时，减少资源浪费和环境负担。这样的特点在精细化工和制药行业尤为重要，因为这些行业通常需要长时间、高强度的生产过程，而环境友好型催化剂的稳定性能够确保生产的连续性和高效性，进一步促进了绿色化学合成的发展。

（二）环境治理

环境治理的核心目标是清除和处理污染物，而不对环境造成进一步的损害。环境友好型催化剂因其高效降解污染物的能力，成为废水处理、空气净化和土壤修复等环境治理措施中的关键工具。这些催化剂能够加速有害物质的分解过程，将其转化为无害或更易处理的物质，从而有效降低污染物的浓度和毒性，减少对生态系统和人类健康的威胁。废水中常含有大量有机污染物、重金属离子和其他有毒物质，传统处理方法往往难以彻底去除这些污染物，且可能在处理过程中产生新的有害副产物。而环境友好型催化剂通过催化氧化或还原反应，能够高效地降解这些污染物，并将其转化为水、二氧化碳等无害物质。此类催化剂不仅提升了处理效率，还减少了处理过程中的化学药剂使用，降低了二次污染的风险。这种高效、环保的废水处理方式，对改善水质、保护水资源具有重要意义。

在空气净化领域，环境友好型催化剂也展现出强大的污染控制能力。空气中的有害气体，如氮氧化物（NOx）、挥发性有机化合物（VOCs）等，是大气污染和光化学烟雾的重要成因。传统的空气净化方法可能涉及高温燃烧或复杂的化学处理，既耗能又易产生新的污染。而环境友好型催化剂可以在常温常压下，通过催化反应将这些有害气体分解为无害的氮气、水蒸气和二氧化碳等，从而达到净化空气的目的。这种低能耗、高效率的空气净化技术，为减少大气污染、改善城市空气质量提供了有力支持。受工业废弃物、农药残留等影响，土壤中常积累有毒有害物质，如重金属、持久性有机污染物等，对植物生长和生态环境构成严重威胁。传统的土壤修复方法，如挖掘移除或物理分离，不仅成本高昂，还可能破坏土壤结构和生态平衡。而环境友好型催化剂通过催化反应，可以将这些有害物质降解为无害或稳定的形态，使其对环境和生物体的影响降至最低。这种原位修复技术不仅减少了修复成本，还避免了土壤的过度扰动和生态破坏，为恢复土壤健康、保护农业生产提供了可行的解决方案。

（三）能源领域

随着全球对可再生能源需求的增长，这类催化剂因其在提高能源转化效率和减少碳排放方面的优势而受到广泛关注。首先，在生物质转化过程中，环境友好型催化剂能够催化将生物质转化为生物燃料和化学品。这一过程通常涉及复杂的化学反应，而传统的催化剂可能需要高温高压条件，且会产生大量的副产物。相比之下，环境友好型催化剂不仅能够在较温和的条件下高效催化反应，还能减少不必要的副产物生成，从而提高能源利用效率，降低生产成本，并减少对环境的负面影响。燃料电池被认为是未来清洁能源的关键技术之一，其原理是通过电化学反应直接将化学能转化为电能，而非通过传统燃烧方式。这种转换过程的核心在于催化剂的效率和稳定性。环境友好型催化剂，如非贵金属催化剂或碳基催化剂，不仅减少了对稀有和昂贵金属的依赖，还能在低温下保持高效的催化活性。这种高效性和稳定性使得燃料电池在应用中更加经济实用，同时大幅减少了温室气体和有害污染物的排放，推动了清洁能源的普及。

太阳能是一种丰富且清洁的能源形式，但如何高效地将其转化为可用能量是技术开发的重点。环境友好型催化剂在光催化和电催化反应中，能够有效提高太阳能的转化效率。比如在光催化水分解制氢过程中，这类催化剂可以在可见光照射下分解水生成氢气，提供了一种清洁的能源来源。通过优化催化剂的结构和活性位点，研究人员不断提高其催化效率，使太阳能转化成为实际应用中的可行选择，从而减少对化石燃料的依赖和碳排放。环境友好型催化剂还在氢能生产和储存中展现出巨大的潜力。氢能作为一种零排放的清洁能源，其生产和利用过程中也依赖于高效催化剂的支持。传统的氢气制备方法往往依赖于天然气重整，这一过程会产生大量的二氧化碳。而通过使用环境友好型催化剂，能够实现从可再生资源如水或生物质中直接制氢，从源头上减少碳排放。这种技术的进步不仅推动了氢能的可持续发展，还为实现全球碳中和目标提供了有力支持。

第四节　废弃材料的回收与再利用

一、废弃材料的回收

（一）废弃材料分类

有效的废弃材料回收始于材料的分类。这一步骤对于提高回收效率和回收质量至关重要。废弃物通常包括纸张、塑料、金属、玻璃和有机废物等。分类不仅帮助将不同类型的材料分开处理，还能确保每种材料被送往最合适的回收处理线。例如，纸张和纸板可以被送往纸浆厂进行再加工，而塑料瓶则可进入塑料回收设施。这种初步分类的准确性直接影响到后续处理的效果和成本。

（二）回收技术与工艺

废弃材料的回收技术也不断进步。例如，塑料回收技术已经从最初的机械分解发展到更为高效的化学回收过程。机械回收涉及将塑料物料清洗、粉碎、熔融后重新制成颗粒，而化学回收则通过化学反应将塑料分解为原始单体，再制成新产品。类似地，金属废料回收通过熔炼和精炼技术去除杂质，恢复金属的纯度。不断优化和创新的回收工艺能够提高材料的回收率和质量，减少环境污染。

（三）经济效益分析

废弃材料的回收不仅具有环保意义，还具有显著的经济效益。通过回收和再利用废弃材料，可以减少对原材料的需求。例如，再生纸的生产成本远低于使用原木生产纸张的成本。同样，回收的金属可以用于生产新产品，减少对矿石开采的依赖，降低原材料采购成本。废弃材料的回收和再利用还能创造就业机会，推动绿色经济的发展，提高社会经济效益。

（四）回收系统与政策

为了实现有效的废弃材料回收，建立和完善回收系统及相关政策是至关重要的。政府部门、企业和社区需要共同合作，推动回收政策的实施。例如，一些地区已出台法规，要求生产商对其产品的回收负责，或鼓励消费者参与回收活动。通过建立废弃物回收网络，设置分类回收点，并提供便捷的回收服务，可以提高公众的回收意识和参与度。此外，政府还可通过财政补贴或激励措施来支持回收技术的研发和应用，促进整个回收行业的发展。

（五）公众参与教育

通过提高公众对废弃物分类和回收重要性的认识，可以有效提升回收率和材料的质量。社区和学校可以开展回收教育活动，向公众普及回收知识和分类技巧，鼓励大家积极参与。同时，提供便利的回收设施和服务，能够进一步激励公众的回收行动。良好的公众参与不仅提高了废弃材料的回收效率，也增强了社会对环境保护的意识和责任感。

二、废弃材料的再利用

（一）废弃材料的再制造

再制造是指将废弃材料通过一定的工艺处理，恢复其原有功能或重新加工为新的产品。这一过程不仅可以延长材料的使用寿命，还能减少对原材料的需求。举例来说，废旧汽车零部件通过拆解、清洗、修复和重新装配，可以变成功能完好的再制造产品。再制造不仅在技术上要求严格，而且在经济上也具有竞争力，因为再制造产品通常比全新产品成本低。材料得以重新进入市场，减少了资源浪费。

（二）材料的功能性再利用

功能性再利用是指将废弃材料重新设计为具有新功能的产品。例如，废旧塑料瓶可以被改造为园艺用品，如花盆和植栽容器，或者用于制作建筑装饰材料，如隔音板和墙面装饰。类似地，废旧纺织品可以被改造为环保购物袋或地毯。通过创新设计和技术应用，废弃材料的原有价值被重新定义和利用，从而实现资源的最大化使用。

（三）建筑和基础设施中的再利用

在建筑和基础设施领域，废弃材料的再利用具有重要意义。废旧建筑材料如砖块、混凝土和木材可以经过处理后重新用于新建筑项目中。这种再利用不仅减少了对新建筑材料的需求，还能降低建筑废弃物的处理成本。例如，拆解下来的混凝土块可以被粉碎成再生骨料，用于混凝土的生产中。此外，废旧钢材和木材的再利用还可以在基础设施建设中减少对自然资源的消耗，促进建筑行业的可持续发展。

（四）环保产品的生产

废弃材料的再利用还可以应用于环保产品的生产。这些产品通常具有降低环境影响的特点，并且在生产过程中使用了大量的废弃材料。例如，利用回收的纸张和纸板生产的再生纸和纸制品，不仅节省了木材资源，还减少了生产过程中的能源消耗。同样，通过回收废弃塑料生产的再生塑料产品，如塑料容器和包装材料，可以减少对原料的需求，并降低生产过程中的碳排放。这种再利用的方式有效推动了绿色生产和消费，支持环境保护目标的实现。

（五）促进循环经济

废弃材料的再利用是循环经济的重要组成部分。循环经济旨在通过最大化资源的使用效率，减少废弃物产生，实现经济的可持续发展。再利用废弃材料不仅能减少对原材料的需求，还能降低废弃物处理的成本，同时创造新的经济价值。企业和政府可以通过政策激励、技术支持和市场推广，推动废弃材料的再利用和循环经济的发展。通过构建闭环供应链，企业可以在生产过程中减少废弃物的产生，实现材料的循环使用，推动经济和环境的双赢。

第七章 材料的表征与分析技术

第一节 材料表征的基本方法

一、光学显微镜（OM）

光学显微镜（OM）作为材料表征中的基础工具，广泛应用于观察材料的宏观和微观结构。其工作原理是通过透射光或反射光照射样品，借助光学系统放大样品图像，提供关于材料表面形貌、晶粒尺寸和相分布的信息。光学显微镜的操作过程相对简单，适合于多种材料的初步分析。在光学显微镜中，透射光用于观察透明或半透明材料的内部结构。通过样品的光透过率，显微镜能够提供材料的内部组织细节。这种方法尤其适用于分析薄片样品，如金属合金的显微组织或生物样品的细胞结构。相对地，反射光显微镜则适用于观察不透明材料的表面特征。反射光显微镜利用光线反射返回至显微镜系统，从而成像材料的表面形貌，如表面粗糙度、裂纹或其他缺陷。

光学显微镜在材料科学研究中的重要性体现在其对样品组织结构的细致观察上。例如，材料的晶粒尺寸和相分布可以通过光学显微镜的图像清晰显示，这对于理解材料的机械性能和加工特性至关重要。在金属材料的研究中，光学显微镜可以帮助分析晶粒的形态、大小以及其在不同处理条件下的变化。这些信息对优化材料的热处理工艺和改进材料性能具有实际意义。然而，光学显微镜的分辨率受到光的波长限制，通常在2000纳米左右。这一限制意味着光学显微镜对纳米级结构的观察能力有限。例如，对于纳米材料或纳米级缺陷的研究，光学显微镜无法提供足够清晰的图像，这就需要依赖更高分辨率的技术，如扫描电子显微镜（SEM）或透射电子显微镜（TEM）。尽管如此，光学显微镜的优势在于其操作简单，成像速度快，并且可以进行实时观察，这使得其在材料的快速筛选和初步分析中仍然具有不可替代的作用。

在实践中，光学显微镜常常与其他表征技术结合使用，以获得更全面的材料信息。例如，在进行材料的初步分析后，研究人员可以利用光学显微镜确定感兴趣的区域，然后使用电子显微镜等高分辨率技术进行更深入的研究。这种组合方法能够发挥不同技术的优势，提供更为详尽的材料特性数据。

二、扫描电子显微镜（SEM）

扫描电子显微镜（SEM）是材料表征领域中一种强大的技术，它通过扫描样品表面并收集二次电子或背散射电子来获取高分辨率图像。这种方法能够显著提高对材料表面细节的观察能力，尤其适用于分析微观和纳米级结构。SEM 的工作原理基于电子束与样品相互作用，通过检测散射电子生成图像，展示样品的表面形貌、裂纹和粒度分布等细节信息。在 SEM 中，电子束通过聚焦在样品表面扫描，样品与电子束的相互作用产生的二次电子或背散射电子被探测器接收。这些电子信号经过处理后生成高分辨率的图像。SEM 的一个显著优点是其能够提供高达纳米级别的分辨率，这使得它在观察材料的微观结构和表面特征时非常有效。例如，SEM 可以清晰地显示材料的表面粗糙度、微小裂纹、孔隙以及颗粒的形状和尺寸。

SEM 的深景深特性使其能够在较大的样品区域内同时提供清晰的焦点图像。这一特性使得它在观察复杂的表面形貌时尤为有用。与光学显微镜相比，SEM 能够提供更大的景深，使得整个样品的表面特征在同一图像中清晰呈现。这对于分析材料的表面缺陷和微观结构特别重要，例如在半导体制造或材料科学研究中，SEM 可以帮助揭示材料表面的不均匀性和结构缺陷。此外，SEM 还可以与能谱分析（EDS）联用，以获得材料的元素组成信息。通过能谱分析，研究人员可以获取样品中元素的空间分布数据，这对于理解材料的化学组成和分布非常重要。EDS 的工作原理基于 X 射线的发射与样品中元素的相互作用，当样品被高能电子束照射时，原子释放出特定能量的 X 射线，这些 X 射线可以被探测器捕捉并分析，从而识别样品中存在的元素及其分布。

结合 SEM 和 EDS 的分析手段，研究人员能够对材料进行全面的结构和化学组成分析。这种综合应用使得 SEM 不仅能够展示材料的微观结构，还可以揭示材料的化学特性，提供更加详细的材料表征数据。例如，在催化剂研究中，SEM 可以显示催化剂的表面结构，而 EDS 则可以分析催化剂表面不同元素的分布情况，进而优化催化剂的性能。虽然 SEM 在材料表征中有许多优点，但也存在一些局限性。例如，样品必须能够在高真空环境中进行观察，因此对于某些材料，尤其是那些对真空敏感的材料，可能需要特殊的处理或改性。此外，样品的表面必须经过适当的导电处理，以避免电子束造成样品表面荷电现象，从而影响图像质量。

三、透射电子显微镜（TEM）

透射电子显微镜（TEM）是一种强大的材料表征工具，通过穿透超薄样品并收集透射电子来获得样品的内部结构图像。这种显微镜能够提供高分辨率的成像，通常能够达到原子级别，因此特别适合用于分析材料的晶体结构、缺陷以及纳米级别的结构特征。TEM的高分辨率能力使其在材料科学和纳米技术领域中占据了重要地位。在TEM中，电子束通过样品时，会穿透其超薄部分，并在样品后方形成图像。由于电子束的波长远小于可见光，这使得TEM能够提供比光学显微镜更高的分辨率。透射电子显微镜的一个显著优势是其能够观察到样品内部的细节，包括晶体结构的排列、材料的缺陷和纳米结构。这对于理解材料的微观结构和优化材料性能至关重要，例如在半导体材料、纳米材料和催化剂的研究中，TEM能够揭示材料内部的关键特性。

TEM能够通过选区电子衍射（SAED）技术进行晶体结构分析。SAED是通过对特定区域的电子衍射图样进行分析，提供有关晶体结构的详细信息。通过SAED，可以确定材料的晶体对称性、晶面间距以及晶体缺陷等。这种技术能够帮助研究人员理解材料的晶体结构对其物理和化学性质的影响。例如，在研究纳米材料时，SAED可以揭示纳米颗粒的晶体取向和缺陷，从而指导材料的合成和应用。此外，TEM的高分辨率成像（HRTEM）功能允许研究人员观察到原子级别的细节。HRTEM能够提供材料中原子排列的直接图像，帮助研究人员分析材料的微观结构。例如，在研究金属合金时，HRTEM能够显示金属晶格的真实排列，以及可能存在的原子级别的错位和缺陷。这些信息对于理解材料的力学性能、电子性能以及化学反应性非常重要。

TEM还具有进行元素分析和化学成分定量测量的能力。通过与能量散射X射线光谱（EDS）技术结合使用，TEM能够提供材料的元素组成信息。EDS技术通过分析样品发射的特征X射线来识别和定量分析样品中的元素。结合TEM的高分辨率成像，这种综合分析可以详细揭示材料的化学组成和空间分布。例如，样品必须经过非常薄的处理，以确保电子束能够透过，这可能导致样品的物理和化学性质发生变化。此外，TEM操作复杂，需要高技能的操作人员，并且仪器的维护和操作成本较高。样品的准备过程也可能引入额外的缺陷或影响样品的真实结构，从而影响最终的分析结果。

四、X射线衍射（XRD）

X射线衍射（XRD）是一种用于确定材料晶体结构的重要技术，基于X射线与材料的相互作用分析。该技术通过测量X射线在材料中衍射的角度和强度，提供关于材料晶体相、晶格常数和晶体取向等关键信息。XRD的基本原理是当X射线与材料中的晶格结构相互作用时，会发生衍射现象。通过分析衍射图谱，可以获得材料的详细结构信息，包括相组成和晶体结构特征。在XRD实验中，X射线束照射到样品上，经过样品后被探测器接收，并生成衍射图谱。每种材料的衍射图谱具有特定的衍射峰，这些峰的强度和位置反映了材料内部的晶体结构特征。通过对这些衍射峰进行分析，可以确定材料的晶体相，即材料的不同晶体类型和相态。同时，XRD可以计算晶格常数，这些常数描述了晶体中原子的空间排列，从而揭示材料的晶体结构。

XRD 技术的一个主要优势是其能够提供对材料晶体结构的深入分析。对于单晶和多晶材料，XRD 可以确定其晶体结构和相组成。例如，在研究金属合金或陶瓷材料时，XRD 能够识别不同的相及其比例，揭示材料的相变过程。这对于理解材料的物理和化学性能至关重要，例如，在催化剂和半导体材料的研究中，XRD 可以帮助分析材料的相稳定性和结晶度，从而优化其性能。此外，XRD 技术也适用于非晶材料的结构研究。非晶材料没有长程有序的晶体结构，但 XRD 可以提供有关其局部结构的信息，例如通过研究非晶材料的宽衍射峰和散射模式。虽然非晶材料没有明显的衍射峰，但 XRD 仍然能够揭示其局部结构的某些特征，如原子间的距离和配位环境。这在研究玻璃、某些高分子材料和纳米材料时尤为重要。

在材料的热处理或机械加工过程中，晶体相和晶格常数可能发生变化，XRD 可以监测这些变化。例如，在高温下的材料处理过程中，XRD 能够检测到相的转变和晶格的膨胀或收缩，从而提供材料性能变化的直接证据。此外，XRD 还可以用于测量材料的应力状态，通过分析衍射峰的宽度和位置变化，推断材料中的内应力和应变情况。尽管 XRD 技术具有诸多优点，但也存在一些限制。样品必须是平整的，并且通常需要粉末状或薄膜形式，以确保 X 射线的均匀照射和数据的准确性。此外，对于极小的样品体积或非常复杂的样品，XRD 的解析可能会受到限制，需要结合其他表征技术进行综合分析。

五、傅里叶变换红外光谱（FTIR）

傅里叶变换红外光谱（FTIR）是一种重要的材料表征技术，通过测量材料对不同波长红外光的吸收或透射来分析其化学组成和官能团。FTIR 技术的基本原理是，材料中的分子在吸收红外光时，会导致其化学键振动的变化，不同的化学键和官能团对红外光的吸收特性不同，从而形成独特的光谱特征。这些特征可以用来揭示材料的分子结构、化学环境和功能团的存在。FTIR 技术首先通过将红外光源照射到样品上，记录材料对不同波长光的吸收或透射数据。然后，使用傅里叶变换将这些时域信号转换为频域的红外光谱。FTIR 光谱中出现的特定吸收峰对应于样品中不同的化学键和官能团。这些吸收峰的波长和强度可以用来定性和定量地分析材料的化学组成。例如，羟基（-OH）、胺基（-NH$_2$）、酮基（-C=O）等官能团在 FTIR 光谱中具有特征的吸收峰，能够帮助识别材料的化学环境。

FTIR 不仅可以用于确认材料的化学结构，还可以用于监测化学反应的进程。例如，在聚合物的合成过程中，FTIR 可以实时跟踪官能团的变化，从而评估聚合物的合成进度和反应效果。在复合材料中，FTIR 可以帮助研究不同组分的相互作用和材料的化学稳定性。这使得 FTIR 在材料科学和工程领域中具有广泛的应用。FTIR 技术的一个显著优势是其能够提供有关材料的化学反应性和稳定性的信息。通过分析材料的 FTIR 光谱，可以评估其在不同环境条件下的化学稳定性。例如，FTIR 可以用于研究材料在高温、湿度或光照条件下的化学变化，进而预测其长期使用中的性能稳定性。此外，FTIR 也可用于研究材料的降解行为，帮助开发更耐用的材料。

　　FTIR 技术还具有快速、无损和高灵敏度的特点。FTIR 测量通常无需对样品进行预处理，可以在短时间内获得结果。这使得 FTIR 在生产过程中用于实时监测和质量控制时非常有用。在材料研发中，FTIR 能够快速提供材料的化学信息，从而加快材料的开发和优化过程。FTIR 主要用于分析固体和液体样品，对于气体样品的分析需要特别的气体池或设备。此外，FTIR 光谱的解释可能受到样品的复杂性和光谱的重叠影响，因此在分析时需要结合其他表征技术进行综合分析。对于含有相似官能团或有重叠吸收峰的样品，FTIR 的分辨能力可能不足，需要借助高分辨率 FTIR 或其他技术来提高分析的准确性。

六、拉曼光谱（Raman）

　　拉曼光谱是一种强有力的材料表征技术，它通过分析光与材料的散射相互作用来探测材料的分子振动和旋转状态。该技术的核心原理在于，当激光光束照射到样品上时，光线会发生散射，其中一部分光的频率会发生变化，这种现象被称为拉曼散射。通过分析这些频率变化，拉曼光谱可以揭示材料的化学成分、分子结构以及晶体结构等重要信息。拉曼光谱能够提供关于材料的化学成分和分子结构的信息，这主要得益于其对分子振动和旋转模式的敏感性。每种化学键和分子在拉曼光谱中都会表现出特定的拉曼峰，这些峰对应于材料中不同的分子振动模式。通过分析这些拉曼峰，可以确定材料的化学组成以及分子结构的详细信息。例如，在有机分子中，拉曼光谱能够识别出特定的碳-碳双键或碳-氢键的振动模式；在无机材料中，如硅或石墨，拉曼光谱则可以揭示其晶体结构和相变行为。

　　与傅里叶变换红外光谱（FTIR）相比，拉曼光谱在无机材料和高对称性材料的分析中具有更大的优势。拉曼光谱对无机材料的分析特别有效，因为许多无机材料的对称性较高，使得其拉曼散射信号更为显著。此外，拉曼光谱对于样品的制备要求较低，通常不需要对样品进行复杂的前处理，这使得拉曼光谱在原位分析和现场检测中表现出色。在化学反应或相变过程中，材料的分子结构会发生变化，这些变化可以在拉曼光谱中表现为峰位的移动、峰形的变化或新的拉曼峰的出现。例如，在研究催化剂的反应过程中，拉曼光谱可以用来监测催化剂的化学状态和活性中心的变化，从而评估催化过程的效率和机制。此外，拉曼光谱还可以用于研究分子间的相互作用，如氢键、

π-π 相互作用等，提供对材料行为的深入理解。

拉曼光谱对材料的空间分辨率较高，能够探测到纳米级别的结构信息。通过使用高分辨率的激光和先进的光谱仪器，拉曼光谱可以提供关于纳米材料的尺寸、形状和晶体缺陷的信息。这在纳米科技和材料科学的研究中具有重要的应用价值，尤其是在开发新型纳米材料和优化材料性能方面。例如，对于某些样品，尤其是那些荧光干扰严重的样品，拉曼信号可能会被荧光背景掩盖，影响信号的清晰度和准确性。因此，在这些情况下，可能需要采用荧光抑制技术或使用特定的激光波长来优化拉曼信号的检测。

七、核磁共振（NMR）

核磁共振（NMR）技术是一种强有力的材料表征工具，通过探测材料中原子核在外部磁场中的行为来分析其结构和化学环境。这一技术基于原子核在磁场中的自旋特性，当施加一个射频脉冲时，原子核会吸收并重新发射射频信号。通过分析这些信号，NMR 能够提供关于材料的分子结构、动态行为和化学环境的信息，揭示原子级别的细节。NMR 技术能够详细地揭示材料的分子结构和原子排列。由于不同的原子核在相同磁场下具有不同的共振频率，NMR 可以通过这些频率差异提供分子内原子之间的空间关系信息。例如，1HNMR（氢核磁共振）和^13C NMR（碳核磁共振）能够分别揭示分子中的氢和碳原子的位置及其相互作用。通过对这些信号进行分析，可以确定分子内各个原子的具体位置及其周围的化学环境，从而获得分子的详细结构信息。

NMR 技术能够揭示材料的动态行为和环境信息。通过测量核自旋的弛豫时间（如 T1 和 T2 时间），NMR 可以提供关于分子运动、交换过程和环境变化的信息。这对于研究材料在不同条件下的行为，尤其是在动态或复杂环境中的行为，如溶液中分子的运动和相互作用，非常有用。NMR 还可以用于研究材料的化学反应过程，例如反应中的中间体和产物的形成，这对理解化学反应机制具有重要意义。NMR 技术在有机化合物、聚合物以及生物材料的研究中有广泛应用。NMR 是确定分子结构的核心工具之一，通过解析化学位移、耦合常数和多重峰的特征，能够确定分子中各个原子的化学环境。在聚合物科学中，NMR 可以用于研究聚合物的链结构、分子量分布及其在不同条件下的行为。在生物材料的研究中，NMR 能够提供关于蛋白质、核酸和其他生物大分子的结构与功能的信息，支持蛋白质结构解析、药物设计和生物分子相互作用的研究。

NMR 仪器的操作复杂，需要对样品进行适当的制备，并且对于低浓度的样品，信号的强度可能较弱，影响分析的精确性。此外，高场强的 NMR 设备价格较高，对实验室的投入要求较大。然而，超高场 NMR 和先进的信号处理技术不断推进，这些挑战正在逐步得到解决。

八、比表面积和孔径分析

比表面积和孔径分析是评估材料物理性质和吸附特性的关键技术，能够提供材料的比表面积、孔径分布和孔体积等重要信息。通常，氮气吸附–脱附测定（BET）和汞压入法是最常用的分析方法。这些技术在催化剂、吸附剂和多孔材料的研究中具有广泛应用。氮气吸附–脱附测定（BET）是一种广泛使用的方法，通过测量氮气在不同压力下的吸附和脱附行为来评估材料的比表面积。氮气分子在低温下被用于吸附在材料表面，随着压力的变化，氮气的吸附量也会变化。通过分析氮气的等温吸附–脱附曲线，可以计算材料的比表面积和孔容积。BET 方法不仅能够确定材料的比表面积，还可以推测其孔结构的特性，如孔径分布和孔容积。这些信息对于催化剂和吸附剂的设计与优化至关重要，因为较大的比表面积和适当的孔径分布有助于提高材料的催化活性和吸附能力。

汞压入法通过逐步施加汞的压力，测量汞在孔中的侵入量，以此评估材料的孔径分布和孔体积。在高压下，汞能够进入孔内，通过测量不同压力下的汞侵入量，能够获取材料的孔结构信息。这种方法特别适用于分析大孔径的材料，并能够提供材料的孔径分布、总孔体积和孔的几何形状等信息。汞压入法与 BET 方法互补，能够提供更全面的材料孔结构特征，特别是在研究具有复杂孔结构的材料时具有优势。比表面积和孔径分析的结果在催化剂、吸附剂和多孔材料的研究中具有重要意义。例如，在催化剂的研究中，较高的比表面积和适当的孔径分布能够增加催化剂与反应物的接触面积。在吸附剂的应用中，较大的比表面积和特定的孔径分布能够增加吸附能力，提高对目标分子的选择性吸附能力。在多孔材料的设计中，这些分析结果能够指导材料的优化，满足特定应用的需求。例如，BET 方法对非均匀孔结构的材料可能无法提供准确的比表面积数据，而汞压入法对小孔径的材料可能不适用。因此，在进行材料表征时，通常需要综合使用多种分析方法。

第二节 现代材料分析仪器的应用

一、光谱分析仪器的应用

（一）原子吸收光谱仪

原子吸收光谱仪（Atomic Absorption Spectroscopy，AAS）是一种精确测定金属元素浓度的强大工具，其核心原理是通过测量金属原子在特定波长光照射下的吸收情况来推断其浓度。这种仪器在环境监测中扮演着至关重要的角色。通过分析水体、土壤和空气中的金属离子，AAS 能够帮助检测和评估环境污染的水平，从而提供科学依据以制定污染控制政策。例如，在水质检测中，AAS 被广泛用于检测重金属如铅、镉和汞的浓度，确保水源符合安全标准。在食品安全领域，原子吸收光谱仪也发挥着不可或缺的作用。食品中可能含有各种微量金属元素，部分金属如铅和砷即使在极低浓度下也会对健康产生严重影响。AAS 的高灵敏度使其能够检测到这些有害金属的微量存在，从而保障食品的安全性。食品生产商和监管机构利用 AAS 进行例行检测，以确保市场上销售的食品符合健康标准，防止有害物质对消费者的健康造成威胁。

材料科学家利用 AAS 分析金属合金和其他材料中的元素组成，以研究和优化材料的性能。例如，在合金的研发过程中，精确测定合金中各金属成分的比例是至关重要的。这不仅有助于理解材料的物理和化学性质，还可以指导新材料的设计和应用，推动工业生产的创新。使用 AAS 的过程通常包括样品的预处理、原子的激发以及光谱数据的采集和分析。样品首先需要通过化学方法将其转化为可检测的原子状态。接着，通过火焰或石墨炉将样品加热至高温，使金属原子处于激发态。在光源发出的特定波长光线通过样品时，金属原子会吸收一部分光线，产生的吸收强度与金属元素的浓度成正比。最终，通过测量光线的吸收程度，计算出样品中金属元素的浓度。

（二）光谱光度计

光谱光度计是一种用于测量材料在不同波长下光吸收的仪器，其基本工作原理是通过光源发射的光线穿过样品，分析样品对光的吸收特性。通过记录这些吸收数据，光谱光度计能够提供关于样品的化学成分和浓度的详细信息。这种技术在化学反应速率的研究中发挥了重要作用。通过监测反应过程中样品对特定波长光的吸收变化，研究人员可以精准地追踪反应物和产物的浓度变化，从而推导出反应速率和机理。这对于了解复杂化学反应的动态过程和优化反应条件具有重要意义。在药物开发和质量控制过程中，光谱光度计被广泛用于检测药物的纯度、浓度以及药物制剂中的成分。例如，在药品的质量检测中，光谱光度计能够准确地测量药物在特定波长下的吸收特性，从而验证其配方是否符合标准。此外，光谱光度计还用于药物稳定性测试，通过观察药物在不同环境条件下的光吸收变化，帮助预测药物的保存期限和效果。

光谱光度计的应用不仅限于化学反应和药物分析，还广泛涉及其他领域，如环境监测和生物医学研究。在环境科学中，它可以用来检测水体和空气中的污染物，如重金属离子和有机化合物。通过分析这些污染物在特定波长下的吸收特征，能够准确评估环境质量，并为污染治理提供依据。在生物医学研究中，光谱光度计用于测量生物样品的光吸收特性，如蛋白质和核酸的浓度。这些数据对于生物分子的研究和疾病诊断具有重要意义。使用光谱光度计的过程一般包括样品的准备、光谱数据的采集和分析。样品首先需要经过适当的处理，以确保其在光谱测量中能够产生清晰的吸收信号。随后，将样品放置在光谱光度计中，通过选择不同的波长进行测量，并记录样品对这些波长光的吸收情况。最终，通过对吸收数据的分析，可以确定样品的成分和浓度。

二、质谱分析仪器的应用

（一）气相色谱-质谱联用仪

气相色谱-质谱联用仪（GC-MS）是一种先进的分析工具，结合了气相色谱法和质谱法的优势，用于分离和鉴定复杂混合物中的化合物。其基本工作原理首先利用气相色谱技术将混合物中的各成分分离开来，然后通过质谱技术对分离后的成分进行详细的结构分析和定量测定。这种技术的强大功能使其在环境检测领域中发挥了重要作用。通过 GC-MS 分析，能够精确检测空气、水体和土壤中的有机污染物，如挥发性有机化合物（VOCs）和持久性有机污染物（POPs）。这种分析不仅帮助评估环境污染的水平，还为环境保护和治理提供科学依据。食品中可能含有复杂的化学成分，包括添加剂、污染物和天然成分。GC-MS 能够对食品中的这些成分进行分离和定性分析，从而确保食品的安全性和质量。例如，它可以检测食品中的农药残留、兽药残留以及非法添加物，帮助确保食品符合安全标准。此外，在食品风味和香料的研究中，GC-MS 能够分析和识别食品中的挥发性化合物，揭示其风味成分和香气特征，为食品研发和品质控制提供支持。

通过分析生物样品如血液、尿液和组织样本，GC-MS 能够检测和鉴定毒品、药物以及其他化学物质。它在毒物分析和药物检测中扮演着关键角色，帮助解决涉及毒品和药物的案件。例如，在毒品检测中，GC-MS 能够准确鉴定样品中存在的药物或毒品成分，提供法律证据并协助案件的调查。GC-MS 的操作过程一般包括样品的准备、气相色谱分离、质谱分析以及数据处理。样品首先需要经过适当的处理和预处理，以适应气相色谱的要求。然后，样品通过气相色谱分离系统进入质谱仪，质谱仪对分离后的化合物进行离子化，并通过质谱分析确定其质量和结构。最终，通过分析质谱数据，可以识别和量化样品中的化合物成分。

（二）液相色谱-质谱联用仪

液相色谱-质谱联用仪（LC-MS）是一种强大的分析工具，专用于分析液体样品中的化学成分。这种仪器结合了液相色谱法的分离能力和质谱法的检测和定量能力，从而在化学和生物学领域中展现出极高的精确度和灵敏度。其基本工作原理是先通过液相色谱将样品中的各个组分分离开来，然后利用质谱对这些组分进行鉴定和定量分析。这一过程的高效结合使 LC-MS 成为生物医学研究中的重要工具。LC-MS 被广泛应用于分析生物体内的代谢物和药物成分。通过测定血液、尿液和组织样本中的化学成分，研究人员可以深入了解疾病的生物标志物，评估药物的代谢过程，以及探索新的治疗策略。例如，在药物开发过程中，LC-MS 能够帮助科学家监测药物在体内的代谢路径，确定药物的代谢产物和半衰期，从而优化药物的效果和安全性。此外，LC-MS 还用于研究复杂的生物分子，如蛋白质和核酸，揭示其结构和功能关系，为基础生物学研究和临床应用提供支持。

药物检测不仅包括药物的定量分析，还涉及对药物及其代谢产物的详细鉴定。在药物安全性评估和质量控制过程中，LC-MS 能够检测药物中的杂质和降解产物，确保药物的纯度和安全性。此外，该技术还用于药物滥用检测，通过分析尿液或血液样本中的药物残留，帮助检测非法药物或监测药物使用情况。食品中可能存在的添加剂、污染物和天然成分需要通过准确分析来确保食品的安全和质量。LC-MS 能够对食品中的各种成分进行分离和鉴定，从而帮助检测食品中的农药残留、重金属、添加剂和非法成分。例如，在食品安全检测中，LC-MS 可以分析食品中的维生素、氨基酸和脂肪酸等成分，确保其符合质量标准并提供有价值的营养信息。LC-MS 的操作过程通常包括样品的处理、液相色谱分离、质谱分析以及数据解析。样品首先需要经过适当的处理以适应液相色谱的分离要求，然后通过液相色谱系统将样品中的化合物分离开来。分离后的化合物进入质谱仪，质谱仪对其进行离子化并测定其质量。

三、X 射线分析仪器的应用

（一）X 射线衍射仪

X 射线衍射仪（XRD）是一种关键的分析工具，用于确定材料的晶体结构和相组成。这种仪器利用 X 射线与材料中的原子相互作用的衍射现象，通过分析衍射图样来揭示材料的结构信息。其基本原理是 X 射线在晶体中被周期性排列的原子平面衍射，产生特定的衍射图案。通过对这些图案的分析，XRD 可以提供材料的晶体结构、晶体尺寸以及相组成等详细信息。材料科学家利用 XRD 研究材料的晶体结构，以了解其物理和化学性质。例如，通过分析金属合金、陶瓷和半导体材料的晶体结构，研究人员可以优化材料的性能，提高其耐用性和稳定性。在新材料的研发过程中，XRD 能够帮助识别和确认材料的晶体相，为材料的设计和应用提供重要的数据支持。此外，XRD 还用于研究材料的微观结构，如晶粒大小和应变，进一步探索材料的力学性能和加工特性。

地质学领域也广泛应用 X 射线衍射仪来研究矿物和岩石的组成。地质学家通过 XRD 分析岩石样本中的矿物相，能够揭示其矿物组成和晶体结构，从而了解地质样本的形成环境和演变历史。例如，在矿产资源的勘探中，XRD 被用于识别和分类矿石中的矿物，帮助评估矿藏的品质和经济价值。XRD 还用于分析沉积岩和变质岩的矿物组成，揭示地质过程对岩石的影响，并为地质勘探和资源开发提供科学依据。通过 XRD 分析，化学家能够确定化学反应生成的固体产物的晶体结构，从而验证反应机制和产物的纯度。此外，XRD 被用于研究无机化合物的结构特征，为合成新化合物提供数据支持。XRD 可以揭示催化剂的晶体结构和相组成，帮助优化催化性能和反应选择性。X 射线衍射仪的操作包括样品准备、衍射数据的采集和数据解析。样品首先需要被制备成适合 XRD 测量的形式，如粉末或薄膜。样品放置在 X 射线衍射仪中，X 射线照射样品并产生衍射。通过收集衍射数据并分析衍射图谱，研究人员能够确定材料的晶体结构、晶面间距和相组成。

（二）X 射线荧光光谱仪

X 射线荧光光谱仪（XRF）是一种高效的分析工具，用于测定样品中的元素组成。这种仪器通过发射 X 射线照射样品，激发样品中的元素发射特征荧光 X 射线，再通过分析这些荧光 X 射线的特征来确定样品的元素成分。XRF 的这种检测方法具有高灵敏度和广泛的应用范围，使其在环境监测、考古学和冶金工业中得到了广泛应用。环境科学家利用 XRF 分析空气、土壤和水样中的重金属和其他元素，以评估环境污染水平。例如，XRF 能够检测水体中铅、镉、汞等有害金属的含量，帮助监测水质的安全性，并为环境治理和政策制定提供科学依据。在土壤污染评估中，XRF 可以快速测定土壤样本中各种元素的含量，揭示土壤的污染程度和来源，从而支持污染修复和土壤改良工作。

考古学家利用 XRF 分析古代遗址出土的文物和陶器，探讨其化学成分和制造工艺。例如，通过分析古代陶器的成分，可以了解古代社会的贸易网络和技术水平。XRF 的非破坏性特征使得它特别适用于珍贵文物的分析，能够在不损害文物的前提下获取重要的化学信息，为考古研究提供支持。在金属和合金的生产和质量控制过程中，XRF 用于检测材料的元素组成，以确保其符合工业标准。例如，在钢铁生产中，XRF 可以实时监测熔炼过程中的元素含量，帮助调整配方和优化生产工艺，从而提高产品的质量和性能。此外，XRF 还用于检测金属回收中的杂质，确保回收材料的纯度和有效利用。

X 射线荧光光谱仪的操作过程包括样品的准备、X 射线照射、荧光信号的检测以及数据解析。样品通常需要被制备成合适的形态，如粉末或薄片，以适应 XRF 的测量要求。样品放置在仪器中，X 射线照射样品激发荧光信号。通过收集这些荧光信号，并与已知标准进行比较，仪器能够确定样品中各元素的含量。

四、其他分析仪器的应用

（一）差示扫描量热仪

差示扫描量热仪（DSC）是一种用于测量材料热特性的精密仪器，主要用于确定材料的熔点、玻璃转变温度、结晶温度及其他热行为。这种仪器通过对样品和参比材料在加热或冷却过程中所吸收或释放的热量进行对比，得出材料在不同温度下的热特性数据。其高精度和高灵敏度使其在聚合物研究和食品科学领域得到了广泛应用。在聚合物研究中，差示扫描量热仪提供了重要的热特性数据，这对了解聚合物的性质和性能至关重要。例如，DSC 可以准确测量聚合物的熔点和玻璃转变温度，这些参数对于优化聚合物的加工工艺和应用性能至关重要。通过分析不同聚合物在加热过程中的热行为，研究人员可以揭示其分子链的运动特性，评估聚合物的稳定性以及预测其在实际应用中的表现。此外，DSC 还用于研究聚合物的结晶行为和热稳定性，帮助开发新型材料和改进现有材料的性能。

在食品分析中，DSC 用于测量食品中的热特性，如熔点、玻璃转变温度和热解温度。这些数据对食品的加工和储存过程具有重要影响。例如，了解食品脂肪的熔点可以帮助优化食品的加工工艺和产品质量。DSC 还用于研究食品成分的热稳定性，如糖类和蛋白质在加热过程中的变化，以评估其在加工过程中的行为和稳定性。这对于食品的质量控制和新产品开发具有实际意义。差示扫描量热仪的操作过程包括样品的准备、加热或冷却过程的控制以及热量变化的测量。样品和参比材料通常需要被精确地放置在仪器的样品和参比池中。仪器在加热或冷却过程中会记录样品和参比材料的温度变化及其热效应，生成热量变化曲线。通过分析这些曲线，研究人员可以获得关于样品热行为的详细信息，如熔点、玻璃转变温度及其热稳定性。

（二）动态力学分析仪

动态力学分析仪（DMA）是一种用于研究材料在不同温度和频率下力学行为的高级分析工具。这种仪器通过施加周期性力学载荷并测量材料的响应，能够提供关于材料的黏弹性特征、模量和损耗因子等关键信息。DMA 的这些能力使其在高分子材料和复合材料的性能评估中发挥了重要作用。在高分子材料的研究中，动态力学分析仪能够揭示材料的黏弹性行为，这对于理解高分子的加工特性和应用性能至关重要。通过

DMA 测试，研究人员可以获得材料在不同温度和频率下的储能模量和损耗模量数据，从而确定高分子的玻璃转变温度、软化点以及高温下的力学性能。例如，DMA 可以测量高分子材料在加热或冷却过程中如何响应外部载荷，这些信息对于优化材料的加工工艺和评估其在实际使用中的表现具有重要价值。此外，DMA 还用于研究高分子材料的分子链运动、相转变和热行为，为材料的设计和改性提供数据支持。

复合材料通常由不同的组分组成，其力学性能受多个因素的影响，如组分的相互作用、界面特性和材料的结构。因此，DMA 能够提供关于复合材料在不同温度和频率下的综合力学行为的详细数据。这些数据有助于理解复合材料的机械强度、韧性以及耐热性能。例如，通过分析复合材料的动态模量和损耗因子，工程师可以优化材料的配方和结构设计，以提高其在特定应用中的性能和可靠性。此外，DMA 还用于评估复合材料的老化行为和耐久性，为材料的长期使用和维护提供指导。动态力学分析仪的操作过程包括样品的准备、施加周期性力学载荷以及记录材料响应。样品通常被制备成标准形状，并固定在仪器的测试装置中。仪器施加不同频率和温度下的周期性力学载荷，并测量样品的响应，生成动态模量和损耗因子的曲线。

第八章　电化学新能源材料探索

第一节　纳米电催化材料

一、纳米电催化材料的含义

纳米电催化材料是指具有纳米级尺寸的催化剂材料，通常用于电化学反应中。由于其独特的纳米结构，具有更大的比表面积和更多的活性位点，这使得其在能源转换、环境治理等领域表现出优异的催化性能。通过调控材料的形态、大小和表面性质，纳米电催化材料能够有效提高反应速率，优化催化效率。特别是在燃料电池、二氧化碳还原和水分解等反应中，表现出较传统催化剂更强的活性与稳定性，成为当前研究的热点。

二、纳米电催化材料的分类

（一）金属纳米催化剂

金属纳米催化剂作为电催化材料的一类，因其出色的催化性能和广泛的应用前景，成为当前电化学研究领域的重点。尤其是贵金属和非贵金属纳米催化剂，在催化氧还原反应（ORR）、氢气生成反应（HER）、氧气生成反应（OER）等电化学反应中，发挥着重要作用。金属纳米催化剂的独特性能源于其优异的电导性、较高的表面原子活性和丰富的反应活性位点，使其在众多能源转换和储存系统中具有重要的应用价值。铂（Pt）作为最常用的贵金属催化剂之一，在氧还原反应和氢气生成反应中展现出卓越的催化活性。铂具有较低的反应过电位和较高的稳定性，使其在燃料电池中广泛应用。然而，由于铂的高成本和稀缺性，学者们通过设计铂基合金催化剂来提高其催化效率并降低成本。铂与钯、金、铜等金属的合金化可以通过调节金属比例和结构优化催化性能。例如，铂钯合金催化剂在氧还原反应中展现出比纯铂更高的催化效率，并能够降低铂的使用量，从而减少成本。

除了铂基催化剂，钯（Pd）和金（Au）等贵金属催化剂也在电催化中表现出显著的性能。钯具有较强的氢吸附能力，广泛应用于氢气生成反应（HER）中。金则常用于催化氧还原反应和有机反应中，尽管其催化活性略逊于铂，但在某些特定反应中，金的催化性能能够与铂相媲美。非贵金属金属纳米催化剂由于其较低的成本和丰富的资源，成为替代贵金属催化剂的研究方向。铜、铁、镍、钴等过渡金属在电催化中也具有重要应用。铜基催化剂在二氧化碳还原反应（CO2RR）中展现出较好的选择性和催化活性，成为解决二氧化碳排放和能源转换的潜力材料。铁和钴基催化剂在氧还原反应和氢气生成反应中具有较高的活性，尤其是钴基催化剂，其在电解水制氢中的应用前景广阔。

非贵金属金属催化剂通常面临催化性能不如贵金属的挑战，但通过纳米化和合金化的手段，可以显著提高其催化效果。金属纳米催化剂的尺寸效应是影响其催化性能的重要因素。纳米尺度下，金属表面的原子密度显著增加，从而提供了更多的活性位点。此外，金属纳米颗粒具有较大的比表面积，使得反应物能够更有效地接触到催化剂表面，从而加速反应速率。除了尺寸效应外，金属纳米催化剂的形貌和结构对催化性能也有重要影响。例如，通过控制金属纳米颗粒的形状（如球形、立方形、棒状等），可以调节催化剂的表面能和活性位点分布，从而优化其催化性能。此外，金属纳米催化剂的表面缺陷和晶格结构也在催化反应中起到至关重要的作用。通过引入合适的表面缺陷，可以提高催化剂的活性和稳定性，使其在实际应用中表现出更高的性能。在应用层面，金属纳米催化剂在电池技术中具有广泛的应用前景。燃料电池、锂离子电池和钠离子电池等能源存储和转换装置中，金属纳米催化剂被用来提高电池的性能。特别是在燃料电池中，金属纳米催化剂用于加速氧还原反应，从而提高电池的能量转换效率。在这些电池中，金属催化剂不仅需要具有高的催化活性，还需要具备良好的稳定性和耐腐蚀性，以保证电池在长期使用中的性能。

（二）合金纳米催化剂

合金纳米催化剂作为一种重要的电催化材料，通过将两种或多种金属元素组合，能够利用各个金属的协同效应来优化催化性能。这类材料不仅能够改善单一金属催化剂的缺点，还能够在氧还原反应（ORR）、氢气生成反应（HER）、氧气生成反应（OER）等关键电化学反应中表现出更高的催化效率和更好的稳定性。合金化技术在催化剂设计中的应用，为电催化材料的性能提升提供了全新的思路和途径。合金纳米催化剂的一个显著优点是其能够通过调节合金中不同金属的比例、结构和表面组成来优化催化性能。例如，在铂钯合金催化剂中，铂和钯的不同比例可以有效提高催化反应的活性位点密度，增强催化效率，并通过调节合金的比表面积来优化反应动力学。铂和钯的电子结构存在差异，这种差异可以通过合金化来调整，使得催化反应的活性位点更加适应反应物的吸附与转化，从而提高催化性能。此外，合金催化剂还能够降低贵金属的使用量，从而减少成本，并减少对稀有贵金属的依赖。

在许多电化学反应中，催化剂的稳定性是一个关键因素，尤其是对氧还原反应和氢气生成反应等长时间进行的反应。合金纳米催化剂的结构设计可以有效提高催化剂的耐腐蚀性、抗中毒性和抗烧结性。例如，钴镍合金催化剂在电解水制氢中表现出较高的稳定性，钴和镍的合金化可以增加催化剂的抗氧化能力，减少金属氧化物的形成，提高催化反应的长期稳定性。此外，合金化能够有效调节催化剂的电子结构。金属之间的相互作用和电子迁移是合金催化剂具有优异催化性能的关键因素。通过合金化，不同金属元素的电子云和配位环境会发生变化，催化剂表面的电子密度、活性位点的分布等都会被调节，这对于优化催化反应的活性和选择性至关重要。例如，铂钴合金催化剂在氧还原反应中表现出比单独的铂或钴更好的催化效果，这是因为铂和钴的合金化使得电子结构发生改变，进而优化了反应物的吸附和转化。

在纳米尺度下，合金催化剂的形态、尺寸以及表面结构的设计能够显著提高其反应活性。例如，通过调控合金颗粒的形态，可以增加其表面活性位点的数量和反应的可接触性，从而进一步提高催化性能。对于一些常见的合金催化剂，如铂基合金，粒径的减小可以增加表面原子的密度，进而提升催化效率。合金纳米催化剂的应用前景广泛，尤其是在能源转换和储存领域。在燃料电池中，合金催化剂被用于提高电化学反应的效率和稳定性。例如，铂钯合金催化剂在氧还原反应中表现出较纯铂更好的性能，能够有效降低反应的过电位并提高能量转换效率。类似地，在电解水制氢反应中，合金催化剂能够提高催化剂的导电性和反应活性，从而增强氢气生成速率，具有广泛的应用潜力。

合金纳米催化剂在二氧化碳还原反应（CO2RR）中也展现出显著的优势。合金催化剂可以通过调节不同金属的配比来优化二氧化碳还原的选择性，提高对特定产物的选择性，并改善反应速率。这使得合金催化剂成为开发高效碳捕集和利用技术的关键材料之一，具有较强的环境和能源价值。合金催化剂的设计和开发仍然是电催化领域中的一个重要研究方向。随着纳米科技和材料化学的不断进步，未来合金纳米催化剂将在提高能源转换效率、减少成本、延长使用寿命等方面发挥越来越重要的作用。通过不断优化合金的成分和结构，研究人员能够开发出更多高效、稳定的催化剂，推动电化学领域的技术进步，尤其是在燃料电池、电解水和二氧化碳还原等关键技术的应用中取得突破。

(三) 过渡金属氧化物和氮化物

过渡金属氧化物和氮化物作为非贵金属催化剂,因其丰富的资源和低廉的成本,逐渐成为催化领域的重要研究对象。特别是在氧化反应、氢气生成反应(HER)以及二氧化碳还原反应(CO2RR)等电化学反应中,这些材料展示出了良好的催化性能,因此被广泛应用于能源转化和环境治理等方面。过渡金属氧化物,如铁氧化物、钴氧化物、镍氧化物等,在电催化中具有重要的应用价值。铁氧化物具有良好的催化性能,尤其是在氧气生成反应(OER)中,表现出了较好的催化活性。铁作为一种地球上最丰富的元素之一,具有较低的成本且资源丰富,这使得铁基催化剂成为替代贵金属催化剂的一个理想选择。钴氧化物同样在 OER 和其他氧化反应中展现出了优异的性能。钴基催化剂能够通过调节其表面结构和电子性质,显著提高反应活性,并且在实际应用中具有较高的稳定性。镍氧化物也是一种重要的过渡金属氧化物,它在 OER 和氢气生成反应中表现出了卓越的催化能力,尤其是在电解水制氢中,镍基催化剂因其高的导电性和较低的成本,成为研究和应用的热点。

过渡金属氧化物在催化反应中的优势不仅在于其良好的催化活性,还在于其能够通过合成方法调节其晶体结构、表面活性位点的密度以及表面电荷分布,从而优化催化性能。例如,铁氧化物的催化性能可以通过掺杂其他金属元素(如钴、镍、铜等)来显著提高,这种掺杂能够增强氧气还原反应的催化性能,进而提高反应效率。在这一过程中,金属掺杂不仅能够改变催化剂的电子结构,还能增强催化剂的表面活性位点数量,使其在实际应用中表现出更长的稳定性和更高的反应速率。氮化物,尤其是过渡金属氮化物(如钼氮化物、铁氮化物等)在电催化领域也具有重要的地位。钼氮化物因其优异的催化性能和较低的成本,成为氢气生成反应和二氧化碳还原反应中的研究热点。钼氮化物不仅具有高的催化活性,而且在电化学稳定性方面表现出色。与传统的贵金属催化剂相比,钼氮化物的稳定性和耐腐蚀性较强,能够在较为苛刻的电化学环境中长期稳定工作。此外,钼氮化物在二氧化碳还原反应中也展现了显著的选择性和活性,能够有效地将二氧化碳转化为有用的化学品,如甲醇、乙烯等,具有广泛的应用前景。

过渡金属氧化物和氮化物催化剂的另一个优点是其能够通过表面修饰和结构调控进一步提高催化效率。通过调节催化剂的表面官能团、形态和孔隙结构,可以显著提高反应物分子与催化剂的接触面积,优化反应物的吸附和转化过程。纳米结构化的过渡金属氧化物和氮化物能够提供更多的表面活性位点,从而提升催化性能。例如,钴氧化物纳米颗粒、纳米片和纳米管等形态的催化剂,其较大的比表面积和更多的表面活性位点使其在催化氧化反应中展现出了更高的活性。与贵金属催化剂相比,过渡金属氧化物和氮化物不仅具有较低的成本和丰富的资源优势，还具有较高的热稳定性和良好的抗腐蚀性。这使得它们在长时间的电催化反应中，能够保持较高的稳定性，减少催化剂的衰退和中毒现象。因此，这些材料在实际应用中具有较强的竞争力，尤其是在大规模能源转换和储存设备中，能够为降低成本和提高催化效率提供解决方案。此外，过渡金属氧化物和氮化物催化剂的设计也面临着挑战。尽管这些材料具有较高的催化性能，但在某些反应中，它们的催化效率仍不及贵金属催化剂。因此，研究人员正在通过表面改性、合金化、掺杂等手段，进一步提高过渡金属氧化物和氮化物的催化性能。通过精细调控催化剂的微观结构，可以在提高催化效率的同时，增强其稳定性和抗腐蚀性。

（四）碳基纳米材料

碳基纳米材料，如石墨烯、碳纳米管、碳量子点等，因其优异的电导性、良好的化学稳定性和可调性，成为电催化领域的重要研究材料。它们不仅在催化反应中展现出良好的电导性，还能通过与金属或金属氧化物的复合，显著提升催化性能和材料的稳定性。作为催化剂载体，碳基纳米材料能够有效增强电催化反应的效率，广泛应用于能源转化、环境保护等多个领域。石墨烯是最具代表性的碳基纳米材料。它由单层碳原子以六边形排列而成，具有极高的比表面积和优异的电导性。由于这些独特的性质，石墨烯在电催化反应中可以作为良好的电子导体和催化剂载体。石墨烯不仅能为金属或金属氧化物催化剂提供广泛的载体表面，还能够通过与金属纳米颗粒的相互作用，增强催化剂的分散性和稳定性。在催化氧还原反应（ORR）和氢气生成反应（HER）中，石墨烯作为载体能显著提高催化剂的活性和稳定性，减少金属催化剂的团聚和氧化。

碳纳米管具有一维的管状结构，具有良好的导电性、热稳定性和机械强度。其大比表面积和孔隙结构使其成为优异的催化剂载体，能够有效提高催化剂的反应活性。碳纳米管能够提供更多的反应位点和优异的电子传递路径，从而提升催化反应的速率。通过与金属或金属氧化物的复合，碳纳米管不仅增强了催化剂的导电性能，还改善了催化剂的机械性能和化学稳定性。此外，碳纳米管的表面化学性质可以通过功能化处理来进一步改善，以适应不同类型的催化反应，特别是在电解水、燃料电池和二氧化碳还原反应中，表现出了优异的催化效果。碳量子点（CQDs）作为一种新兴的碳基纳米材料，因其优异的光学和电学性质，逐渐成为电催化研究中的热门材料。碳量子点具有小尺寸、高比表面积、良好的溶解性和较高的催化活性，能够在催化反应中提供更多的反应位点。碳量子点的表面可以通过不同的化学修饰来调节其催化活性，例如引入含氮、含氧等功能团，改善其电化学性质。在电催化反应中，碳量子点能够提高催化剂的电子传递效率，促进反应物的吸附和转化，从而增强催化性能。尤其在催化氧还原反应（ORR）和二氧化碳还原反应（CO2RR）中，碳量子点作为催化剂的载体或催化活性位点，展现了较高的催化效果。

除了作为载体外，碳基纳米材料本身也可以作为催化剂活性位点参与催化反应。例如，经过氮掺杂的石墨烯或碳纳米管在催化氧还原反应中展现出了优异的催化活性，氮原子通过与碳结构的相互作用，可以在催化反应中提供额外的活性位点，增强反应物的吸附能力并降低反应的过电位。在氢气生成反应（HER）中，氮掺杂的碳基材料同样能够降低氢气生成的过电位，提高催化活性。此外，氮掺杂能够改善碳基材料的导电性，使其在电化学反应中具有更高的效率。碳基纳米材料与金属或金属氧化物的复合也在催化领域中获得了广泛应用。碳基材料通过提供优异的导电性和稳定性，可以有效地增强金属催化剂的分散性，防止金属催化剂的团聚，同时提高其催化性能。例如，石墨烯与铂、钯、镍等金属复合，可以形成均匀分散的金属纳米颗粒，从而提高催化反应的速率并延长催化剂的使用寿命。此外，石墨烯与钴、铁、镍等金属氧化物复合，能够增强催化剂的耐腐蚀性和抗氧化性，提高反应的长期稳定性。

（五）金属有机框架（MOFs）和碳化物材料

金属有机框架（MOFs）和碳化物材料在电催化领域中作为新型催化剂材料受到广泛关注。MOFs 是由金属离子或金属簇与有机配体通过配位作用形成的超分子材料，具有高度可调的孔结构、丰富的表面活性位点以及可调节的化学环境，因此在能源转换、环境修复等方面展现了巨大的应用潜力。碳化物材料则通过在高温下将 MOFs 或其他金属前驱体进行碳化得到，它们不仅继承了金属源的催化性能，还具有优异的热稳定性和耐腐蚀性，在高温环境下表现出色。金属有机框架（MOFs）因其可调的孔隙结构和高比表面积，在催化反应中展现出独特的优势。MOFs 的金属中心和有机配体的组合使其结构灵活，可以根据反应需求设计出不同的孔径、形状和功能化基团，从而提供丰富的催化活性位点。这使得 MOFs 在氧还原反应（ORR）、氢气生成反应（HER）、二氧化碳还原反应（CO2RR）等电催化反应中展现出了优异的催化性能。此外，MOFs 具有高度的可调性，能够通过调节金属离子的种类、配体的结构以及合成条件，精确控制其物理化学性质，从而在不同的催化反应中发挥作用。对于金属中心，MOFs 能够通过配位环境的调节增强金属离子的活性，增加催化反应的效率。

MOFs 在电催化领域中的应用尤为广泛。例如，铜基 MOFs 在二氧化碳还原反应中具有较高的催化活性，能够将二氧化碳转化为可再生的碳基化学品。钴基 MOFs 在氢气生成反应中表现出较低的过电位和较高的稳定性，因此成为水分解电催化中的一个重要研究对象。由于 MOFs 能够提供高度有序的孔隙结构和大量的催化位点，这些材料在催化反应中的表现尤为突出，尤其是在提高反应速率和优化反应路径方面具有独特优势。尽管 MOFs 在催化反应中展现出诸多优点，但其在高温、高腐蚀性环境中的稳定性较差，限制了其在某些催化应用中的持续性能。因此，科学家们开始研究 MOFs 的热解和碳化方法，以制备碳化物材料，进而克服其稳定性差的问题。碳化物材料通过高温碳化 MOFs 或其他金属前驱体得到，它们不仅继承了 MOFs 的结构特性，还具备了较强的热稳定性和较低的电化学过电位。在许多电催化反应中，碳化物材料由于其优异的热稳定性和电导性，能够在高温和腐蚀性环境下保持良好的催化性能。

碳化物材料，尤其是金属碳化物，如钴碳化物、铁碳化物、镍碳化物等，在电催化领域中具有重要应用。这些碳化物材料通过碳化金属源形成具有良好导电性和较高催化活性的材料。例如，钴碳化物催化剂在氧气还原反应中表现出了与铂相媲美的催化性能，并具有较高的抗腐蚀性。在电解水制氢反应中，镍碳化物催化剂具有较高的催化效率，并且能够在较为苛刻的环境条件下保持稳定性。此外，金属碳化物材料通常具有较强的抗中毒性，能够有效避免常见的催化剂中毒现象。碳化物材料不仅具有优异的催化性能，还能通过进一步的结构调控提升其性能。通过调节金属源的种类、碳化温度和时间等合成条件，可以调控碳化物催化剂的孔结构、表面化学性质以及颗粒形态，从而提高催化效率和稳定性。例如，通过合理设计碳化过程，可以得到具有较高比表面积和丰富活性位点的金属碳化物材料，从而增强催化反应的速率。此外，碳化物材料的高温稳定性和抗腐蚀性使其能够在高温、酸碱性较强的环境中长期稳定工作，具有广泛的应用前景。通过将 MOFs 与碳化物材料结合，研究人员能够利用 MOFs 的可调性和碳化物的热稳定性，开发出新型的催化剂材料。这种复合材料能够在保持高催化活性的同时，增强其稳定性和耐久性。例如，将 MOFs 中的金属离子通过碳化处理形成金属碳化物，并保留 MOFs 的孔隙结构，形成具有高比表面积和丰富催化位点的复合材料，从而在催化反应中展现出优异的性能。

（六）复合纳米材料

复合纳米材料是由两种或多种不同类型的材料通过物理或化学方法组合而成的催化剂，其通过协同作用发挥比单一材料更为优越的催化性能。常见的复合材料包括金属/碳基材料、金属/金属氧化物复合物等。这些复合材料能够通过不同组分的互补效应，改善催化反应的动力学行为，增强催化反应的效率，并提升材料的长期稳定性。复合纳米材料的设计和制备策略已成为近年来催化领域研究的重点。金属材料通常具有较高的催化活性，而碳基材料则具备良好的导电性、稳定性和较高的比表面积，二者结合能够发挥各自优势，协同提升催化性能。以石墨烯为载体的金属纳米颗粒复合材料是典型的金属/碳基复合物。在氧还原反应（ORR）和氢气生成反应（HER）等电催化反应中，石墨烯能够提供更多的反应位点和电子传输路径，而金属纳米颗粒则作为活性中心促进反应的发生。石墨烯不仅能够防止金属颗粒的团聚，保持催化剂的分散性，还能够通过其表面与金属的相互作用，优化催化剂的电子结构，增强反应的活性。例如，铂石墨烯复合材料因其较好的电子导电性和较高的催化效率，已成为燃料电池和电解水反应中的重要催化剂。

金属/金属氧化物复合材料是另一类常见的复合催化剂。这些材料通过将金属与其氧化物结合，形成一种具有双重催化作用的复合结构。金属部分通常提供较高的催化活性，而金属氧化物则通过其特殊的表面性质和电子结构，增强催化反应的稳定性。例如，钴镍氧化物复合金属材料在氧气生成反应（OER）中展现出了较好的催化活性和耐久性。金属氧化物能够通过调节其晶体结构和电子结构，增强催化剂对反应物的吸附能力，而金属则提供了更高的电子传递效率。钴镍复合材料通过优化金属与氧化物的比例，提升了反应的效率，并且有效提高了催化剂的稳定性。此类材料常被用于能源转换领域，尤其是水分解制氢和氧气还原等反应中。此外，金属/碳基材料和金属/金属氧化物复合物之间也可以通过创新设计形成三元复合材料。三元复合材料能够在结构和组成上提供更多的协同效应，从而进一步提高催化性能。例如，铁氮化物和石墨烯的复合可以实现氢气生成反应的高效催化，同时通过氮掺杂增强了石墨烯的催化活性。通过调节不同组分的比例和结构设计，可以在保持良好催化活性的同时，提升复合材料的耐久性和抗腐蚀性，进一步拓宽其在实际应用中的前景。

复合纳米材料的优势不仅体现在其高效的催化性能上，还在于其优异的稳定性和耐久性。在催化反应过程中，催化剂通常面临高温、高压和腐蚀性环境，单一材料往往难以满足长时间稳定运行的要求。而复合材料通过将不同材料的优点相结合，能够有效提高催化剂的热稳定性和抗腐蚀性。例如，在电催化水分解反应中，金属氧化物与金属的复合材料能够有效减缓金属的氧化和腐蚀，延长催化剂的使用寿命。而金属与碳基材料复合后，碳基材料可以作为稳定载体，保护金属颗粒免受氧化或团聚，从而提高催化剂的长效稳定性。在复合纳米材料的设计中，控制材料的尺寸、形态、结构和界面特性是提高催化性能的关键。纳米级别的材料因其较大的比表面积和较高的表面能量，能够提供更多的活性位点，促进反应的发生。此外，复合材料中的界面效应也是影响催化性能的重要因素。通过优化界面结构，可以调节材料的电子传输路径，增强催化活性，提升反应的速率和选择性。

三、纳米电催化材料的应用

（一）燃料电池

燃料电池作为一种高效、环保的能源转换装置，近年来受到广泛关注，尤其在交通、便携式电源和可再生能源存储等领域展现出巨大的应用潜力。燃料电池的核心原理是通过电化学反应将燃料（如氢气、甲醇等）与氧气反应，生成电能、热能和水，而这一过程的高效性依赖于催化剂的表现。随着纳米技术的发展，纳米电催化材料因其优异的催化性能和独特的结构特性，成为提升燃料电池效率和稳定性的重要组成部分。在氢气燃料电池（如质子交换膜燃料电池，PEMFC）中，电极反应通常涉及氢气的氧化反应（阴极）和氧气的还原反应（阳极）。这些反应的催化效率直接影响燃料电池的功率输出和运行寿命。传统上，铂基材料是最常见的电催化剂，尤其是铂的催化性能在氧还原反应中表现出色。然而，铂的高成本和有限的资源性限制了其广泛应用。为了解决这些问题，研究者们开始着眼于纳米催化剂的改良，以提高催化效率并减少铂的用量。

纳米电催化材料的应用优势在于其具有极高的比表面积。纳米颗粒相较于传统颗粒或块体材料具有更多的表面活性位点，这些活性位点可以显著增加反应物与催化剂的接触机会，从而提高反应速率。更重要的是，纳米材料能够通过调整粒径、形态和表面结构，优化催化性能。例如，纳米铂合金催化剂在燃料电池中的应用取得了显著进展，通过合金化的方式，调节了铂的电子结构和表面性质，从而提升了其对氧还原反应的催化活性，且降低了铂的使用量。除此之外，合金催化剂还具有更好的抗中毒性能，在长期运行过程中能保持稳定的催化效果。不仅仅是铂合金，其他类型的纳米催化剂也开始进入燃料电池的应用领域。过渡金属氧化物、碳材料（如石墨烯、碳纳米管）和氮化物等纳米催化剂因其优异的导电性和良好的催化活性，逐渐成为新兴的研究方向。这些材料不仅能提供良好的催化性能，还具备较低的成本和较高的资源可得性。尤其是在直接甲醇燃料电池（DMFC）中，纳米催化剂能够有效解决传统催化剂对甲醇分解反应的低效问题，从而提高电池的功率密度和效率。

除了提高催化活性，纳米电催化材料在提高燃料电池稳定性方面也起到了关键作用。纳米材料的微观结构能够有效分散催化剂，减少催化剂颗粒在反应过程中发生团聚的可能，从而提高其长期使用过程中的稳定性。此外，纳米催化剂的特殊结构也有助于改善燃料电池的电化学性能，减少催化剂的腐蚀和退化，使得燃料电池在高温、酸性或碱性环境下保持较长的使用寿命。随着燃料电池技术的不断进步，纳米电催化材料不仅提升了现有催化剂的性能，还推动了新型燃料电池的开发。未来，随着更高效、低成本的纳米电催化材料的不断出现，燃料电池的应用范围将更加广泛，其在汽车、家电以及可再生能源存储等领域的前景非常广阔。通过进一步优化纳米催化剂的合成方法、结构设计和性能评估，燃料电池技术有望在全球范围内实现更大规模的推广与应用，为能源转型和环境保护做出重要贡献。

（二）水分解制氢

水分解制氢作为一种绿色、可持续的氢气生产技术，近年来受到了越来越多的关注。通过水电解反应，水分子在催化剂的作用下分解为氢气和氧气。这一过程不仅能够产生高纯度的氢气，还能有效地利用可再生能源（如太阳能和风能）进行清洁能源生产，成为解决能源危机和环境污染的重要途径。然而，水分解制氢过程中的高能量消耗和催化剂的选择性问题，依然是限制其大规模应用的瓶颈。因此，开发高效、低成本、稳定的催化剂是提升水电解制氢效率和推动氢能产业化的关键。纳米电催化材料因其独特的表面性质、较高的比表面积和优异的电化学活性，在水分解制氢过程中展现了巨大的潜力。相比于传统催化剂，纳米材料能够提供更多的活性位点，显著提高催化效率。在水分解的过程中，催化剂的作用是降低反应的过电位，促进电解水反应的进行，进而减少能量消耗。特别是在阴极的氢气生成反应（HER）和阳极的氧气生成反应（OER）中，纳米电催化材料能够有效改善电流密度和反应速率。通过纳米化处理，催化剂表面的微观结构得以优化，使得反应物与催化剂的接触面积增加，增强了催化活性。过渡金属氧化物（如钴、镍、铁基氧化物）是目前应用最广泛的水分解催化剂。这些材料具有良好的导电性、较低的过电位以及较强的抗腐蚀性，是理想的水电解催化剂。尤其是钴基和镍基催化剂，经过纳米化处理后，能够显著提高催化性能。以钴基纳米催化剂为例，其表面活性位点的增加使得水分解过程中氢气的生成速度得到有效提升。此外，钴基材料的导电性和稳定性优越，使其能够在长期反应过程中保持较高的催化活性，减少催化剂的降解和失效。类似的，镍基催化剂也在水分解反应中展现出了出色的性能，尤其是镍的价态可调性，使得其在不同的反应条件下具有较强的适应性。

除了过渡金属氧化物外，过渡金属硫化物和氮化物也是具有潜力的纳米催化剂。硫化物材料（如钼硫化物）由于具有较好的电子结构和较强的催化性能，在水分解反应中表现出了较高的活性。钼硫化物材料通过调节其晶体结构和表面缺陷，能够进一步提升其催化性能。氮化物材料（如钨氮化物、铌氮化物）则通过引入氮元素改善了催化剂的电子传导性，增强了催化剂在水电解中的稳定性。尤其是在高温和强酸性环境下，这些材料展示出了较高的稳定性和催化效率，为水分解制氢提供了新的思路。除了材料本身的特性，纳米电催化剂的设计和合成方法也对水分解效率产生了重要影响。近年来，纳米结构催化剂的研究逐渐向多级结构和复合材料发展。例如，通过将金属氧化物、硫化物和氮化物与碳基材料（如石墨烯、碳纳米管）复合，能够进一步提升催化性能。碳基材料不仅具有良好的导电性，还能够提供结构支持，增强催化剂的稳定性。通过这种复合材料的设计，催化剂的电导率和反应活性得到了进一步提升。

复合材料的形成不仅能够减少催化剂的团聚现象，还能够通过调节其微观结构和界面效应，进一步提高水分解反应的效率。水电解反应中的高腐蚀性环境可能导致催化剂的快速退化，因此如何提高催化剂的抗腐蚀性和长期稳定性是设计高效水分解催化剂的一个重要方向。在这方面，纳米电催化材料通过优化其合成方法、调控催化剂表面和晶体结构的稳定性，显著提高了催化剂的使用寿命。尤其是纳米材料表面具有丰富的活性位点，这些位点不仅能够参与反应，还能在一定程度上减缓催化剂的腐蚀和失效。

（三）二氧化碳还原

二氧化碳还原反应（CO_2RR）被视为应对气候变化、实现碳中和目标的关键技术之一。随着全球碳排放问题日益严峻，寻找能够有效减少 CO_2 排放并将其转化为有用资源的技术，已经成为现代科技发展的重要方向。二氧化碳电还原不仅能够有效减少大气中的 CO_2 浓度，而且通过将 CO_2 转化为有价值的化学品（如甲醇、乙烯、甲烷等），为化学工业和能源存储提供了新的解决方案。然而，CO_2RR 的反应效率和选择性仍然是制约这一技术广泛应用的主要障碍。因此，开发高效、稳定且具有较高选择性的电催化材料成为了研究的重点。纳米电催化材料因其独特的物理化学特性，已成为提高 CO_2 还原效率的关键。首先，纳米材料由于其较大的比表面积，能够提供更多的活性位点，使得 CO_2 分子更容易与催化剂表面发生反应。这些活性位点在 CO_2 的还原过程中至关重要，能够有效吸附 CO_2 分子并使其在催化剂表面发生转化。此外，纳米材料的多样化表面状态（如缺陷、晶面暴露等）进一步增强了催化反应的活性和选择性。这些特点使得纳米催化剂在 CO_2RR 中的表现通常优于传统的块体催化剂。铜是唯一已知能够有效催化 CO_2 还原生成多种有机化学品（如甲醇、乙烯、甲烷等）的金属元素。铜基纳米催化剂具有较强的 CO_2 吸附能力，并且能够通过调控纳米颗粒的尺寸、形状以及表面结构，显著提高催化效率和选择性。例如，铜纳米颗粒通过暴露不同的晶面，可以影响 CO_2 的吸附和反应路径，从而选择性地生产不同的还原产物。通过改变铜基催化剂的结构，可以促进特定反应途径的选择，进而控制最终产物的种类和分布。这种灵活的调控能力是铜基纳米催化剂在 CO_2RR 中广泛应用的一个重要优势。

与铜基催化剂相比，银基催化剂也在 CO_2 还原中表现出较好的催化性能，尤其是在还原 CO_2 为一氧化碳（CO）方面。银的优点在于它具有较高的 CO_2 还原效率，并且由于其较为简单的反应机制，能够以较低的过电位实现高效的 CO 生成反应。银基催化剂的应用主要集中在需要高效生成一氧化碳的反应中，一氧化碳作为重要的工业原料，可以进一步转化为液态燃料或其他有价值的化学品。因此，银基纳米催化剂在

CO_2 还原反应中的应用不仅能够有效减排 CO_2，还能为化学工业提供廉价的碳源，具有显著的经济效益和环境效益。另外，金基催化剂在 CO_2 还原反应中也表现出了可观的性能，尤其是在较低电位下的高选择性反应中。金本身作为催化剂的选择性较强，尤其对于 CO_2 的还原反应，能够高效地催化生成有价值的化学品。尽管金基催化剂的成本较高，但在某些特定反应条件下，它仍然是一种重要的催化材料。金基催化剂的研究集中在通过优化其纳米结构来提高催化活性，尤其是通过合金化的方式（例如金与其他金属如铜、银等的合金催化剂）来改善其选择性和催化效率。

除了铜、银、金等传统金属催化剂，过渡金属如钴、镍、铁基材料以及碳基材料（如石墨烯、碳纳米管）也被广泛研究用于 CO_2 还原反应。钴基、镍基催化剂在 CO_2 还原中展现出较好的催化性能，并且具有较低的成本和较高的稳定性。通过调节这些催化剂的形态和表面缺陷，可以进一步提高其反应效率。此外，碳基材料与金属催化剂的复合可以显著改善催化剂的导电性和稳定性，从而提高 CO_2 还原反应的整体性能。碳材料不仅具备较高的导电性，还能提供良好的结构支持，增强复合催化剂的稳定性和耐用性。在 CO_2 还原反应中，催化剂的稳定性同样是一个重要的考量因素。由于 CO_2 还原反应常常在强酸或强碱环境下进行，催化剂的耐腐蚀性和抗中毒能力成为影响其长期使用寿命的关键。因此，开发能够在恶劣环境中保持高效性能的纳米催化剂，成为当前研究的热点。通过引入合金化、表面修饰、或通过制备新的复合材料，可以有效提高催化剂的稳定性和抗腐蚀性，延长其使用寿命。

（四）空气污染治理

空气污染治理是应对环境污染、保护生态系统和人类健康的关键领域。随着工业化进程的加速，城市化水平的提高，尤其是交通工具和工业排放中的有害气体（如氮氧化物 NOx、一氧化碳 CO 和挥发性有机化合物 VOCs）成为了严重的空气污染源。为了解决这些问题，寻找高效、环保的治理技术至关重要。纳米电催化材料因其独特的物理化学性质，已经在空气污染治理中展现了广泛的应用前景。通过高效催化这些有害气体的还原反应，纳米催化剂不仅能够提高反应的选择性和效率，还能够减少治理过程中的能量消耗和副产物生成，成为实现清洁空气的重要技术手段。在 NOx 的催化还原过程中，纳米电催化材料具有显著的优势。NOx 作为大气污染中的重要成分，主要来源于汽车尾气和工业废气，它对人体健康和环境的危害巨大。因此，减少 NOx 排放成为空气污染治理中的迫切任务。纳米金属氧化物催化剂（如钛基、铝基氧化物）在 NOx 还原反应中显示出了较高的催化活性和良好的选择性。钛基氧化物，尤其是钛二氧化物（TiO_2）由于其优异的化学稳定性和较强的氧化还原能力，在 NOx 的催化还原反应中表现出了优异的性能。通过将纳米钛二氧化物与贵金属（如铂、金等）复合，可以进一步提高其催化效率，尤其是在低温下的催化反应。钛基催化剂的应用能够有效地将 NOx 转化为无害的氮气和水，减少有害排放。

除了钛基氧化物，铝基氧化物作为催化剂在 NOx 的还原中也具有一定的优势。铝本身具有较强的热稳定性和抗腐蚀性，且其表面能够吸附一定量的氧气和反应物，从而促进 NOx 的还原反应。纳米化后的铝基催化剂在 NOx 还原反应中不仅展现出较高的催化活性，而且能够有效地减少反应过程中不良副产物的生成。铝基材料在 NOx 还原反应中的应用，尤其在工业废气治理和汽车尾气净化中展现出广泛的前景。与此同时，CO 的催化还原也是空气污染治理中的一个关键领域。CO 作为一种无色无味的有毒气体，对人体健康危害极大，尤其是在密闭空间中。纳米电催化材料能够高效催化 CO 的还原反应，并将其转化为无害的二氧化碳。纳米金属催化剂（如铜、银等）在 CO 还原反应中表现出了较高的催化活性。铜基纳米催化剂尤其在 CO 的还原反应中具有较强的选择性，能够有效催化 CO 分子与氧气反应生成二氧化碳。在低温条件下，铜基催化剂仍然保持较高的催化效率，使其成为 CO 治理中的理想催化剂。

挥发性有机化合物（VOCs）的催化还原也是空气污染治理中的另一重要任务。VOCs 作为空气污染的重要源头，不仅对环境造成严重污染，而且对人体健康也具有很大危害。纳米电催化材料，特别是基于过渡金属氧化物（如钴、镍等）的催化剂，在 VOCs 的催化还原中展现出了较好的性能。这些催化剂能够有效分解 VOCs，转化为无害的水和二氧化碳。纳米材料的高比表面积和优异的电化学性能，能够显著提高 VOCs 的反应速率和选择性。此外，过渡金属氧化物催化剂的调控性较强，通过调整其粒度、形态和表面特性，可以进一步提升催化效果，优化 VOCs 的还原反应路径。通过纳米化的催化剂结构优化，空气污染治理的效率得到了显著提高。纳米催化剂不仅能够在较低的温度和较短的反应时间内高效催化污染物的转化，而且能够有效减少催化剂的退化和失活问题，延长催化剂的使用寿命。纳米催化剂的高表面能和良好的稳定性，使得它们在高温、酸性或碱性环境中具有更强的抗腐蚀能力。此外，纳米催化材料还能够通过复合或合金化的方式，进一步改善催化效果。例如，通过将钛二氧化物与贵金属催化剂复合，可以增加催化剂的活性位点，从而提高其对 NOx 还原反应的催化效率。同样，铜和银的合金催化剂能够提高对 CO 还原的选择性和效率。

（五）有机电化学合成

有机电化学合成作为一种绿色、可持续的化学合成方式，近年来受到了越来越多的关注。通过电催化反应，利用电能驱动有机分子的氧化或还原反应，不仅能够实现高效的化学转化，还能避免传统化学方法中常见的高温、高压条件及有毒试剂的使用，从而显著减少环境污染和能源消耗。纳米电催化材料作为这一技术的关键催化剂，由于其高比表面积、优异的催化性能以及可调节的表面性质，在有机电化学合成中展现出了巨大的应用潜力。纳米催化剂在有机电化学合成中的应用能够显著提高反应的选择性和效率。传统的化学合成方法常常需要高温或强酸、强碱的条件，这不仅增加了能源消耗，还可能导致副产物的生成。而纳米电催化材料则能够在温和的条件下有效催化反应，且能够高选择性地生成目标产物，避免了许多传统合成方法中的副反应。例如，在醇类、酮类的合成中，使用纳米催化剂进行电催化反应，能够精确控制反应的路径和速率，从而提高目标产物的收率和纯度。

在有机酸的合成中，纳米催化材料展现了卓越的催化性能。电催化合成有机酸不仅能有效利用电能，减少传统方法中所需的强酸或有害化学品的使用，还能够通过调节催化剂的表面结构、粒度以及材料的组成，提高催化效率。以醋酸的合成为例，通过纳米催化剂的氧化反应，能够高效地将乙醇转化为醋酸，且这一过程在常温常压下进行，能耗低，环境污染小。此外，纳米金属氧化物（如钴氧化物、镍氧化物）以及金属有机框架（MOF）材料作为催化剂在有机酸合成中也展现了较高的催化活性。在这一过程中，纳米催化剂不仅能够催化醇的还原反应，还能够提高反应的选择性。例如，在醛还原为醇的反应中，纳米催化剂能够精确控制还原反应的程度，避免副产物的生成。使用如银、铜等金属催化剂，可以显著提高反应的速度，并在较低的电位下实现高效催化。此外，纳米催化剂在醇类合成中的优越性能还表现在催化剂的可调性上，通过改变催化剂的组成和形态，能够优化反应条件，提升产物的收率。

酮类化合物是许多化学反应和药物合成中的重要中间体，因此其合成方法的研究一直受到广泛关注。纳米催化剂能够通过电催化反应将低价原料转化为高价值的酮类产品。例如，纳米金属催化剂如镍、铜催化剂，在有机电化学合成中能高效催化烯烃的氢化反应，从而生成酮类化合物。相比于传统的高温高压反应条件，纳米催化剂能够在较低的温度和压力下进行反应，降低了能耗并提高了反应的选择性。纳米催化材料不仅能够催化氧化还原反应，还能在更复杂的有机合成中实现多步催化。通过将不同的催化反应集成到同一催化体系中，纳米催化剂能够实现复杂的分子转化，如一锅法合成多种有机化合物。例如，利用纳米催化剂进行一系列氧化还原反应，可以同时合成多个目标产物，大大提高了合成效率，减少了时间和资源的浪费。此外，纳米催化剂具有较强的耐腐蚀性和热稳定性，能够在长时间反应过程中保持良好的催化活性，从而提高催化剂的使用寿命。与传统的化学合成方法相比，电催化有机合成反应在环境友好性和可持续性方面具有显著优势。电催化反应通常能够在常温常压下进行，反应条件温和，有助于减少能量消耗和环境污染。电催化合成能够实现反应的高选择性和高效性，减少副产物的生成，进一步提高反应的原料利用率。此外，通过合理设计和调控纳米催化剂的形态和性能，可以实现对不同有机化合物的精确合成，为有机合成提供了更多的选择和可能性。

（六）超级电容器与电池

纳米电催化材料在储能设备，尤其是超级电容器和锂离子电池中的应用，正引起越来越多的关注。随着新能源需求的增长，如何提高储能设备的能量密度、循环稳定性以及充放电效率，成为了电池技术发展的核心问题。纳米电催化材料的引入，尤其是在电极材料的改性方面，显著提高了储能设备的性能，推动了高效、持久和环保的储能技术的发展。纳米材料的独特优势，尤其是其高比表面积、优异的导电性和可调节的表面特性，使得它们在超级电容器和锂离子电池中成为理想的电极材料。超级电容器作为一种具有高功率密度和长循环寿命的储能设备，广泛应用于电力存储和快速充放电场景。传统的超级电容器电极材料虽然具有较高的电导性和较长的循环寿命，但其能量密度相对较低，限制了其在一些高能量需求场合的应用。纳米电催化材料的引入，尤其是在电极材料中的应用，显著改善了超级电容器的性能。例如，利用纳米碳材料（如石墨烯、碳纳米管等）作为电极材料，可以显著增加电极的比表面积，从而提供更多的电荷存储位点，提升超级电容器的能量密度。此外，纳米碳材料的优异导电性，使得电池在充放电过程中能够迅速传递电流，进一步提高了超级电容器的功率密度和充放电效率。

过渡金属氧化物和金属硫化物等纳米材料在超级电容器中的应用同样具有重要意义。尤其是钴、镍、锰等过渡金属氧化物，具有较高的电导性和较强的电化学活性，能够有效增强超级电容器的能量密度和循环稳定性。通过调控这些材料的纳米结构，能够进一步提高它们的电化学性能。例如，通过制备纳米化的钴氧化物（Co_3O_4）或镍氧化物（NiO），不仅可以增加电极的比表面积，还能通过在电极表面提供更多的活性位点，提升电容器的容量和稳定性。此外，金属硫化物、氮化物等材料也在超级电容器中表现出良好的电化学性能，提供了更多的选择。与超级电容器相比，锂离子电池作为一种重要的能源存储设备，尤其在便携式电子设备和电动汽车等领域有着广泛的应用。尽管锂离子电池具有较高的能量密度，但其循环寿命和充放电效率仍面临一定的挑战。纳米电催化材料的应用，有效解决了这些问题。首先，纳米材料的高表面积和良好的导电性，使得锂离子电池的电极材料能够更好地进行锂离子的嵌入和脱嵌，提升了电池的充放电效率和反应速度。例如，采用纳米化的石墨、硅、钴氧化物等材料作为负极材料，可以显著提高电池的能量密度和循环稳定性。纳米硅材料，因其较高的理论容量，成为锂离子电池负极材料的研究热点之一。通过将硅材料纳米化，能够有效缓解硅在充放电过程中的膨胀问题，从而延长电池的使用寿命。

高容量的正极材料，如钴酸锂（LiCoO2）、磷酸铁锂（LiFePO4）等，广泛应用于锂离子电池中。然而，这些材料在高电流密度下的导电性较差，限制了其在快速充放电过程中的应用。通过引入纳米材料，尤其是通过与导电材料（如碳纳米管、石墨烯等）复合，可以显著提升正极材料的导电性和电化学性能。此外，钴、镍等过渡金属氧化物和磷酸铁锂等材料在纳米化后能够提高锂离子的嵌入和脱嵌速率，从而提高电池的功率密度和充放电效率。纳米电催化材料还能够通过提升电池的能量转化效率来优化电池的充放电过程。在充电和放电过程中，催化剂能够加速电池内部的电子传输和离子迁移，从而提高电池的工作效率。尤其是在电池的界面反应中，纳米催化剂通过改善电极表面和电解液之间的电化学反应动力学，减少了电池的内阻，提升了电池的效率。此外，纳米材料的稳定性和抗老化性也有助于提升电池的长期稳定性，减少性能衰退。

（七）环境修复

环境污染问题，尤其是水体污染，已成为全球范围内亟待解决的重大问题。随着工业化、城市化进程的加快，各种有毒有害物质大量排放到水体中，严重威胁着生态环境和人类健康。为了解决这些环境问题，开发高效、环保的水处理技术成为了当前研究的重点。纳米电催化材料作为一种新型的催化剂，因其出色的催化性能和独特的物理化学特性，已在水处理、污水净化及有害物质降解中显示出广泛的应用前景。通过利用纳米催化剂能够有效降解有毒化学物质，不仅提高了反应效率，还延长了催化剂的使用寿命，成为环境修复技术中的重要工具。水体中的有机污染物，如农药、染料和石油污染物，往往难以通过传统的物理或化学方法去除。纳米催化剂，特别是过渡金属氧化物和碳基材料，能够有效催化有机污染物的降解反应。例如，纳米二氧化钛（TiO_2）由于其高表面积和强氧化能力，在光催化降解有机污染物方面表现出了卓越的效果。在紫外光照射下，纳米 TiO_2 能够激发电子与空穴，生成高度活泼的羟基自由基，这些自由基能够有效氧化分解有机污染物，将其转化为无害的二氧化碳和水。此外，纳米碳材料（如石墨烯和碳纳米管）作为催化剂，能够促进有机污染物的吸附和降解反应，提高去除效率。纳米催化剂在有机污染物去除中的高效性和选择性，使得其成为一种理想的水处理材料。

在重金属离子的去除方面，纳米催化材料同样展现了良好的性能。水中的重金属离子（如铅、汞、砷等）不仅对生态环境造成严重危害，还会通过食物链影响人类健康。传统的重金属去除方法，如沉淀法和离子交换法，虽然能够在一定程度上去除重金属离子，但往往效率低下，且处理过程产生大量废物。而纳米电催化材料能够有效将水中的重金属离子还原为无毒的形式，从而实现高效去除。例如，利用纳米银、纳米铜和纳米铁等金属催化剂，可以将水中的六价铬离子还原为三价铬，这一转化不仅降低了铬的毒性，而且使其更易于处理和回收。此外，纳米材料在重金属去除中的应用还具有较长的使用寿命。纳米催化剂的高表面积和可调的表面性质，使得其能够在长时间的反应过程中保持较高的催化活性，并在处理后可以通过简单的再生或回收过程重新使用，避免了传统方法中催化剂的浪费。在废水处理中，纳米电催化材料同样发挥着重要作用。在处理含有有毒有害化学物质的工业废水时，纳米催化剂能够通过催化氧化、还原等反应，将有毒物质转化为无害物质。例如，纳米铁催化剂可以用于废水中有机物的还原降解，尤其在去除某些氯化有机物时表现出显著的效果。同时，纳米催化剂的高表面积和较强的吸附能力，使得其在废水处理过程中能够大幅度提高反应的效率，减少处理时间和能耗。此外，纳米催化材料还能够通过与其他材料复合，进一步提高其在废水处理中的效果。例如，将纳米金属氧化物与纳米碳材料复合，可以增强催化剂的电导性和稳定性，从而提高废水处理过程中的反应速率和效率。通过纳米电催化技术，水处理不仅能够高效去除水中的有害物质，还能够减少传统水处理方法中的化学试剂使用和废物产生，实现更为环保和经济的水处理方式。纳米催化剂的使用，不仅提高了环境修复的效率，还大幅降低了对环境的二次污染。随着纳米技术的不断发展，纳米电催化材料在环境修复领域的应用将更加广泛，并有望成为未来水处理和污染治理的重要手段。

（八）电池与传感器应用

随着科学技术的不断进步，纳米材料在电池和传感器领域的应用日益增多，尤其是在提升设备性能方面展现了巨大的潜力。纳米电催化材料因其独特的物理化学特性，如较高的比表面积、优异的导电性和催化性能，成为了提高电池和传感器性能的关键材料。特别是在气体传感器的应用中，纳米电催化材料能够显著提升传感器的响应速度和灵敏度，推动了环境监测、公共安全、健康检测等领域的技术进步。纳米材料在这些设备中的应用，不仅优化了设备的整体性能，还扩展了其应用范围，具有重要的实际意义。纳米电催化材料在气体传感器中的应用，尤其是在环境监测和公共安全领域，具有广泛的前景。传统的气体传感器通常面临着响应速度慢、灵敏度差、选择性低等问题，这些限制了其在实际应用中的效果。而纳米材料，特别是纳米金属氧化物、碳基材料等，能够显著提升传感器的性能。例如，纳米二氧化钛（TiO_2）和纳米氧化锡（SnO_2）作为气体传感器的催化剂，在检测一氧化碳、氨气等有害气体时，具有更高的灵敏度和响应速度。这些纳米材料由于其较大的比表面积，能够提供更多的活性位点，增强气体分子与传感器表面的相互作用，从而提高气体吸附能力和反应速率。

纳米材料在气体传感器中的应用，能够显著改善传感器的选择性。在复杂环境中，多种气体往往同时存在，如何精确地识别和检测特定气体是气体传感器设计的一个难点。通过优化纳米催化材料的结构和表面特性，可以增强其对特定气体的选择性。例如，通过调控纳米材料的尺寸、形貌以及掺杂元素，可以实现对某一类气体的高度选择性检测。纳米金属氧化物催化剂在这些方面的优势表现得尤为突出，它们能够在不同气体之间形成不同的电子结构和表面能级，进而提高对目标气体的响应和选择性。此外，纳米材料的高导电性和较低的反应活化能，有助于气体分子与材料表面反应的加速，从而提高传感器的工作效率。电池作为现代能源存储的重要工具，广泛应用于移动设备、电动汽车、可再生能源存储等领域。然而，传统电池在能量密度、充放电速度、循环寿命等方面存在一定的局限性。纳米材料在电池中的应用，尤其是在电极材料方面，能够显著改善电池的性能。例如，纳米化的钴氧化物、锂铁磷酸盐等材料在电池的负极和正极中使用时，能够提供更高的比表面积和更优异的电化学性能。这些纳米材料能够加速锂离子的嵌入和脱嵌过程，提高电池的充放电效率，延长电池的使用寿命。

通过将纳米材料应用于电池的正负极，可以增加电池的表面活性和电子导电性，从而提升电池的能量和功率密度。例如，纳米硅材料作为负极材料，能够显著提高锂离子电池的理论容量，因为硅材料具有比石墨更高的储锂能力。尽管硅在充放电过程中会膨胀，但通过纳米化处理，可以有效缓解膨胀问题，从而提高电池的循环稳定性。与此同时，纳米材料的引入还能够改善电池的热稳定性，避免高温对电池性能的影响。纳米电催化材料在电池和传感器中的广泛应用，推动了现代技术的快速发展。在气体传感器领域，纳米材料不仅能够提高传感器的灵敏度和选择性，还能够加速反应过程，提高响应速度，极大地拓展了其在环境监测、公共安全等领域的应用前景。而在电池领域，纳米材料的应用使得电池能够实现更高的能量密度和功率密度，延长使用寿命，并提升充放电效率。随着纳米技术和材料科学的不断进步，未来纳米电催化材料将在更多领域发挥更大的作用，推动智能化、绿色化能源技术的发展。

第二节　低维纳米电催化剂

一、低维纳米电催化剂的含义

低维纳米电催化剂是指在纳米尺度下具有较低维度（如一维、二维或零维）的材料，这些材料的表面原子比例较高，具有显著的电催化性能。由于低维结构的特殊性质，能在催化反应中提供更多的活性位点，并增强反应的导电性和反应速率。此类电催化剂广泛应用于燃料电池、二氧化碳还原、氢气制备等领域，成为提升催化效率、降低能耗的重要手段。

二、低维纳米电催化剂的特点

（一）高比表面积

低维纳米电催化剂的一个重要特点是其高比表面积，这一性质使其在电催化反应中展现出显著的优势。比表面积是指每单位质量或体积材料所具有的表面积，较高的比表面积意味着更多的反应位点暴露于外界环境，从而提高了反应物与催化剂表面的接触机会。尤其在电催化反应中，这种高比表面积能显著增强催化性能，进一步提升反应的效率和速率。催化反应的本质是反应物与催化剂表面活性位点的相互作用，而这些活性位点往往是催化效率的决定性因素。低维纳米材料，由于其独特的结构和尺寸效应，能够提供更多的活性位点，尤其是在纳米尺度下，材料的表面原子和缺陷状态往往具有较高的催化活性。比表面积的增大使得更多的反应物能够与催化剂表面发生有效接触，从而加速反应过程。对于需要表面吸附和表面反应的电催化反应，如氢气生成反应（HER）、氧还原反应（ORR）等，高比表面积的催化剂能显著提升反应速率，提高能源转换效率。电催化反应通常是由反应物在催化剂表面吸附、转化再释放的过程组成。催化剂的表面积越大，反应物分子能够在单位时间内与催化剂表面发生更多的碰撞和相互作用，从而加速反应。低维纳米电催化剂，如纳米管、纳米片或纳米线，其比表面积通常远高于传统的块状催化剂，因此能够在较短时间内进行更多的反应步骤，从而提高整体催化效率。此外，较大的表面积还使得电催化反应的中间产物能够更容易地被脱附或转化，避免了副反应的产生，进一步提高了反应的选择性和效率。

在实际应用中，低维纳米电催化剂的高比表面积使其在许多能源转化和环境治理领域具有重要应用。例如，在燃料电池中，电催化剂需要促进氢气或氧气的电还原反应。通过增加催化剂的比表面积，能够有效提升电池的电流密度和工作效率。特别是在质子交换膜燃料电池（PEMFC）中，纳米级的铂基或铂合金催化剂，凭借其高比表面积，能够提高氢气和氧气的反应速率，从而增加电池的功率输出和整体性能。在水电解制氢中，高比表面积的催化剂有助于提高电解水的效率，减少电能消耗，从而推动氢气的绿色生产。另外，在催化降解污染物和气体传感器应用中，高比表面积也能发挥重要作用。对于水处理、污水净化等环保领域，高比表面积的催化剂能够加速有害物质的降解过程，提高反应速率和去除效率。在气体传感器中，催化剂的高比表面积能够提供更多的吸附位点，从而提升传感器对气体的检测灵敏度和响应速度。这对于环境监测、工业安全以及健康保护等领域具有重要的实际意义。

（二）独特的表面原子性质

低维纳米电催化剂的另一个重要特点是其独特的表面原子性质。这些催化剂通常拥有较多的表面原子，这些原子具有独特的电子和几何结构，这使得催化剂表面能够提供更多的活性位点。表面原子的特殊性质对催化性能具有显著影响，能够有效促进反应物的吸附和转化，从而提高催化效率。这一特性在电催化反应中尤为重要，尤其是在涉及氧还原反应、氢气生成反应以及二氧化碳还原等过程时，低维纳米电催化剂展现了其独特的优势。低维纳米电催化剂的表面原子通常具有不同的电子结构。由于材料的尺寸较小，表面原子的化学环境与内部原子相比存在显著差异。低维结构如纳米片、纳米线等，由于表面原子较多，这些原子的电子密度和配位环境与内层原子不同，导致了表面原子电子结构的显著变化。这种变化不仅增强了表面原子与反应物之间的相互作用，还可以改变催化剂的反应活性。例如，表面原子的配位数、键合强度等因素，都会直接影响反应物的吸附和转化过程。低维纳米电催化剂通过优化表面原子的电子结构，能够大幅提升催化效率，特别是在需要快速电子转移的电催化反应中。

低维纳米电催化剂的几何结构也使得表面原子具有更高的反应活性。在传统的三维材料中，大部分原子位于材料的内部或接近表面，因此并不是所有的原子都能直接参与催化反应。而在低维材料中，表面原子的数量和比例显著增加，这些表面原子通常具有更高的活性。例如，纳米片、纳米线等低维结构由于其几何特征，使得表面原子的配位环境不同，表现出独特的催化性能。这些表面原子常常呈现出较低的配位数，导致其处于较高的活性状态，能够更有效地吸附反应物并促使其转化。对于催化反应来说，表面原子的特殊性质也使得低维纳米电催化剂能够调节反应路径，提升反应的选择性。在许多电催化反应中，反应物需要首先吸附在催化剂表面，然后通过一定的催化机制转化为产物。表面原子的化学环境和几何结构直接影响反应物的吸附强度和解吸行为，这些因素在选择性催化反应中尤为重要。低维纳米材料的表面原子通常能够提供多种活性位点，进而控制反应的选择性，避免副反应的发生，提高反应的效率。例如，在二氧化碳还原反应中，低维纳米电催化剂能够通过优化表面原子的结构，调节反应的能垒，从而提高产物的选择性。低维纳米电催化剂表面原子的特殊性质还能够提升催化剂的稳定性。在许多电催化反应中，催化剂表面会受到反应物或产物的影响，导致催化剂的退化或失活。而低维纳米材料由于表面原子具有较高的活性和更好的分散性，其催化性能相对稳定，且在一定条件下能够恢复其催化性能。通过合理设计低维纳米电催化剂的表面结构，可以增强催化剂的耐用性和稳定性，延长其使用寿命，降低催化成本。

（三）增强的电导性

低维纳米电催化剂的另一显著特点是其增强的电导性，这使得电荷能够更加高效地传导至催化剂表面，从而显著提升电催化反应的速率。电导性在电催化反应中至关重要，尤其是对于如电池、电解水、氢气生成以及二氧化碳还原等电催化过程，良好的电导性能够有效减少能量损失，优化反应效率。这一特性使得低维纳米材料在现代能源转换与存储技术中展现出巨大的应用潜力。低维纳米材料通常具有较好的电导性，这是由于其独特的结构所决定的。与传统的三维材料相比，低维纳米材料如纳米线、纳米片等通常具有较大的表面与导电通道，使得电子的迁移变得更加高效。低维结构的这种特殊属性，源于其较高的表面/体积比，使得电子能够迅速而有效地从电极传导至催化剂表面，减少了电子传输过程中的能量损耗。因此，这类材料能够在电催化反应中发挥更加高效的作用，尤其是在需要快速电子传递的反应体系中，如氧还原反应（ORR）和氢气生成反应（HER）等。

低维纳米材料的电导性还能够通过合理设计和调节材料的组成和结构得到进一步改善。比如，通过在纳米材料中引入某些元素或利用合金化技术，可以调节其电子结构，使得材料的导电性能得到优化。这种设计不仅能提高电子的迁移效率，还能增强催化剂在反应过程中的稳定性和耐久性。对于一些电催化反应，电子的快速传递对于反应的速率和选择性有着至关重要的影响，而低维纳米催化剂正是通过其优异的电导性在这些方面展现了巨大的优势。在电池技术中，低维纳米电催化剂的增强电导性有助于提高电池的整体性能。在锂离子电池、钠离子电池等储能装置中，电导性较好的材料能够有效加速电荷的传输，减少内阻，提高电池的充放电效率和循环稳定性。特别是在高功率密度的应用场景中，电导性较好的低维纳米材料能够显著提升电池的能量转化效率，提供更稳定的电流输出，从而延长电池的使用寿命。类似地，在超级电容器中，低维纳米电催化剂也通过其增强的电导性，提升了电荷的快速储存与释放能力，进而提高了设备的能量密度和功率密度。

除了储能设备，低维纳米电催化剂在电解水制氢等能源转化过程中也发挥了关键作用。在水电解制氢过程中，电催化剂需要高效地传导电子到催化剂表面，以实现水分子向氢气的还原。低维纳米电催化剂能够通过其良好的电导性加速电子的传递，提高氢气生成效率，减少电能消耗，从而推动清洁氢气的绿色生产。类似地，在二氧化碳还原反应中，催化剂的电导性也至关重要，因为电子的高效传递能够加速二氧化碳分子的还原，提升产物的产率与选择性。在环境污染治理和空气净化等应用中，低维纳米材料的增强电导性同样起着至关重要的作用。在气体传感器中，低维纳米材料能够通过其优异的电导性提高传感器对气体的响应速度和灵敏度。这种高电导性能够加速气体分子与催化表面的电子交换过程，使得气体检测更加敏感并具有更快的响应时间。在有害气体的催化还原过程中，增强的电导性有助于提高反应速率，进而促进有毒物质的快速降解或转化。

（四）表面缺陷与活性位点的丰富性

低维纳米电催化剂的一个重要特点是其表面缺陷与丰富的活性位点。这些缺陷通常存在于催化剂的表面，由于其特殊的电子结构和几何特性，能够为反应物提供更多的吸附位点，从而显著增强催化性能。表面缺陷不仅提高了反应物的吸附能力，还能通过改变催化剂的电子结构，促进反应物的激活和转化，特别是在涉及氧还原反应（ORR）、氢气生成反应（HER）和二氧化碳还原反应（CO2RR）等重要电催化过程时，这种特性表现得尤为显著。低维纳米电催化剂表面的缺陷能显著增加催化剂的活性位点数量。催化反应通常依赖于催化剂表面活性位点的数量和质量，而缺陷作为一种"非理想"结构，恰恰提供了额外的活性位点，这些位点能有效吸附反应物分子，促进其向催化产物转化。对于许多电催化反应来说，催化剂表面原子的配位环境至关重要，而缺陷的存在改变了这些原子的配位数，使得某些原子暴露出更加活跃的状态，进而提升了催化反应的速率和效率。例如，在氢气生成反应中，表面缺陷能够降低氢气分子在催化剂表面的解离能，使氢气生成过程更加高效。

催化剂的表面电子结构直接决定了其与反应物之间的相互作用力。低维纳米材料的缺陷，尤其是空位、边界和缺少的原子，能够引起局部电子密度的改变，增强催化剂对反应物的吸附和激活作用。例如，在氧还原反应中，催化剂表面的缺陷可以改变催化剂的电子分布，使其更容易吸附氧分子，并降低氧还原反应的能垒。在二氧化碳还原反应中，缺陷能够增强催化剂对二氧化碳分子的吸附和活化，促进 CO_2 的还原过程，进一步提高产物的选择性和产率。此外，低维纳米电催化剂的缺陷还能够改变催化反应的动力学特性，使反应过程更加高效。例如，缺陷能够在催化反应中提供电子转移的途径，加速反应物和催化剂表面之间的电子交换。在氢气生成反应中，表面缺陷能够帮助加速电子的转移，使氢分子的生成过程更加迅速。在氧还原反应中，缺陷能够提供额外的电子传导通道，改善反应的电流密度和催化效率。通过合理设计低维纳米催化剂的缺陷结构，可以优化催化剂的电子结构，进一步提升催化性能。

在许多电催化反应中，选择性是一个至关重要的参数，尤其是在二氧化碳还原反应中，催化剂的选择性决定了产物的种类和分布。缺陷通过改变催化剂表面的化学环境和电子密度，能够调节催化剂对不同反应物的吸附能力，从而提高催化反应的选择性。在一些多步骤的电催化反应中，表面缺陷能够抑制副反应的发生，确保反应产物的高选择性。此外，低维纳米电催化剂表面的缺陷还能够提高催化剂的稳定性。在许多电催化反应中，催化剂表面可能由于长时间反应而发生退化或失活。表面缺陷能够通过与反应物的相互作用，增强催化剂的抗腐蚀性和抗老化性，从而提高催化剂的稳定性和使用寿命。这对于长时间运行的催化过程尤为重要，可以减少催化剂的更换频率，降低催化成本。

（五）尺寸效应与量子效应

低维纳米材料的尺寸效应和量子效应是其催化性能提升的重要原因。这些效应在纳米尺度下表现得尤为显著，能够显著调节催化剂的电子结构，进而影响其催化反应的效率。尺寸效应指的是材料尺寸缩小至纳米级别时，物理和化学性质的变化，而量子效应则是指材料在纳米尺度下电子行为的量子化特性，这些效应在电催化反应中起到了关键作用，特别是在调节反应能垒和提高催化选择性方面。当材料尺寸缩小到纳米尺度时，原子或分子层次的特性开始显现，表面原子占据了更大的比例。这使得纳米材料相比于大块材料，具有更高的表面能和更多的活性位点。尺寸效应使得催化剂的表面和界面处的原子比内层原子更具有活性，这为催化反应提供了更多的反应位点。在许多电催化反应中，反应物分子首先与催化剂表面发生相互作用，尺寸较小的纳米材料通过增大表面积提供更多的吸附位点，能够加速反应物的吸附和转化过程。这一效应尤其在氢气生成反应、氧还原反应等需要电子快速转移的过程中具有重要作用。

纳米材料的量子效应使得电子在催化反应中的行为发生了量子化变化。当材料的尺寸接近电子的散射自由程时，电子运动呈现出量子效应，表现为能级的离散化和能量的量子化。这种效应可以改变催化剂的电子结构，尤其是其能带结构。量子效应导致的能量离散化会使催化剂的能态更加密集，进而影响催化反应的能量匹配。这种效应在催化剂的催化效率提升中起到了重要作用。例如，在氧还原反应中，量子效应能够优化催化剂的能级分布，使得电子转移过程更加顺畅，减少能量损失，提高反应速率。在低维纳米材料中，尺寸效应和量子效应的结合使得材料的催化性能更具可调性。通过调整材料的尺寸，可以控制其量子效应的显现，从而调节催化剂的电子结构和催化性能。例如，通过改变纳米颗粒的大小，可以调节其表面原子的配位环境和电子结构，使催化剂的能级分布适应特定的反应条件。这种尺寸和量子效应的协同作用，使得低维纳米催化剂能够在不同的催化反应中表现出优化的催化性能，满足能源转化、环境治理等领域的需求。

除了电子结构的调节，低维纳米材料的尺寸效应和量子效应还可以优化反应物的吸附和解吸行为。在催化反应中，反应物首先需要吸附到催化剂表面，并在催化剂表面完成转化。尺寸效应使得催化剂表面更容易吸附反应物分子，而量子效应则通过改变催化剂的电子结构增强了吸附的选择性。通过调控尺寸和量子效应，可以提高催化剂对特定反应物的吸附能力，同时抑制不希望发生的副反应，从而提高催化反应的选择性。另外，低维纳米催化剂的尺寸效应和量子效应在催化剂的稳定性方面也起到了一定作用。尺寸缩小到纳米尺度时，催化剂的稳定性和耐久性通常会受到挑战，因为纳米材料容易发生表面重构或退化。然而，通过合理设计材料的尺寸和结构，可以提高催化剂的热稳定性和抗腐蚀性，增强其在高温和腐蚀性环境下的长期运行能力。量子效应也有助于优化催化剂表面电子密度的分布，从而提高催化剂的稳定性，减少催化剂的失活速度。

（六）优异的稳定性与可调性

低维纳米电催化剂的优异稳定性与可调性是其在催化领域中广泛应用的重要原因。低维纳米材料，特别是在电催化反应中，通常能够保持较好的稳定性，即使在反应环境复杂、温度和酸碱条件苛刻的情况下，也能维持较长时间的催化活性。这一特点使得低维纳米催化剂成为可持续能源转化和环境治理等领域的理想选择。低维纳米催化剂在极端反应条件下的稳定性表现得尤为突出。电催化反应常常涉及到高温、高电压以及酸碱性极端环境，这些环境条件对催化剂的耐久性和稳定性提出了挑战。相比于传统的催化剂，低维纳米催化剂由于其较高的比表面积和特殊的结构特性，通常能够承受更高的反应强度和更多的化学腐蚀。尤其是在高温或强酸强碱环境中，低维纳米材料能够保持较高的结构稳定性，并有效抵抗催化剂的失活或表面退化。例如，纳米催化剂表面较小的颗粒可以减少聚集和晶格缺陷的形成，从而延长其催化寿命。在氢气生成反应（HER）和氧还原反应（ORR）中，低维纳米催化剂的结构稳定性确保了长时间运行下的催化效率，避免了催化剂表面发生沉积或腐蚀。

低维材料的尺寸、形貌、组成以及表面修饰等因素都可以通过精确控制来优化催化性能。这使得低维纳米催化剂具有广泛的适应性，能够针对不同的催化反应需求进行定制。例如，通过调节纳米颗粒的尺寸和形状，可以有效优化催化剂的电子结构，从而提升催化反应的速率和选择性。纳米材料的尺寸效应和表面原子状态使得它们在催化过程中可以表现出不同的反应性，随着尺寸的变化，其电子结构和化学性质也会随之变化。因此，精确控制催化剂的尺寸和形貌，能够针对不同的反应体系，调节催化剂的活性位点数量和分布，最大化催化效率。通过表面修饰和组分调控，可以进一步提高催化剂的性能。例如，表面掺杂是调节催化剂性能的一种有效方法。通过在催化剂表面引入不同的元素（如氮、硫、磷等），可以改善催化剂的电子结构，改变催化剂表面的活性位点类型，从而提高催化反应的效率。例如，在电催化反应中，氮掺杂可以提高催化剂对氧气的吸附能力，促进氧还原反应；硫掺杂则可以通过调节催化剂的电子密度，改善催化剂的稳定性。表面改性技术可以进一步优化催化剂的性能，使其在不同的反应环境下都能够表现出优异的催化活性。

在实际应用中，低维纳米电催化剂的可调性还表现在其能够通过调整反应条件来适应不同的催化反应需求。例如，在二氧化碳还原反应（CO_2RR）中，催化剂的选择性和产物分布对催化剂的组成、尺寸和表面结构高度依赖。通过调节催化剂的组分和表面状态，可以实现对反应路径的精准控制，从而提升特定产物的选择性。这一特性使得低维纳米电催化剂在多种复杂反应中具有独特优势，能够根据反应需求进行灵活调整。更重要的是，低维纳米电催化剂的可调性不仅体现在实验室研究中，在工业应用中同样展现了巨大的潜力。在大规模的催化过程中的操作条件经常会发生变化，而低维纳米催化剂的可调性使得它们能够在不同的反应条件下维持高效的催化活性，甚至在较为严苛的工业环境中也能稳定运行。例如，在燃料电池的应用中，低维纳米催化剂能够应对不同的工作环境条件，并维持较高的催化效率和较长的使用寿命。

（七）良好的互联性与电子传输效率

低维结构的纳米材料，尤其是纳米线和纳米片，在电子传输效率方面表现出优异的特性。由于其独特的几何形状，低维纳米催化剂能够在不同催化单元之间建立起良好的电子传导路径，从而显著提升催化反应的电子传输效率。这一特性不仅使催化反应更加高效，还能够减少反应过程中的能量损失，进而提高反应的整体性能和催化剂的长期稳定性。纳米线、纳米片等低维材料的电子传导路径相较于大块材料更为简洁且连贯。电子可以在这些纳米结构中迅速传递，减少了因电子散射或不连贯的导电路径造成的能量损失。这一现象特别在电催化反应中至关重要，尤其是在涉及快速电子转移的反应，如氢气生成反应（HER）和氧还原反应（ORR）。在这些反应中，电子的快速有效传输是反应效率的关键因素之一，低维纳米催化剂的结构设计显著降低了电子转移过程中的能量损失，从而提高了整体反应的速率和选择性。

低维纳米材料的良好互联性使得它们在催化反应中表现出较高的电子传输效率。尤其是纳米线、纳米片等材料，它们通常具有较长的连通长度和较高的表面原子密度，能够有效地连接不同的催化单元。这些结构不仅提供了更多的反应位点，还通过其独特的电子结构促进了电子的高效传输。在电催化过程中，尤其是在燃料电池、电解水等应用中，电子的快速转移是保证催化剂性能的关键。低维结构通过其内在的电导性，显著提高了催化剂的电子传输能力，保证了反应的高效进行。在许多催化反应中，电荷的传输效率直接决定了催化效率。传统的大块材料通常由于其较低的比表面积和不规则的电子传导路径，导致电子的传输效率较低，进而影响反应的速率。而低维纳米催化剂由于其独特的几何形状和结构特点，能够在催化单元之间形成更为均匀和连贯的电子传导路径。这样的结构设计有助于减少因电荷积累或阻碍所造成的能量损失，从而有效提高了反应的电化学性能。例如，纳米片状的材料，因其高表面积和良好的连接性，能够在催化反应中迅速传导电子，提高催化反应的效率，特别是在电池和电解水等应用中表现得尤为突出。

低维纳米材料通常具有较高的表面原子密度和较丰富的缺陷，这些表面缺陷能够进一步促进催化反应中的电子转移。在催化过程中，表面缺陷可以提供更多的活性位点，吸附并激活反应物，同时促进电子的传递。此外，表面修饰和元素掺杂等技术，也能够优化催化剂的表面电子结构，进一步提高电子传输效率。例如，通过掺杂某些元素（如氮、硫等），可以调节催化剂表面的电子密度，增强催化剂对反应物的吸附能力，同时提高电子的传导效率。低维纳米材料的互联性和电子传输效率在电催化反应中的优势不仅仅体现在催化效率的提升，还在于它们能够有效降低能量消耗。传统催化剂由于电子传输效率较低，往往需要较高的外加电压或电流来推动反应。而低维纳米催化剂通过提供优异的电子传导路径，能够在较低的电压或电流下完成相同的反应，从而减少了能量损失，提升了能效比。这对于能源转化和存储设备（如燃料电池、超级电容器等）的应用至关重要，有助于提高设备的整体性能和能源利用率。

三、低维纳米电催化剂的应用

（一）能源转化：燃料电池与电解水

低维纳米电催化剂在能源转化领域的应用，尤其是在燃料电池和电解水反应中，正逐渐展现出其不可替代的优势。燃料电池作为一种高效的能源转化装置，通过电化学反应将氢气或甲醇与氧气反应生成电能，而催化剂在其中扮演着至关重要的角色。传统的铂基催化剂虽然在反应效率上表现出色，但由于其稀缺性和昂贵的价格，限制了其在大规模应用中的推广。因此，低维纳米催化剂因其优异的性能和较低的成本，成为了替代传统催化剂的重要候选材料。低维纳米催化剂，如纳米线、纳米片等，具有更高的比表面积和电子传导能力，能够有效提高催化剂的活性和反应效率。比表面积的增大意味着更多的反应位点能够暴露于反应物，从而促进反应物的吸附和转化，提升了催化反应的速率。此外，低维纳米材料通常具有较好的电子导电性，能够显著增强电催化反应中的电子传导效率，从而降低反应的能量损耗，提高整体反应效率。这对于燃料电池中的氧还原反应（ORR）和氢气生成反应（HER）等电催化过程尤其重要。低维结构能够提供丰富的活性位点，优化电子传输路径，从而提高燃料电池的性能和稳定性。

在电解水制氢过程中，低维纳米电催化剂同样展现出优异的催化性能。氢气生成反应（HER）是电解水反应中的关键步骤，催化剂的选择性和效率直接决定了反应的总体性能。传统的铂基催化剂虽有良好的催化活性，但由于其成本高和资源有限，研究人员开始探索其他低成本且高效的替代材料。低维纳米催化剂，特别是过渡金属基材料，因其高表面积和良好的电子传输能力，在 HER 反应中具有显著的优势。通过合理设计低维纳米催化剂的形貌和表面性质，可以显著降低反应所需的过电位，从而提高催化效率并降低能源消耗。此外，低维纳米材料能够有效地改进电子传输路径，减少反应过程中的能量损失，进一步提高反应的整体效率。低维纳米催化剂的这些优势推动了清洁氢气生产技术的发展，对可再生能源的高效利用和绿色能源转型具有重要意义。随着低维纳米材料的不断研究和优化，其在燃料电池和电解水制氢中的应用前景非常广阔。通过对催化剂的形貌、组成和表面结构的精准调控，可以在保证高催化效率的同时，实现低成本和高稳定性的目标，从而推动绿色能源的商业化应用。这一技术不仅有助于实现全球碳中和目标，还能够为能源产业的可持续发展提供强有力的技术支持。

（二）环境保护：污染物降解与空气净化

低维纳米电催化剂在环境保护中的应用，尤其是在污染物降解和空气净化领域，逐渐展现出巨大的潜力。随着工业化进程的加速，环境污染问题日益严峻，传统的污染治理方法常常面临效率低、成本高等问题。而低维纳米电催化剂因其优异的催化性能、丰富的表面活性位点以及良好的稳定性，成为解决这些问题的理想材料。在二氧化碳还原反应（CO_2RR）中，低维纳米电催化剂能够将二氧化碳这一温室气体有效转化为有价值的化学品，如甲醇、乙烯等，从而减缓气候变化的进程。二氧化碳作为主要的温室气体，其过度排放导致全球气温升高，危害生态平衡。低维纳米催化剂的高表面积和丰富的缺陷能够为二氧化碳提供更多的吸附位点，提高其转化效率。在催化过程中，低维结构的催化剂不仅能够有效降低反应的能量障碍，还能通过调控表面电子结构，提高催化反应的选择性，选择性地将二氧化碳转化为对环境友好的产品。这一技术的突破，不仅为减缓全球变暖提供了新的解决思路，也推动了绿色化学品的循环利用，促进了资源的高效利用。

除了二氧化碳还原，低维纳米催化剂在空气净化方面的应用同样具有广阔前景。在氮氧化物（NOx）、挥发性有机化合物（VOCs）和一氧化碳（CO）等有害气体的去除反应中，低维纳米催化剂能够显著提高催化效率。随着工业和交通的迅速发展，NOx、VOCs 和 CO 等有毒气体的排放已成为严重的空气污染源，这些气体不仅对人类健康构成威胁，还会加剧臭氧层的破坏和酸雨的形成。低维纳米催化剂通过优化其表面结构、调节其缺陷特性，能够有效吸附并转化这些有害气体，减少大气中的污染物浓度，改善空气质量。在这一过程中，低维纳米催化剂的优异电导性和较强的表面反应活性，使其在催化降解过程中表现出较高的效率和稳定性。低维纳米催化剂在水处理方面的应用同样值得关注。在水污染日益严重的今天，如何高效、经济地净化水质已成为全球亟待解决的难题。低维纳米催化剂通过催化有毒物质的降解反应，能够有效去除水中的有害离子、重金属、药物残留等污染物。例如，在污水处理中，低维催化剂能够催化氧化还原反应，分解有机污染物或将重金属离子还原为无毒的形式，从而达到水质净化的目的。特别是在去除水中的有机物和重金属时，低维纳米催化剂表现出了较强的催化活性和选择性，能够实现高效的水质净化。这些纳米催化剂不仅具有较高的催化性能，而且在使用过程中具有较长的寿命和较强的稳定性，能够满足工业化水处理的需求，具有较大的应用前景。

（三）有机合成：绿色化学与精细化学品生产

低维纳米电催化剂在有机合成中的应用日益受到关注，特别是在绿色化学和精细化学品生产方面。传统的有机合成方法通常需要使用大量有毒溶剂、高温或强酸强碱的反应条件，且常常伴随大量的副产物排放，对环境造成沉重负担。这些传统方法不仅消耗能源，还可能对操作人员和生态环境造成长期的负面影响。因此，寻找更加环保、高效的替代方法成为了现代化学工业中的重要课题。电催化反应作为一种绿色化学方法，因其低能耗、低排放和高选择性，成为了有机合成领域的理想选择。低维纳米电催化剂的优势在于其高比表面积、优异的电子导电性和丰富的表面活性位点，这使其在催化有机分子的氧化与还原反应中表现出色。通过调节催化剂的结构和表面特性，低维纳米催化剂能够精确地调控反应路径，优化催化效率，减少副反应的发生，从而提高目标产物的收率。在有机酸、醇类、酮类等化学物质的合成过程中，低维纳米电催化剂展现出了优异的催化性能和较高的选择性。例如，在有机酸的合成过程中，通过调节催化剂的尺寸和形貌，可以精确调控反应的选择性，避免不必要的副反应，最终实现高产率的目标产物。这种精细化的控制能力使得低维纳米电催化剂在有机合成中具有巨大的应用潜力。

与传统的有机合成方法相比，低维纳米电催化反应能够显著减少对传统化学品和溶剂的依赖。在许多传统合成方法中，使用的溶剂不仅具有毒性，还可能在反应过程中产生大量的废弃物，增加了处理和环境保护的难度。而电催化反应不需要使用大量的有毒溶剂，可以在较温和的条件下进行反应，降低了对环境的污染。同时，电催化反应的选择性较高，能够有效避免副产物的生成，减少了资源的浪费，提升了反应的整体效率。此外，低维纳米电催化剂的高稳定性和较长的使用寿命使得这一技术在有机合成中的应用更加可行。在实际的工业化生产中，催化剂的稳定性和耐用性是评价其性能的关键指标。低维纳米催化剂在反复使用过程中，能够保持较高的催化效率，降低了催化剂更换的频率和成本，增强了其在实际生产中的经济性和可持续性。这一特性使得低维纳米电催化剂在大规模的有机合成中具备了较大的应用优势。随着对绿色化学和可持续化学工业的不断推进，低维纳米电催化剂为精细化学品的生产提供了新的可能性。通过不断优化催化剂的性能，调控其尺寸、形貌和表面修饰，低维纳米电催化剂能够满足日益增长的环境保护要求和市场需求。通过绿色、环保的电催化合成方法，不仅能够提高化学品生产的效率，还能减少环境污染，推动化学工业的可持续发展。

第三节　纳米电催化剂的能源应用

一、纳米电催化剂的含义

纳米电催化剂是指在电化学反应中能够加速反应过程的纳米尺度催化材料。它们具有较大的比表面积和丰富的表面活性位点，能有效降低反应所需的能量，并提高反应速率。这些催化剂常常采用金属、合金或氧化物等材料，广泛应用于燃料电池、二氧化碳还原、水分解等能源转化和环境治理领域。由于其独特的物理化学性质，纳米电催化剂在催化效率、稳定性和耐用性方面具有明显优势。

二、纳米电催化剂的分类

（一）按组成分类

1. 金属基纳米电催化剂

金属基纳米电催化剂因其出色的催化性能，成为许多电化学反应中不可或缺的材料。特别是在氧还原反应（ORR）、氢气生成反应（HER）以及二氧化碳还原等电催化过程中，这些金属基催化剂展现了优异的表现。常见的金属基催化剂如铂、金、银、铜等，因其具有较高的催化活性和良好的电导性，被广泛应用于能源转化与存储领域。铂，作为最常见的贵金属催化剂，因其对氢气生成反应和氧还原反应的优越催化性能，长期占据了电催化领域的核心地位。然而，由于铂的稀缺性和高昂的价格，研究人员不断探索替代材料以降低成本，且通过合金化方法，金属基催化剂的性能得到了进一步优化。通过将不同金属元素以合金的形式结合，可以调节金属的电子结构和表面性质，从而提高催化剂的活性、稳定性和抗中毒能力。例如，铂基合金催化剂，如铂-

钴合金、铂-铁合金等，能够显著改善催化性能，尤其在氧还原反应和氢气生成反应中表现出更高的效率。合金化不仅能提高催化剂的比表面积，还能够通过金属之间的协同效应，优化反应物的吸附和转化，从而有效提升反应速率。

金属基纳米催化剂通常具备较高的电导性，有助于电子的快速传递，进一步增强催化效率。尤其是在燃料电池等设备中，良好的电子传导性对于提高反应的整体效率至关重要。金属催化剂的纳米结构、如纳米线、纳米片、纳米颗粒等，提供了更多的表面活性位点，有助于加速电催化反应。这种高比表面积和丰富的表面位点，使得金属基纳米催化剂在多种电化学反应中，尤其是反应速率较快的场合，具有显著优势。尽管一些贵金属如铂具有较高的催化活性，但在实际应用中，催化剂的稳定性也是衡量其性能的重要标准。通过合金化或表面修饰技术，金属基催化剂能够有效提高抗腐蚀性和抗氧化性，从而在复杂的电化学环境中保持较长的使用寿命。例如，在电解水制氢过程中，铂基催化剂的稳定性常常受到氧化物生成的影响，合金化处理能够有效缓解这一问题，提升催化剂的稳定性。除了铂和其他贵金属外，铜、银等非贵金属催化剂也在某些电催化反应中显示出良好的性能。铜基催化剂在二氧化碳还原反应（CO_2RR）中表现出较高的选择性和良好的催化效率，成为二氧化碳还原领域的研究热点。银基催化剂则在氧还原反应中表现出了较好的选择性和电催化活性。尽管这些非贵金属催化剂的催化效率不如铂类催化剂，但其成本低廉且资源丰富，具有巨大的应用潜力。

2. 过渡金属基纳米电催化剂

过渡金属基纳米电催化剂，主要由镍、钴、铁等过渡金属组成，近年来在电催化领域中获得了广泛关注。与贵金属催化剂相比，过渡金属基催化剂具有显著的成本优势，且其良好的稳定性和可调性使其在许多能源转化和环境治理领域表现出巨大的应用潜力。特别是在电解水制氢和二氧化碳还原反应（CO2RR）等关键电催化过程中，过渡金属基纳米催化剂展现了优异的催化活性，成为替代昂贵贵金属催化剂的重要候选。在电解水制氢过程中，过渡金属基催化剂的表现相当出色，尤其是在氢气生成反应（HER）中，镍、钴和铁等金属催化剂能够显著降低反应所需的过电位，提高反应效率。与铂基催化剂相比，这些过渡金属基催化剂具有更低的成本，更适合大规模应用。例如，镍基催化剂在氢气生成过程中通常表现出较高的电催化活性，特别是当镍与其他金属（如铁、钴）形成合金时，其催化性能和稳定性得到进一步提升。通过合理设计和调控催化剂的形貌和表面特性，过渡金属催化剂能够有效提高氢气生成反应的速率，且在长时间使用过程中仍能保持较高的稳定性。

除了电解水制氢，过渡金属基催化剂在二氧化碳还原反应（CO_2RR）中的应用也十分广泛。CO_2RR 是将二氧化碳转化为有价值化学品（如甲醇、乙烯等）的关键技术，对于应对气候变化具有重要意义。过渡金属催化剂，特别是铜、镍和钴等，能够在该反应中发挥重要作用。与贵金属催化剂相比，过渡金属催化剂具有更高的选择性，能够促进二氧化碳向特定的有用化学品转化，尤其是镍基催化剂，因其较好的导电性和催化活性，常常在 CO_2 还原中表现出较高的效率。此外，过渡金属基纳米催化剂的稳定性是其广泛应用的另一大优势。相较于铂等贵金属催化剂，过渡金属在催化过程中容易发生氧化或腐蚀，从而影响催化性能。然而，近年来的研究发现，通过合金化、表面修饰或引入缺陷等手段，可以有效提高过渡金属催化剂的稳定性。例如，钴基催化剂经表面修饰后，其在电解水反应中的耐久性得到显著提高，且能够在恶劣的环境下保持较长时间的活性。此外，过渡金属基催化剂的稳定性还可以通过调节催化剂的晶体结构、表面形貌等因素来实现，从而使催化剂在长时间操作过程中仍能维持较高的催化效率。在可调性方面，过渡金属基纳米催化剂的表面特性和催化性能具有较强的可调性。通过合理设计催化剂的形态（如纳米颗粒、纳米线、纳米片等）和合金成分，能够调节其电子结构和表面性质，进而优化催化性能。例如，在钴铁合金催化剂中，铁的引入可以提高催化剂的导电性和表面活性位点的数量，从而提升反应速率和催化效率。通过对这些催化剂进行精细调控，可以在不同的反应条件下实现最佳的催化性能，进一步增强其在实际应用中的适应性和效率。

3. 碳基纳米电催化剂

碳基纳米电催化剂，通常由石墨烯、碳纳米管、碳量子点等碳材料构成，在电催化领域展现出广泛的应用潜力。碳材料因其优异的导电性、高比表面积以及化学稳定性，使得其在许多电催化反应中具有独特的优势，尤其是在氧还原反应（ORR）、氢气生成反应（HER）以及超级电容器等应用中表现出色。随着科技进步，碳基纳米催化剂不仅作为独立的催化剂使用，还通过与金属或其他功能性材料的复合，进一步提升其催化性能，成为多种能源转化和存储过程中的关键材料。碳基纳米催化剂具有显著的导电性，能够有效促进电子的传递，减少反应过程中的能量损失。尤其在氧还原反应中，碳材料由于其较高的电导性和良好的导电网络，使得催化剂表面的电子传输效率大大提高。石墨烯、碳纳米管等一维或二维碳材料，因其独特的结构，可以在电催化过程中为反应提供稳定的电子传输通道，确保反应过程中电子和离子的高效传递，从而提升催化效率。在氧还原反应中，碳基纳米电催化剂通常具有较高的催化活性，能够有效促进氧的还原，广泛应用于燃料电池等绿色能源技术中。

碳基纳米电催化剂的另一大优势是其超高比表面积，这一特性使得其具有更多的活性位点供反应物吸附和转化。石墨烯和碳纳米管等材料的表面不仅广泛且具有良好的可修饰性，能够通过表面功能化处理或引入缺陷来进一步增强催化活性。通过对碳材料的表面结构进行调控，例如引入氮、硫、氧等元素，能够大大提升碳基催化剂的催化性能，增强其在电催化反应中的活性。例如，氮掺杂的石墨烯显示出优异的电催化活性，能够有效促进氧还原反应，并降低反应的过电位。此外，碳材料在结构设计上的灵活性使其能够与金属纳米颗粒、金属氧化物、氮化物等功能性材料复合，从而形成具有更高催化性能的复合催化剂。这种复合材料不仅保留了碳材料的优良导电性和高比表面积，还能够有效发挥金属催化剂的优势，进一步提高催化反应的效率。传统的贵金属催化剂在电催化过程中容易受到腐蚀或氧化，导致催化性能的衰退，而碳材料通常具有较高的化学稳定性，即使在强酸、强碱或高温等恶劣条件下也能保持较长时间的活性。这一特性使得碳基催化剂在长时间、高强度的催化反应中仍能维持较好的催化性能，延长催化剂的使用寿命。特别是在氧还原反应和氢气生成反应中，碳基催化剂往往能够提供长期稳定的反应效率。超级电容器作为一种重要的储能设备，对电极材料的要求较高，而碳基纳米电催化剂正好满足了这一需求。石墨烯和碳纳米管具有较大的比表面积和优异的电导性，能够有效提升电容器的能量密度和功率密度。此外，碳材料的可调性和可再生性使其成为超级电容器电极材料中的理想选择。通过调节碳材料的结构和形态，可以实现更高效的电荷存储和快速充放电，提高超级电容器的性能。

（二）按结构分类

1. 零维纳米电催化剂

零维纳米电催化剂通常呈现球形或接近球形的结构，其独特的几何形态使其具有高度的对称性和稳定性。在电催化领域，这种纳米催化剂因其较为均匀的表面活性位点和较高的催化效率，广泛应用于多个重要反应，特别是在一些简单的氧还原反应和氢气生成反应（HER）中，展现了优异的催化性能。零维纳米催化剂通常具有较小的尺寸，这使得它们能够在催化反应中表现出高度的表面能量，有效提供更多的反应位点，促进反应物的吸附和转化。零维结构的催化剂因其对称性强，通常呈现球形或近球形形态，这样的结构不仅有助于其稳定性，还能够确保催化剂的表面活性位点的分布均匀。在一些简单的催化反应中，零维催化剂能够充分利用其表面活性位点，提供高效的催化反应。由于这些纳米催化剂表面没有复杂的边界效应或结构不规则性，因此它们能够在催化过程中保持较高的稳定性和较长的使用寿命，减少了反应中可能出现的催化剂降解问题。在氧还原反应（ORR）和氢气生成反应中，零维催化剂能显著降低反应所需的过电位，并提高反应速率，从而提升整体的电催化效率。

零维纳米电催化剂的高对称性和较为均匀的表面结构，使其在反应过程中能够以较为一致的方式促进电子和离子的转移。这种均匀性是提高催化效率的关键因素。零维催化剂可以更容易地控制其粒径、形貌和表面性质，从而优化催化反应的效率。在一些典型的电催化反应中，零维催化剂能够减少电子传递过程中的能量损失，使得反应能够在较低的能量消耗下进行。这不仅提高了反应效率，还使得该类催化剂具有较好的环境适应性和更长的使用周期。同时，零维纳米电催化剂的尺寸效应和量子效应也使其在一些催化反应中展现出独特的优势。随着催化剂尺寸的减小，其表面能量和电子结构会发生显著变化，这对于催化反应具有直接的影响。在零维纳米催化剂中，电子的量子化效应往往能够调节反应过程中的能量匹配，提高反应速率。因此，零维催化剂在催化反应中的高效性和特异性也与其微观结构密切相关。与大尺寸催化剂相比，零维纳米催化剂通常具有更强的催化活性，这主要是由于其较大的比表面积和更多的表面原子，能够提供更多的活性位点，使得催化反应更加高效。

零维纳米电催化剂的另一个优势在于其良好的可调性。由于其结构简单，零维催化剂可以通过调节合成方法、改变原料的种类或进行表面改性等手段，进一步优化其催化性能。例如，通过表面修饰，可以调节催化剂的电子性质和表面活性位点，从而提高催化反应的选择性和速率。此外，零维纳米催化剂还可以通过与其他功能性材料的复合，进一步提升其催化性能，增加其在复杂反应中的适应性。尽管零维纳米电催化剂在许多简单的催化反应中展现出优异的催化性能，但其在复杂反应中的应用仍然面临一些挑战。由于零维催化剂的表面结构相对简单，其在某些多步反应中的催化性能可能不如其他类型的纳米催化剂。为此，研究人员正在探索通过复合其他功能性材料来增强零维纳米电催化剂的多样化催化性能，以满足更为复杂的催化需求。

2. 一维纳米电催化剂

一维纳米电催化剂，如纳米线、纳米棒等，因其独特的形态和结构特性，在电催化领域展现出了卓越的性能。这些催化剂的长链状结构使其在催化反应中具有更好的电子传输能力，显著提高了反应速率和效率。在燃料电池、电解水制氢、氧还原反应（ORR）等多个应用中，一维纳米催化剂的表现都极为突出，成为提升这些反应性能的关键因素。一维纳米电催化剂通常具有较长的形态结构，这赋予它们良好的导电性和电子传输效率。与零维或二维结构的催化剂相比，一维纳米催化剂能够通过其延展性在催化过程中形成更为有效的电子传输路径，从而减少反应过程中能量的损失。这对于需要快速电子转移的电化学反应尤为重要，例如氢气生成反应（HER）和氧还原反应（ORR）。在这些反应中，催化剂的电子传输效率直接影响到反应的速率和能量转换效率，而一维纳米结构恰恰能够有效促进电子的流动，提高催化性能。

一维纳米电催化剂的优点还体现在其高比表面积上。尽管其尺寸较为局限，但由于其长形态的存在，这类催化剂具有大量的表面原子和活性位点，能够提供更多的反应界面。这种表面特性使得一维纳米催化剂在催化反应中能够显著提高反应物的吸附和转化效率，增强催化反应的速率和选择性。例如，在电解水制氢过程中，纳米线或纳米棒等一维催化剂能够为水分子提供更多的活性位点，减少氢气生成的过电位，显著提高氢气生成效率。此外，一维纳米催化剂在催化稳定性方面也表现出了独特的优势。与其他类型的催化剂相比，一维结构的材料通常更加稳定，尤其是在长时间使用过程中，催化剂表面不易发生劣化或脱落。这一特性使得一维纳米催化剂在一些高温或强酸强碱的环境下仍能维持较好的催化活性。对于燃料电池和电解水等长时间运行的应用，催化剂的稳定性至关重要，而一维纳米催化剂由于其优良的结构和性能，能够有效避免常见的催化剂失活问题。

一维纳米催化剂的结构易于调控，通过改变其长度、直径、表面修饰等参数，可以实现催化性能的优化。例如，通过表面修饰可以引入不同的功能基团或金属原子，从而提升催化剂对特定反应的选择性。调节一维纳米电催化剂的形态和组成，不仅可以优化其电子传导性能，还能够改善其对反应物的吸附能力，进一步提高催化效率。在一些复杂的电化学反应中，如二氧化碳还原反应（CO2RR）和氮气还原反应（NRR），一维纳米催化剂也能够提供稳定的催化性能，促进反应的高效进行。在实际应用中，一维纳米电催化剂不仅能显著提高反应效率，还能够在一些特定领域发挥重要作用。例如，在氢能的生产中，电解水是一个关键过程，而一维纳米催化剂在氢气生成反应中的应用，能够有效减少能量损耗，提升氢气生产的效率。在燃料电池中，一维催化剂则通过提供高效的电子传导路径，增强了电池的电化学性能和稳定性，推动了燃料电池技术的发展。此外，在电池技术中，尤其是锂离子电池和钠离子电池领域，一维纳米催化剂也被广泛应用于电极材料的改性，通过优化电子传导路径，提升了电池的循环稳定性和能量密度。尽管一维纳米电催化剂在多个领域中展现出了良好的催化性能，但在实际应用中仍然面临一些挑战。例如，在反应过程中，一维催化剂可能存在表面结构的局部变化，导致催化性能的衰减。为了解决这个问题，研究人员正在探索通过复合材料的方式，进一步增强一维纳米催化剂的稳定性和催化活性。此外，如何控制一维纳米催化剂的合成过程，确保其在反应中的稳定性和长效性，仍然是未来研究的一个重要方向。

3. 二维纳米电催化剂

二维纳米电催化剂因其独特的结构和优异的性能，在电催化领域得到了广泛应用。其典型形式如纳米片、纳米薄膜等，具有较大的比表面积和丰富的活性位点。正是这些特性，使得二维纳米催化剂在各种电化学反应中展现了显著的催化活性，尤其是在氧还原反应（ORR）、氢气生成反应（HER）、二氧化碳还原反应（CO_2RR）等关键反应中表现突出。二维纳米电催化剂的一个显著特点是其较大的比表面积。由于其薄层结构，二维材料能够提供更多的反应界面和活性位点，极大地增强了催化效率。比表面积的增大使得更多的反应物能够在催化剂表面有效吸附并参与反应，从而加速了电催化过程。在氧还原反应和氢气生成反应中，这一优势尤为突出，能够显著提高反应速率，降低所需的过电位，提高能量转换效率。例如，在氢气生成反应中，二维催化剂能够有效促进水分子的解离并降低氢气生成的过电位，从而提高反应的能量效率。由于其层状结构，二维材料能够提供大量的表面原子，这些原子往往具有较强的化学活性，有助于吸附和转化反应物。尤其是在二氧化碳还原反应中，二维纳米催化剂能够为反应提供更多的活性位点，有效降低二氧化碳还原所需的能量，提高反应选择性，并促进高值化学品的生成。二维结构的催化剂表面能够根据需求进行修饰，进一步优化其催化性能，这使得二维催化剂在复杂的电催化反应中具备了更强的适应性和可调性。

由于其特殊的层状结构，二维材料通常具有较好的电子导电性，能够有效促进电子的传递。这一特性使得二维催化剂在电化学反应中表现出了更高的反应速率，特别是在电池和超级电容器等储能设备中，二维材料的优良电导性有助于提高储能效率和循环稳定性。在电解水和燃料电池等应用中，二维催化剂能够快速地传递电子，减少反应过程中的能量损失，提高电催化过程的效率和稳定性。通过调节二维材料的合成条件，可以在纳米尺度上精确控制其形貌、尺寸和表面化学特性，从而优化其催化性能。例如，通过调节材料的层数、厚度、表面缺陷等，可以改变其电催化性能，提升对特定反应的选择性和活性。此外，二维材料还可以与其他材料复合，进一步提升其催化活性和稳定性。在氧还原反应中，二维催化剂往往能展现出比传统催化剂更高的活性和选择性，成为开发高效、环保电催化剂的理想选择。

随着研究的深入，二维纳米催化剂在环境保护和清洁能源领域的应用也得到了广泛的关注。在二氧化碳还原反应中，二维催化剂能够有效地将二氧化碳转化为有价值的化学品，如甲醇、乙烯等，推动了碳中和技术的发展。在环境污染治理中，二维材料的高活性和高选择性使其在污染物降解和空气净化中也具有重要的应用价值。例如，二维纳米催化剂能够有效催化氮氧化物（NOx）、挥发性有机化合物（VOCs）等污染物的转化，为空气污染治理提供了一种高效、可持续的解决方案。尽管二维纳米电催化剂具有许多优异的性能，但其应用仍面临一些挑战。首先，二维催化剂在使用过程中可能会遭遇催化剂失活的问题，尤其是在高温或长时间的反应条件下，催化剂的稳定性可能受到影响。为了解决这个问题，研究人员正在通过设计更加稳定的二维材料，或者通过与其他材料的复合来提高其耐久性。此外，二维材料的合成方法和规模化生产仍然是限制其应用的瓶颈之一，因此，如何实现二维纳米电催化剂的大规模制备，仍然是研究中的一大难题。

4. 三维纳米电催化剂

三维纳米电催化剂因其独特的结构特点，在催化领域，尤其是能源转换和存储设备中，展现出了卓越的性能。与零维、二维和一维纳米材料相比，三维纳米催化剂通常具有更复杂的网络状结构，这种结构不仅能够提供更大的比表面积，还能有效促进电子、离子和反应物的传输，从而显著提高催化反应的效率。在电解水、燃料电池、超级电容器等领域，三维纳米电催化剂的应用展示了其在大规模能源转换与存储中的巨大潜力。三维结构的网络状构造使得催化剂能够有效提高反应物和电子的传输效率。这种结构不仅为反应提供了更多的表面活性位点，还能优化反应物的扩散路径，提高反应的速率。特别是在电解水反应和氢气生成反应（HER）中，三维纳米催化剂的网络结构能够加速电子的传递，从而降低反应的过电位，提高氢气生成效率。此外，三维纳米材料的多孔结构使得反应物能够迅速渗透并均匀分布，进一步提升了催化反应的整体效率。在燃料电池中，三维纳米催化剂能够提高氧还原反应（ORR）和氢气氧化反应（HOR）的效率，从而显著提升燃料电池的输出功率和稳定性。

三维纳米电催化剂通常具有较高的稳定性和耐久性。这是因为三维结构的催化剂在反应过程中往往能够保持其形态和结构的完整性，即使在长期的电化学循环中也不会发生严重的结构坍塌或性能衰退。与传统的二维或一维催化剂相比，三维催化剂更能有效抵抗高温、高电流密度等苛刻条件下的催化剂失活。因此，在大规模能源转换与存储设备中，三维纳米催化剂显示出了巨大的应用前景。例如，在超级电容器中，三维纳米材料的高稳定性和长循环寿命使其能够提供更高的能量密度和更长的使用寿命，显著提升了设备的性能。通过改变其合成方法、调节结构尺寸和形貌，研究人员可以在不同的应用需求下优化三维催化剂的性能。例如，通过引入不同的金属元素，形成合金催化剂，或者将三维材料与碳基、过渡金属基等材料复合，可以进一步提高催化活性和稳定性。在二氧化碳还原反应（CO2RR）中，三维催化剂能够有效转化二氧化碳为有价值的化学品，如甲醇、乙烯等，促进资源的循环利用，并在碳中和技术中扮演重要角色。在空气净化、污水处理等环境保护领域，三维纳米催化剂也能够通过其丰富的孔隙结构和高比表面积，催化有毒气体的转化和水污染物的降解，具有良好的环境修复性能。

（三）按应用领域分类

1. 能源转化催化剂

能源转化催化剂是目前在清洁能源和可持续发展领域中研究的热点。特别是在燃料电池、电解水、超级电容器等能源转化装置中，这类催化剂展现了至关重要的作用。其在氧还原反应（ORR）、氢气生成反应（HER）、二氧化碳还原反应（CO2RR）中的优异性能，使其成为推动能源转化效率提升和环境治理的重要工具。能源转化催化剂不仅关乎能源的高效转换，还涉及到如何优化反应过程、降低能量损失，并提高设备的稳定性和经济性。氧还原反应（ORR）是燃料电池中至关重要的过程，催化剂的选择直接决定了燃料电池的性能。铂基催化剂被广泛应用于 ORR 中，由于铂具有较低的过电位和较高的电导率，能够有效促进氧分子的还原反应，从而提高燃料电池的能量输出。然而，铂的稀缺性和高昂的成本促使了对替代材料的研究。许多过渡金属、金属合金、碳基材料等被研究用于替代铂，以减少成本和提高催化效率。尤其是在低维结构的催化剂中，如纳米线、纳米片等，由于其较高的比表面积和更丰富的表面活性位点，这些材料在 ORR 中表现出了与铂相媲美的性能，且具有较低的成本和较好的稳定性。

在电解水制氢（HER）中，催化剂的性能直接影响氢气的生成效率。当前，电解水制氢主要依赖于催化剂促进水分子分解为氢气和氧气。传统的贵金属催化剂，如铂，表现出优异的催化性能，但由于其稀缺性和成本问题，研究者们积极寻找更为廉价且高效的替代品。过渡金属（如钼、镍、钴等）基催化剂被认为是电解水制氢的潜在替代材料，这些金属在 HER 中表现出了优异的催化性能。尤其是低维纳米材料，它们的独特结构特性如高比表面积、丰富的活性位点，使得这些催化剂在氢气生成反应中显示出较低的过电位和较高的反应速率。此外，复合材料的使用，如将金属材料与碳基材料复合，进一步提高了催化剂的稳定性和耐久性，推动了电解水制氢技术的发展。通过 CO_2RR，二氧化碳可以被转化为有价值的化学品（如甲醇、乙烯等），实现碳的循环利用。CO_2RR 的催化反应具有较高的能量要求，因此，开发高效催化剂是该技术实现大规模应用的关键。过渡金属（如铜、铁、镍等）基催化剂在 CO_2 还原反应中表现出了较好的催化活性，尤其是铜基催化剂，在选择性还原 CO_2 为甲醇和乙烯等有价值产品方面表现出了优异的性能。低维纳米催化剂由于其高比表面积和丰富的活性位点，能够有效提升催化反应的速率和选择性，降低反应过程中的能量损耗。在 CO_2RR 中，低维纳米催化剂能够通过调控其结构和表面特性，优化反应的活性位点和电子传输路径，显著提高催化性能。

2. 环境催化剂

环境催化剂作为一种重要的技术手段，已经在解决空气污染和水污染问题中发挥了至关重要的作用。随着工业化和城市化的快速发展，污染物的排放对生态环境造成了严峻挑战，特别是在氮氧化物（NOx）、挥发性有机化合物（VOCs）、一氧化碳（CO）等有害气体的治理方面，传统的催化剂逐渐暴露出高成本和有限的催化效果的局限性。因此，纳米电催化剂因其独特的结构和高效的催化性能，成为环境治理领域的研究热点之一，尤其在污染物的降解和空气净化方面展现出了显著的优势。纳米电催化剂在处理氮氧化物（NOx）方面具有显著的应用价值。NOx 作为一种常见的空气污染物，主要来源于汽车尾气和工业废气的排放。NOx 不仅会直接导致大气污染，还对人体健康和生态系统造成极大威胁。传统的 NOx 催化还原技术通常使用贵金属催化剂，如铂、铑等，但这些催化剂成本较高，且在长期使用中容易失效。相比之下，低维纳米电催化剂如纳米金属氧化物（例如钛氧化物、钴氧化物）以及碳基材料，在 NOx 的还原反应中表现出了优秀的催化活性。这些催化剂的表面结构丰富，能够提供更多的活性位点，提高 NOx 的吸附能力，进而显著提高其催化效率。此外，纳米电催化剂还具有较好的抗污染能力，能够在高温和高湿等苛刻环境下保持良好的催化性能，增强了其应用的稳定性。

挥发性有机化合物（VOCs）是另一类重要的空气污染物，VOCs 通常来源于溶剂、化学品生产过程、汽车排放等。VOCs 不仅是臭氧形成的重要前体物质，还能对空气质量和人体健康产生不利影响。纳米电催化剂在 VOCs 的去除中表现出了良好的催化活性。尤其是在氧化还原反应中，低维结构的催化剂能够通过增加反应表面积，优化催化反应路径，显著提高 VOCs 的转化率。例如，钯、铜等金属基催化剂和碳基催化剂在催化 VOCs 氧化反应中的应用已经取得了一些积极进展。通过对催化剂的表面进行功能化处理或通过合金化改性，可以进一步提升催化剂的反应性和选择性，从而提高 VOCs 的去除效率，降低环境污染。一氧化碳（CO）是另一种常见的空气污染物，主要来源于燃烧过程，尤其是机动车辆和工业排放。一氧化碳不仅对空气质量造成负面影响，还对人体健康造成极大危害。低维纳米电催化剂在 CO 的去除中也表现出了良好的催化活性。研究表明，金属纳米催化剂，特别是镍、铜、银等催化剂，在 CO 的氧化反应中具有较高的效率。低维纳米催化剂能够在反应过程中提供更多的活性位点，增强 CO 的吸附能力，并促进其转化为无害的二氧化碳。通过调节催化剂的形态、尺寸和表面性质，可以进一步提高催化效率，从而优化 CO 的去除过程。

纳米电催化剂在污水处理和重金属离子去除方面的应用同样具有显著潜力。水体中的有害物质，特别是重金属离子，如铅、汞、镉等，不仅对水质造成污染，还对生态环境和人类健康构成严重威胁。传统的水处理方法，如化学沉淀法和吸附法，往往存在处理效率低、操作复杂等问题。而纳米电催化剂通过电催化反应可以有效降解有机污染物，去除水中的有害离子。特别是在重金属离子的还原反应中，低维纳米电催化剂能够通过调节催化剂的电子结构和表面性质，提供更多的活性位点，加速重金属离子的还原和去除，提高水处理效率。

3. 有机合成催化剂

有机电化学合成是现代化学工业中的一个重要领域，特别是在合成高价值化学品、药物和精细化学品的过程中，纳米电催化剂的应用展现了巨大的潜力。纳米电催化剂能够有效促进氧化还原反应，催化有机化学反应，从而提高反应效率、选择性和产物的纯度。随着环保要求的日益严格和绿色化学理念的提出，纳米电催化剂因其良好的催化性能和环境友好性，成为有机合成中的一个研究热点。纳米电催化剂能够有效地促进醇类、酸类和酮类化合物的合成。在传统的化学合成方法中，通常需要使用有毒的试剂和高温高压的条件，这不仅增加了操作的复杂性，也对环境造成了负担。而纳米电催化剂通过电催化反应可以在温和的条件下进行反应，大大降低了能源消耗和环境污染。例如，在醇类化合物的合成过程中，纳米电催化剂能够通过电子转移反应高效地促进醇类的还原反应，相比传统催化剂，纳米催化剂具有更高的反应活性和更低的反应过电位，能够有效降低能源消耗。

在酸性有机化合物的合成中，常常需要进行氧化反应，传统的催化剂可能会因反应条件苛刻而出现活性丧失或选择性差的问题。低维纳米催化剂，尤其是基于过渡金属氧化物或碳基材料的催化剂，具有良好的电导性和较高的比表面积，能够提供更多的活性位点，提高酸性化合物的合成效率。例如，利用铜基纳米催化剂进行有机酸的电催化反应，不仅反应速率较高，还能保持较好的产物选择性，减少副产物的生成。纳米电催化剂在酮类化合物的合成中同样表现出优越的催化性能。酮类化合物是许多药物和化学品的前体，通常的合成方法涉及多步反应，过程复杂且收率低。而通过纳米电催化剂，能够有效地催化酮类的合成反应，提供高选择性和高产率。例如，纳米铜、纳米银等催化剂在酮类的氧化反应中具有显著的效果。通过调控催化剂的尺寸、形态以及表面性质，可以优化催化反应的路径，增强对特定酮类化合物的选择性。

除了催化常规的有机化学反应外，纳米电催化剂还在更为复杂的有机合成反应中展现出了优异的性能。例如，在一些多步反应的合成过程中，纳米催化剂能够通过提供多个活性位点，促进各个反应步骤的进行，提高整体反应效率。同时，纳米电催化剂在催化有机反应时，不仅能够提升反应速度，还能控制反应的选择性，避免生成不需要的副产物。这使得有机合成过程更加高效、绿色、环保。与此同时，纳米电催化剂的环境友好性使其在绿色化学领域中获得了广泛的关注。传统的有机合成通常需要使用有害的试剂，如强酸、强碱或有毒溶剂，这些化学品不仅对人体有害，还对环境造成污染。而使用纳米电催化剂进行有机合成，能够在温和的条件下进行反应，减少了有害化学品的使用，符合绿色化学的基本原则。例如，纳米金属催化剂能够在较低的反应温度下促进反应，同时生成的副产物较少，不会对环境造成负担。通过设计和优化纳米催化剂的结构，可以进一步提高其催化效率和选择性，减少废物的产生和能源的消耗。

（四）按合成方法分类

1. 物理法合成催化剂

物理法合成催化剂在纳米材料的制备中占有重要地位，尤其是在催化剂的研究与应用中，提供了有效的手段来获得高质量的纳米结构。通过溅射、热蒸发、激光烧蚀等物理合成方法，能够直接通过物理手段生成具有特殊结构和功能的纳米催化剂，这些方法通常具有较高的精确性和控制性，能够调控催化剂的形貌、尺寸以及表面特性，为催化反应提供更好的活性和选择性。溅射技术作为一种常用的物理沉积方法，在催化剂的制备中得到广泛应用。溅射过程中，靶材在高能粒子（如离子束）轰击下发生物理反应，生成微小的颗粒并沉积到基底上。通过调节溅射条件，如靶材的选择、气体环境、压力以及功率等参数，可以精确控制纳米催化剂的组成、形貌和尺寸。例如，溅射法可以用于制备金属基或合金催化剂，这些催化剂在催化反应中表现出优异的性能，尤其在氧还原反应（ORR）和氢气生成反应（HER）中有广泛的应用。此外，溅射技术由于其能够在常温下进行催化剂的合成，也减少了高温处理可能引起的材料结构变化，提高了催化剂的稳定性和活性。

热蒸发法是一种通过加热物质使其蒸发并沉积到冷却基底上的技术。该方法常用于制备具有高纯度和高质量的金属、合金或金属氧化物纳米催化剂。热蒸发法的优点在于其制备过程简单且可以在不同的气氛下进行调控。通过合理设计蒸发源的温度、气氛以及沉积速率，可以得到高质量的纳米催化剂，这些催化剂在多种电催化反应中表现出良好的催化活性。特别是在二氧化碳还原反应（CO2RR）和电解水反应中，热蒸发法制备的金属催化剂能够显著提高反应的效率，并优化其选择性。激光烧蚀技术则是一种高精度、高能量的物理方法，它通过激光束照射材料表面，产生高温热效应，从而蒸发并激发材料，形成高质量的纳米颗粒。激光烧蚀具有很好的精确性，可以在微米或纳米尺度上精确控制材料的尺寸和形貌。与传统的合成方法相比，激光烧蚀能够在较短的时间内合成具有高表面积和高度分散性的催化剂，这使得其在催化反应中展现出更高的活性。特别是在有机电化学合成、氢气生成以及电池催化等领域，激光烧蚀法制备的纳米催化剂能够有效提高催化性能，降低能耗，并促进更高效的反应过程。

物理法合成催化剂的另一个优势在于其能够避免化学反应过程中可能带来的杂质或不稳定性问题。与化学法相比，物理法能够更好地控制催化剂的结构和纯度，减少副反应的发生，进而提高催化剂的稳定性和寿命。此外，物理合成方法在制备过程中对环境的影响较小，尤其是在绿色化学理念的推动下，物理法提供了一种更加环保和可持续的催化剂合成方案。在应用上，物理法合成的纳米催化剂在多个领域表现出了广泛的前景，特别是在能源转化、环境治理和有机合成等领域。在燃料电池中，利用溅射和热蒸发法合成的催化剂由于其高表面积和良好的导电性，能够大大提高氧还原反应的速率和效率。在水处理领域，激光烧蚀法合成的催化剂则能够有效降解水中的有害物质，提高水质净化效果。此外，在二氧化碳还原、氢气生成等清洁能源生产过程中，物理法合成的催化剂能够显著降低过电位，提升反应效率，推动绿色能源的广泛应用。

2. 化学法合成催化剂

化学法合成催化剂是一类通过化学反应在特定条件下制备纳米材料的技术方法。常见的化学合成方法包括水热法、溶胶-凝胶法以及化学气相沉积法（CVD）等，这些方法因其较高的可调性和良好的催化剂性能控制能力，广泛应用于催化剂的制备，尤其是在纳米电催化领域。化学法合成催化剂具有灵活的合成条件和较高的反应性，可以精确调控催化剂的组成、形貌、尺寸及表面性质，为催化反应提供高效且选择性强的催化剂。水热法是一种通过在高温高压条件下，利用水作为溶剂来合成纳米催化剂的技术。水热法常用于合成金属氧化物、氮化物等催化剂。水热法的优势在于能够在温和的条件下实现复杂的化学反应，合成过程中无需高温处理，从而避免了催化剂的热稳定性问题。水热合成不仅能够获得均匀的纳米结构，还能够有效控制颗粒的大小和形貌。在制备过程中，通过调节温度、时间、pH 值等条件，可以实现催化剂的多种形态调控，例如纳米棒、纳米粒子或纳米片等。水热法制备的催化剂通常具有较高的比表面积和丰富的活性位点，使得其在氢气生成、二氧化碳还原等电催化反应中具有优异的催化性能。此外，水热法还能够在反应过程中利用溶剂的自修复作用，改善催化剂的稳定性和耐久性，延长其使用寿命。

溶胶-凝胶法是另一种常见的化学合成方法，在催化剂的制备中具有广泛的应用。该方法通过溶解金属盐或金属络合物，生成溶胶，在进一步的反应过程中形成凝胶，并最终转化为纳米催化剂。溶胶-凝胶法的优势在于能够在常温下进行催化剂的制备，且具有较高的原料转化效率。在催化剂合成过程中，通过调节溶胶的浓度、pH 值和反应时间，可以获得均匀且高度分散的催化剂。尤其是在制备氧还原反应催化剂、氢气生成催化剂等方面，溶胶-凝胶法能够精确控制催化剂的组成和结构，进而提高其催化活性。此外，溶胶-凝胶法还具有较强的可调性，通过引入不同的金属元素或改变反应条件，可以调控催化剂的电子结构和表面特性，增强其催化效率。化学气相沉积法（CVD）是一种通过化学反应将气态前驱体转化为固态纳米催化剂的技术。CVD 法广泛应用于高纯度催化剂的制备，特别是在金属基催化剂的合成中表现出良好的效果。CVD 法的优势在于能够制备均匀、致密的催化剂薄膜或颗粒，且催化剂的形貌和尺寸可以通过精确调控气体流量、温度、压力等参数来实现。CVD 法能够在基底上直接生长纳米催化剂，具有较高的制备效率和较低的杂质含量。在燃料电池、电解水等反应中，CVD 法合成的催化剂由于其优异的电导性和催化活性，能够显著提高反应速率并降低能量消耗。特别是在氢气生成反应和二氧化碳还原反应中，CVD 法合成的金属催化剂表现出较强的选择性和较低的过电位，从而有效推动了绿色能源的利用。此外，化学法合成催化剂的优势在于其较高的催化剂纯度和较好的均匀性。通过化学反应，催化剂的组成可以精确控制，能够有效去除不必要的杂质，保证催化剂的稳定性和高效性。在催化剂制备过程中，化学法还能通过引入模板剂或添加不同的功能性材料，进一步优化催化剂的表面结构，增强其催化性能。

3. 生物法合成催化剂

生物法合成催化剂是一种利用生物体或其代谢产物来制备纳米催化剂的方法。与传统的化学法和物理法相比，生物法具有环保、低成本等显著优势，尤其在合成绿色纳米材料方面表现出独特的潜力。这种方法依赖于微生物、植物或植物提取物中的天然化学物质来合成和修饰纳米催化剂，且通常不需要高温或有毒化学试剂，从而显著减少了环境污染和能源消耗。近年来，随着绿色化学和可持续发展的不断推进，生物法合成催化剂逐渐成为纳米电催化领域的重要发展方向。微生物，尤其是细菌和真菌，能够通过其代谢活动催化金属离子还原为金属纳米颗粒。在这种过程中，微生物不仅提供了还原力，还能通过其细胞表面和胞内的功能团与金属离子相互作用，从而促进纳米颗粒的形成。例如，某些细菌能够利用其代谢过程中产生的还原剂将金属离子还原成金属纳米颗粒，这些颗粒具有较高的催化活性。在纳米电催化剂的制备中，微生物法能够制备出尺寸均匀、分散性良好的金属纳米颗粒，且这些颗粒具有较强的稳定性。此外，微生物法的另一大优点是其可以通过调节培养条件，如温度、pH 值、培养基组成等，来调控纳米催化剂的形貌、尺寸及其表面性质，从而优化催化性能。

植物体内的某些天然化学物质，如多酚、黄酮、糖类等，能够与金属离子反应，促进金属纳米颗粒的还原和沉积。与微生物法类似，植物法也是一种绿色、无污染的合成方法，且具有较为简单的操作步骤。植物法的优势在于其资源丰富、操作简便、成本低廉，并且在合成过程中不需要使用有毒化学试剂，因此具有较高的环保价值。此外，植物中富含的天然产物能够与金属离子形成稳定的复合物，进一步增强催化剂的稳定性和活性。通过合理选择植物来源和优化反应条件，可以合成具有优异催化性能的纳米材料，这些催化剂在能源转换、环境保护等领域具有广泛应用潜力。此外，植物法的另一个优点是能够利用植物中丰富的天然有机分子进行表面修饰，优化催化剂的表面结构，提高其催化性能。例如，某些植物提取物中的酚类物质能够有效促进金属的还原反应，并使得合成的纳米催化剂具有更高的表面活性位点。这些植物提取物的作用不仅有助于提高催化剂的催化效率，还能够提高催化剂在实际应用中的稳定性和耐用性，延长其使用寿命。生物法合成催化剂的另一个重要优点是其对环境的友好性。在传统的化学法中，催化剂的合成通常需要使用有毒的化学试剂和高温条件，这不仅增加了能量消耗，还可能对环境造成污染。而生物法的催化剂合成过程通常在常温常压下进行，不需要使用有害的化学试剂，减少了对环境的负面影响。同时，生物法合成过程中的一些副产物是生物降解的，因此具有更低的环境风险。

三、纳米电催化剂的能源应用方向

纳米电催化剂在能源领域的应用已经成为推动清洁能源技术进步的关键因素之一。随着可持续能源需求的不断增长，纳米电催化剂在多种能源转化和存储设备中的作用日益显著。

（一）燃料电池

燃料电池是一种将化学能直接转化为电能的设备，其高效能和零排放的特点使其成为清洁能源的重要组成部分。燃料电池通过氢气或甲醇等燃料与氧气的氧还原反应产生电能，而这一过程的核心便是催化剂的作用。传统的铂基催化剂由于其优异的催化性能，在燃料电池中得到广泛应用，然而，铂作为贵金属，其资源有限且价格昂贵，限制了燃料电池的大规模商业化应用。因此，如何开发成本较低且催化效率高的替代催化剂成为当前燃料电池研究的热点。近年来，纳米电催化剂作为一种潜力巨大的替代选择，受到了越来越多的关注。与传统铂基催化剂相比，过渡金属基催化剂（如镍、钴、铁等）具有较低的成本，且能够提供较好的催化性能和较高的稳定性。在燃料电池的应用中，过渡金属基催化剂不仅能够有效促进氧还原反应（ORR）和氢气氧化反应（HOR），还能够大幅降低电池的总体成本。此外，纳米电催化剂在表面和结构上的特殊性质，使得它们在燃料电池中表现出优异的催化活性，尤其是在低温下，它们能够显著提高反应速率和能源转换效率。通过合理设计催化剂的尺寸、形态和合金化处理等，可以进一步提升其催化性能。例如，纳米线、纳米片等低维结构能够显著增加催化剂的比表面积，并改善反应物与催化剂表面的接触，进而提高催化反应的效率。

碳基复合催化剂是另一个备受关注的研究方向。碳材料，如石墨烯、碳纳米管等，具有优异的导电性、较高的比表面积和良好的化学稳定性。当这些碳基材料与过渡金属元素结合时，可以形成复合催化剂，进一步提高催化活性。碳基催化剂不仅能够增强电导性，还能通过调节其表面缺陷、结构和功能化程度来优化催化性能，尤其在氧还原反应中表现出较高的催化效率。此外，碳基催化剂具有较强的抗腐蚀性和较长的使用寿命，使其成为燃料电池中理想的催化材料。纳米电催化剂在燃料电池中的应用还不仅仅局限于氢气和甲醇的氧化反应。在甲醇燃料电池（DMFC）中，低维结构的过渡金属催化剂也显示出较为优异的催化性能。通过优化纳米催化剂的形态、颗粒大小和表面缺陷等因素，可以实现更高效的电能转换，并提高电池的整体性能。随着纳米技术的不断进步，催化剂的设计和优化方案也在不断发展，新的合金体系、纳米复合材料和异质结构催化剂有望进一步提升燃料电池的性能和耐用性。

（二）电解水制氢

水电解制氢被认为是清洁能源生产的重要途径，其核心是通过电催化分解水分子，从而生成氢气和氧气。这一过程不仅可以为能源存储和转换提供可靠的解决方案，还为实现氢能的绿色生产提供了可能。电解水过程中，氢气生成反应（HER）和氧气生成反应（OER）是决定整体反应效率和能量消耗的关键环节，因而需要高效的催化剂来降低反应的过电位，提升反应速率。传统的催化剂，如铂和铱基材料，虽然在电催化中表现出卓越的性能，但其成本高、资源有限，限制了其在大规模应用中的可行性。因此，发展低成本且高效的替代催化剂成为了水电解技术的关键。纳米电催化剂，尤其是基于过渡金属和碳基材料的催化剂，因其具有较高的比表面积、优异的导电性和可调节的表面化学性质，已被证明在水电解过程中表现出卓越的催化活性。过渡金属如钌（Ru）、铱（Ir）、镍（Ni）、钴（Co）等因其较低的成本和较高的催化活性，成为研究的热点。钌和铱基催化剂在氧气生成反应（OER）中表现出优异的性能，能够有效降低过电位，促进水的分解反应。而镍、钴基催化剂则在氢气生成反应（HER）中表现出较好的活性，能够高效催化水中的氢气生成。此外，过渡金属合金化和表面修饰也能够显著提高催化剂的稳定性和反应速率，进一步推动了电解水制氢的技术进展。

除了过渡金属催化剂，碳基材料如石墨烯、碳纳米管、碳量子点等，因其良好的导电性、较大的比表面积和优异的机械性能，也成为了水电解催化剂的重要组成部分。碳基材料不仅能够提供更多的活性位点，还能够有效与金属催化剂复合，改善催化剂的导电性和稳定性。通过将碳基材料与过渡金属复合，催化剂的整体性能得到了显著提升，能够在电解水过程中提供更高的催化活性和更长的使用寿命。在低维结构催化剂方面，纳米片、纳米管、纳米线等低维结构由于其较大的表面积和丰富的表面活性位点，能够有效提高电解水过程中的反应效率。这些低维纳米催化剂能够提供更多的反应位点，并促进反应物分子的快速吸附和转化。同时，低维结构的催化剂有助于提高电子和离子的传输效率，降低反应中的能量损失，从而提升水电解过程的整体效率。纳米片、纳米线等一维、二维结构还能够有效防止催化剂在反应过程中出现聚集或失活，保证反应的稳定性和长期运行。

（三）二氧化碳还原反应（CO_2RR）

二氧化碳还原反应（CO_2RR）作为一种关键的技术，旨在将温室气体二氧化碳转化为有用的化学品，如甲醇、乙烯等，这不仅有助于减少温室气体排放，还能促进资源的循环利用和绿色化学的进步。随着全球气候变化问题的日益严峻，CO_2RR 被视为应对温室效应的重要解决方案，而其高效催化剂的研发成为了学术和工业界关注的重点。在这一过程中，纳米电催化剂作为一种新型材料，凭借其较大的比表面积、丰富的活性位点以及优异的电子和离子导电性，已成为促进二氧化碳还原反应的关键材料。在所有用于二氧化碳还原反应的催化剂中，铜基纳米电催化剂被认为是最具前景的催化剂。铜基催化剂能够有效地将二氧化碳还原为一氧化碳（CO）、甲醇等有价值的化学品。铜的独特电子结构使其具有较高的催化活性，尤其在选择性地还原二氧化碳为目标产物方面表现出色。通过合理设计铜基催化剂的形貌和表面结构，研究人员发现可以大幅提高催化剂对 CO_2 还原反应的选择性与效率。例如，铜纳米粒子、铜纳米线等低维结构的催化剂能够提供更多的反应位点，并有效提高电子传导效率，促进二氧化碳分子与催化剂表面之间的相互作用，从而提高整体反应的效率。

除了铜基催化剂之外，银、金和铁等其他金属基纳米电催化剂也在 CO2 还原反应中表现出了较好的催化性能。银基催化剂主要用于还原二氧化碳生成一氧化碳，其优异的导电性使得其在催化过程中表现出较高的反应速率和稳定性。金基催化剂则能够通过调节其电子性质，优化对 CO2 的还原能力，从而在低能耗的条件下高效转化二氧化碳。铁基催化剂则在选择性上有所突破，能够在一定条件下实现多种有价值化学品的合成，显示出良好的应用前景。通过调节催化剂的尺寸、形貌和表面结构，可以显著提升其对二氧化碳的选择性和转化效率。纳米尺度下的催化剂通常具有更多的表面原子，这些原子常常具有不同的电子和几何特性，有助于提供更多的催化活性位点，从而提高催化效率。此外，低维结构如纳米线、纳米片等能够提供更高的比表面积和更加均匀的反应位点，促进反应物分子的快速吸附和转化，从而加速反应过程。在实际应用中，优化催化剂的稳定性也是实现二氧化碳还原反应高效进行的关键。由于二氧化碳还原反应涉及较为复杂的电化学过程，催化剂在反应过程中容易发生结构损伤或失活，因此，开发具有较高稳定性的纳米电催化剂至关重要。通过合金化或表面修饰等手段，研究人员能够进一步提高催化剂的耐久性，保证其在长时间运行中的催化活性，推动 CO_2 还原反应的商业化进程。

（四）超级电容器

超级电容器作为一种高效能量存储装置，具有独特的优势，包括高功率密度、长循环寿命和快速充放电等特点，这使其在需要快速响应和频繁使用的能源存储应用中发挥重要作用。其基本工作原理是通过电化学反应存储能量，因此，电极材料的性能对超级电容器的整体性能至关重要。在这方面，纳米电催化剂作为电极材料的重要组成部分，凭借其优异的电化学性能，已被广泛应用于超级电容器的研发中，成为提高能量密度和功率密度的关键因素。石墨烯、碳纳米管、碳量子点等碳材料，因其优异的导电性和高比表面积，成为超级电容器电极材料的首选。这些纳米碳材料能够为超级电容器提供丰富的电化学活性位点，从而有效提高电容器的储能能力。石墨烯的二维结构使其具有极为出色的电子导电性，能够在电化学反应中迅速传导电子。碳纳米管则因其一维结构的特性，不仅提供了更高的表面积，还能够促进电子和离子的快速传输，进一步提升了超级电容器的功率密度。碳量子点以其较小的尺寸和量子效应，能够在电容器中提供更细致的电化学反应机制，优化电荷存储和释放过程。

过渡金属和金属氧化物材料，尤其是钴氧化物、镍氧化物等，也在超级电容器中发挥了关键作用。这些材料的优势在于它们具有较高的电容和较强的循环稳定性，能够有效提升超级电容器的综合性能。过渡金属氧化物材料不仅具有较高的电化学活性，而且在与电解液反应时能够提供更多的电荷存储位点，从而显著提高能量密度和电容。例如，钴氧化物材料在电容器中表现出出色的电容性能和优异的倍率性能，使其成为提升超级电容器性能的重要候选材料。镍氧化物也以其较高的电容和稳定性，在电极材料中有广泛的应用。为了进一步优化超级电容器的综合性能，研究人员已开始尝试将纳米碳材料与过渡金属氧化物或其他金属复合材料进行结合。这种复合材料不仅能够结合各类材料的优点，还能解决单一材料在实际应用中的不足。例如，将石墨烯与钴氧化物复合，能够兼具石墨烯的导电性和钴氧化物的高电容性能，从而提高超级电容器的整体能量密度和功率密度。此外，这类复合材料在循环稳定性方面表现出了更好的性能，能够在多次充放电过程中保持较高的效率，延长超级电容器的使用寿命。纳米电催化剂还能够在超级电容器的电化学反应过程中，促进电子和离子的快速传输，进一步提升超级电容器的性能。尤其是在高功率输出和快速充放电的需求下，电催化剂的导电性和稳定性变得尤为重要。通过精确设计催化剂的形貌、尺寸和表面结构，可以显著提高超级电容器的性能。纳米尺度的材料在电化学反应中往往能够提供更多的活性位点，加速电荷的存储与释放过程，从而大幅提升充放电速率。

（五）锂离子电池

锂离子电池作为目前最广泛应用于便携式设备和电动汽车的能源存储技术，已经取得了显著的进展，尤其在能量密度和循环稳定性方面。然而，随着电动交通工具和可再生能源存储系统需求的不断增长，现有锂离子电池的性能仍然面临着挑战。为了满足未来对高能量密度、长循环寿命和快速充放电的需求，亟需通过优化电池的电极材料和电化学反应过程来提高整体性能。在这一方面，纳米电催化剂的应用显得尤为重要，它们不仅能够提高电池反应的效率，还能显著提升能量转换效率和电池的稳定性。纳米电催化剂通过改善电池的电极材料，特别是负极和正极材料的性质，能够增强电池的电化学反应性能。首先，纳米金属氧化物（如钴氧化物、镍氧化物、铁氧化物）作为一种重要的电催化剂材料，广泛应用于锂离子电池的正负极材料中。与传统的材料相比，纳米金属氧化物能够提供更大的比表面积和更多的电化学活性位点，从而有效提升电池的功率密度和能量密度。尤其是在负极材料中，纳米氧化物不仅能够加速锂离子的插入和脱出过程，还能显著改善电池的循环稳定性。这使得锂离子电池在充放电过程中能够更有效地储存和释放能量，提高了电池的总体性能。

碳基复合材料作为另一类重要的纳米电催化剂，也在锂离子电池中展现了优异的性能。石墨烯、碳纳米管和碳量子点等碳材料因其高导电性、优异的机械性能和良好的电化学稳定性，已成为锂离子电池电极材料的研究热点。碳基材料不仅能够提高电池的导电性，还能够提供更多的活性位点，促进锂离子的快速迁移和嵌入/脱嵌过程。尤其是石墨烯，其独特的二维结构使其在电池的电化学反应中发挥了重要作用，能够显著提升电池的功率密度和循环稳定性。为了进一步提高锂离子电池的综合性能，研究者们还提出了纳米电催化剂与其他材料的复合策略。通过将纳米金属氧化物与碳基材料进行复合，可以实现不同材料性能的优势互补。例如，将钴氧化物与石墨烯结合，不仅能够提高材料的电化学活性，还能增强电池的导电性，从而提高电池的整体功率密度和循环性能。这类复合材料在锂离子电池中表现出优异的性能，能够满足高功率输出和长时间使用的需求，推动了电动汽车和其他储能设备的发展。此外，纳米电催化剂在锂离子电池中的应用不仅限于电极材料的改进，还体现在电池反应过程中的电子传输和离子迁移效率的提升。纳米材料由于其较小的尺寸和高表面积，可以显著提高电池的反应速率，减少能量损失，增强电池的功率输出和充放电速率。这对于电池在高负载、高功率输出等高要求场景下的性能提升尤为重要。

（六）可再生能源系统集成

在全球能源转型的背景下，纳米电催化剂在可再生能源系统集成中的作用愈发重要。随着风能和太阳能等可再生能源的大规模应用，如何提高其能量转换效率和存储能力成为关键问题。纳米电催化剂在这一过程中提供了重要的技术支持，通过提升系统效率，推动绿色能源的广泛应用，特别是在太阳能电池、风能转换系统和光电催化水分解制氢等领域，发挥了至关重要的作用。太阳能电池将太阳辐射能转化为电能，但传统的光电转化效率仍然面临较大提升空间。纳米电催化剂，尤其是碳基材料和过渡金属基材料，通过调节材料的表面性质和电子结构，可以优化光电转化过程中的电荷传输效率。例如，碳纳米管、石墨烯等纳米碳材料由于其优异的导电性，能够显著提高电子的迁移速度，减少能量损失。同时，过渡金属材料（如钴、镍等）在太阳能电池中作为催化剂也能够提高电池的电化学活性，进一步增强光电转化效率。

　　风能转换设备主要通过风力推动发电机转动，从而产生电能。为了提高风能的转换效率，纳米电催化剂可用于改进发电机的电极材料和电催化反应过程。在这种系统中，催化剂能够改善电子和离子的传输效率，优化能量转换过程，提升风能发电系统的整体效率。通过采用纳米电催化剂，可以在低风速或不稳定风力条件下，依然保持较高的能源转换效率，推动风能的可持续利用。尤其是在光电催化水分解制氢技术中，纳米电催化剂的应用具有特别重要的意义。水分解制氢是一种利用可再生能源（如太阳能、风能）通过电化学反应产生氢气的过程。氢气作为一种清洁能源，其广泛应用将有助于减少化石燃料的依赖，降低温室气体排放。然而，水分解反应的过电位较高，需要高效的催化剂来降低反应的能量损失。纳米电催化剂，尤其是过渡金属氧化物（如钴、镍、钼等）和复合材料，具有较高的催化活性和稳定性，能够显著降低氢气生成反应中的过电位，从而提升反应效率。通过将纳米电催化剂与光电材料结合，光电催化水分解制氢的效率得到了大幅提高，这为可再生能源制氢提供了有效途径，促进了绿色氢气的生产和储存。纳米电催化剂的高表面积和丰富的表面活性位点，使其在电化学储能系统（如超级电容器和电池）中也发挥了重要作用。在这些系统中，催化剂能够加速电荷的传输，提升储能效率和能量密度，确保电能的快速释放和高效存储。特别是在可再生能源的不稳定性问题中，纳米电催化剂能够帮助实现能源的平衡和稳定输出，从而使得风能、太阳能等可再生能源能够更有效地融入到电网中。

参考文献

[1] Yijin Kang, Peidong Yang, Nenad M. Markovic, Vojislav R. Stamenkovic. Shaping electrocatalysis through tailored nanomaterials [J]. Nano Today, 2016, 11 (5): 587-600.

[2] Z. L. Wang, T. S. Ahmad, M. A. El-Sayed. Steps, ledges and kinks on the surfaces of platinum nanoparticles of different shapes [J]. Surface Science, 1997, 380 (2): 302-310.

[3] Chao Wang, Dennis Van Der Vliet, Kee-Chul Chang, Hoydoo You, Dusan Strmcnik, John A. Schlueter, Nenad M. Markovic, Vojislav R. Stamenkovic. Monodisperse Pt3Co nanoparticles as a catalyst for the oxygen reduction reaction: size-dependent activity [J]. The Journal of Physical Chemistry C, 2009, 113 (45): 19365-19368.

[4] Ghulam Yasin, Muhammad Arif, Muhammad Shakeel, Yuchao Dun, Yu Zuo, Waheed Qamar Khan, Yuming Tang, Ajmal Khan, Muhammad Nadeem. Exploring the nickel – graphene nanocomposite coatings for superior corrosion resistance: manipulating the effect of deposition current density on its morphology, mechanical properties, and erosion-corrosion performance [J]. Advanced Engineering Materials, 2018, 20 (7): 1701166.

[5] Yingjie Li, Yingjun Sun, Yingnan Qin, Weiyu Zhang, Lei Wang, Mingchuan Luo, Huai Yang, Shaojun Guo. Recent advances on water-splitting electrocatalysis mediated by noble-metal-based nanostructured materials [J]. Advanced Engineering Materials, 2020, 10 (11): 1903120.

[6] Kun Jiang, Ke Xu, Shouzhong Zou, Wen-Bin Cai. B-doped Pd catalyst: boosting room-temperature hydrogen production from formic acid – formate solutions [J]. Journal of the American Chemical Society, 2014, 136 (13): 4861-4864.

[7] Shan Wang, Laifei Xiong, Jinglei Bi, Xiaojing Zhang, Guang Yang, Shengchun Yang. Structural and electronic stabilization of PtNi concave octahedral nanoparticles by P doping for oxygen reduction reaction in alkaline electrolytes [J]. ACS Applied Materials&Interfaces, 2018, 10 (32): 27009-27018.

[8] Kai Wang, Bolong Huang, Fei Lin, Fan Lv, Minchuan Luo, Peng Zhou, Qiao Liu, Weiyu Zhang, Chao Yang, Yonghua Tang, Yong Yang, Wei Wang, Hao Wang, Shaojun Guo. Wrinkled Rh2P nanosheets as superior pH-Universal Electrocatalysts for hydrogen evolution catalysis [J]. Advanced Engineering Materials, 2018, 8 (27): 1801891.

[9] Zhao Li, Xinhua Lu, Jingrui Teng, Yingmei Zhou, Wenchang Zhuang. Nonmetal-doping of noble metal-based catalysts for electrocatalysis [J]. Nanoscale, 2021, 13 (26): 11314-11324.

[10] Jingfang Zhang, Kaidan Li, Bin Zhang. Synthesis of dendritic Pt – Ni – P alloy nanoparticles with enhanced electrocatalytic properties [J]. Chemical Communications, 2015, 51 (60): 12012-12015.

［11］ Sophie Carenco, David Portehault, Cédric Boissière, Nicolas Mézailles, Clément Sanchez. Nanoscaled Metal Borides and Phosphides: Recent developments and perspectives ［J］. Chemical Reviews, 2013, 113 (10): 7981-8065.

［12］ Jinchang Fan, Xiaoqiang Cui, Shansheng Yu, Lin Gu, Qinghua Zhang, Fanqi Meng, Zhangquan Peng, Lipo Ma, Jing-Yuan Ma, Kun Qi, Qiaoliang Bao, Weitao Zheng. Interstitial Hydrogen atom modulation to boost hydrogen evolution in Pd - based alloy nanoparticles ［J］. ACS Nano, 2019, 13 (11): 12987-12995.

［13］ Jinchang Fan, Jiandong Wu, Xiaoqiang Cui, Lin Gu, Qinghua Zhang, Fanqi Meng, Bing-Hua Lei, David J. Singh, Weitao Zheng. Hydrogen stabilized RhPdH 2D bimetallene nanosheets for efficient alkaline hydrogen evolution ［J］. Journal of the American Chemical Society, 2020, 142 (7): 3645-3651.

［14］ Lingzheng Bu, Xiaorong Zhu, Yiming Zhu, Chen Cheng, Yafei Li, Qi Shao, Liang Zhang, Xiaoqing Huang. H-implanted Pd icosahedra for oxygen reduction catalysis: from calculation to practice ［J］. CCS Chemistry, 2021, 3 (8): 1972-1982.

［15］ Yinghao Li, Hongjie Yu, Ziqiang Wang, Songliang Liu, You Xu, Xiaonian Li, Liang Wang, Hongjing Wang. Boron-doped silver nanosponges with enhanced performance towards electrocatalytic nitrogen reduction to ammonia ［J］. Chemical Communications, 2019, 55 (98): 14745-14748.

［16］ Lishang Zhang, Jiajia Lu, Shibin Yin, Lin Luo, Shengyu Jing, Angeliki Brouzgou, Jianhua Chen, Pei Kang Shen, Panagiotis Tsiakaras. One-pot synthesized boron-doped RhFe alloy with enhanced catalytic performance for hydrogen evolution reaction ［J］. Applied Catalysis B: Environmental, 2018, 230: 58-64.

［17］ Christos K. Mavrokefalos, Maksudul Hasan, Worawut Khunsin, Michael Schmidt, Stefan A. Maier, James F. Rohan, Richard G. Compton, John S. Foord. Electrochemically modified boron-doped diamond electrode with Pd and Pd-Sn nanoparticles for ethanol electrooxidation ［J］. Electrochimica Acta, 2017, 243: 310-319.

［18］ Lizhi Sun, Hao Lv, Yaru Wang, Dongdong Xu, Ben Liu. Unveiling Synergistic effects of interstitial boron in palladium-based nanocatalysts for ethanol oxidation electrocatalysis ［J］. The Journal of Physical Chemistry Letters, 2020, 11 (16): 6632-6639.

［19］ Md Ariful Hoque, Fathy M. Hassan, Drew Higgins, Ja-Yeon Choi, Mark Pritzker, Shanna Knights, Siyu Ye, Zhongwei Chen. Multigrain platinum nanowires consisting of oriented nanoparticles anchored on sulfur-doped graphene as a highly active and durable oxygen reduction electrocatalyst ［J］. Advanced Materials, 2015, 27 (7): 1229-1234.

［20］ Yao Wang, Hongying Zhuo, Xin Zhang, Yunrui Li, Juntao Yang, Yujie Liu, Xiaoping Dai, Mingxuan Li, Huihui Zhao, Meilin Cui, Hai Wang, Jun Li. Interfacial synergy of ultralong jagged Pt85Mo15 - S nanowires with abundant active sites on enhanced hydrogen evolution in an alkaline solution ［J］. Journal of Materials Chemistry A, 2019, 7 (42): 24328-24336.

［21］ Yuanhui Huang, Kyeong-Deok Seo, Deog-Su Park, Hyun Park, Yoon-Bo Shim. Hydrogen evolution and oxygen reduction reactions in acidic media catalyzed by Pd4S decorated N/S doped carbon derived from Pd coordination polymer ［J］. Small, 2021, 17 (17): 2007511.

［22］ Hongjing Wang, Songliang Liu, Hugang Zhang, Shuli Yin, You Xu, Xiaonian Li, Ziqiang Wang, Liang Wang. Three-dimensional Pd－Ag－S porous nanosponges for electrocatalytic nitrogen reduction to ammonia ［J］. Nanoscale, 2020, 12 (25): 13507-13512.

［23］ Zonghua Pu, Ibrahim Saana Amiinu, Zongkui Kou, Wenqiang Li, Shichun Mu. RuP2-based catalysts with platinum-like activity and higher durability for the hydrogen evolution reaction at all pH values ［J］. Angewandte Chemie International Edition, 2017, 56 (38): 11559-11564.

［24］ Yuan Wang, Zong Liu, Hui Liu, Nian-Tzu Suen, Xu Yu, Ligang Feng. Electrochemical hydrogen evolution reaction efficiently catalyzed by Ru2P nanoparticles ［J］. ChemSusChem, 2018, 11 (16): 2724-2729.

［25］ Fulin Yang, Yuanmeng Zhao, Yeshuang Du, Yongting Chen, Gongzhen Cheng, Shengli Chen, Wei Luo. A monodisperse Rh2P-based electrocatalyst for highly efficient and pH-universal hydrogen evolution reaction ［J］. Advanced Energy Materials, 2018, 8 (18): 1703489.

［26］ Haohong Duan, Dongguo Li, Yan Tang, Yang He, Shufang Ji, Rongyue Wang, Haifeng Lv, Pietro P. Lopes, Arvydas P. Paulikas, Haoyi Li, Scott X. Mao, Chongmin Wang, Nenad M. Markovic, Jun Li, Vojislav R. Stamenkovic, Yadong Li. High-performance Rh2P electrocatalyst for efficient water splitting ［J］. Journal of the American Chemical Society, 2017, 139 (15): 5494-5502.

［27］ Zonghua Pu, Jiahuan Zhao, Ibrahim Saana Amiinu, Wenqiang Li, Min Wang, Daping He, Shichun Mu. A universal synthesis strategy for P-rich noble metal diphosphide-based electrocatalysts for the hydrogen evolution reaction ［J］. Energy&Environmental Science, 2019, 12 (3): 952-957.

［28］ Hongjing Wang, Shuli Yin, Chunjie Li, Kai Deng, Ziqiang Wang, You Xu, Xiaonian Li, Hairong Xue, Liang Wang. Direct synthesis of superlong Pt | Te mesoporous nanotubes for electrocatalytic oxygen reduction ［J］. Journal of Materials Chemistry A, 2019, 7 (4): 1711-1717.

［29］ Liujun Jin, Hui Xu, Chunyan Chen, Tongxin Song, Cheng Wang, Yong Wang, Hongyuan Shang, Yukou Du. Uniform PdCu coated Te nanowires as efficient catalysts for electrooxidation of ethylene glycol ［J］. Journal of Colloid and Interface Science, 2019, 540: 265-271.

［30］ Juan Wang, Lili Han, Bolong Huang, Qi Shao, Huolin L. Xin, Xiaoqing Huang. Amorphization activated ruthenium-tellurium nanorods for efficient water splitting ［J］. Nature communications, 2019, 10 (1): 5692.

［31］ Juan Wang, Bolong Huang, Yujin Ji, Mingzi Sun, Tong Wu, Rongguan Yin, Xing Zhu, Youyong Li, Qi Shao, Xiaoqing Huang. A general strategy to glassy M-Te (M=Ru, Rh, Ir) porous nanorods for efficient electrochemical N2 fixation ［J］. Advanced Materials, 2020, 32 (11): 1907112.

［32］ Yonggang Feng, Bolong Huang, Chengyong Yang, Qi Shao, Xiaoqing Huang. Platinum porous nanosheets with high surface distortion and Pt utilization for enhanced oxygen reduction catalysis ［J］. Advanced Functional Materials, 2019, 29 (45): 1904429.

［33］ Hao Lv, Xin Chen, Dongdong Xu, Yichen Hu, Haoquan Zheng, Steven L. Suib, Ben Liu. Ultrathin PdPt bimetallic nanowires with enhanced electrocatalytic performance for hydrogen evolution reaction ［J］. Applied Catalysis B: Environmental, 2018, 238: 525-532.

［34］ Weng-Chon Cheong, Chuhao Liu, Menglei Jiang, Haohong Duan, Dingsheng Wang, Chen Chen, Ya-dong Li. Free-standing palladium-nickel alloy wavy nanosheets ［J］. Nano Research, 2016, 9（8）: 2244-2250.

［35］ Lin Tian, Zhao Li, Peng Wang, Xiuhui Zhai, Xiang Wang, Tongxiang Li. Carbon quantum dots for advanced electrocatalysis ［J］. Journal of Energy Chemistry, 2021, 55: 279-294.

［36］ Jian Yang, Qi Shao, Bolong Huang, Mingzi Sun, Xiaoqing Huang. pH-Universal Water Splitting Catalyst: Ru-Ni Nanosheet Assemblies ［J］. iScience, 2019, 11: 492-504.

［37］ Shuxing Bai, Lingzheng Bu, Qi Shao, Xing Zhu, Xiaoqing Huang. Multicomponent Pt-based zigzag nanowires as selectivity controllers for selective hydrogenation reactions ［J］. Journal of the American Chemical Society, 2018, 140（27）: 8384-8387.

［38］ Kwonho Jang, Hae Jin Kim, Seung Uk Son. Low-temperature synthesis of ultrathin rhodium nanoplates via molecular orbital symmetry interaction between rhodium precursors ［J］. Chemistry of Materials, 2010, 22（4）: 1273-1275.

［39］ Lingzheng Bu, Nan Zhang, Shaojun Guo, Xu Zhang, Jing Li, Jianlin Yao, Tao Wu, Gang Lu, Jing-Yuan Ma, Dong Su, Xiaoqing Huang. Biaxially strained PtPb/Pt core/shell nanoplate boosts oxygen reduction catalysis ［J］. science, 2016, 354（6318）: 1410-1414.

［40］ Haohong Duan, Ning Yan, Rong Yu, Chun-Ran Chang, Gang Zhou, Han-Shi Hu, Hongpan Rong, Zhiqiang Niu, Junjie Mao, Hiroyuki Asakura, Tsunehiro Tanaka, Paul Joseph Dyson, Jun Li, Yadong Li. Ultrathin rhodium nanosheets ［J］. Nature communications, 2014, 5（1）: 3093.

［41］ Chengyi Hu, Xiaoliang Mu, Jingmin Fan, Haibin Ma, Xiaojing Zhao, Guangxu Chen, Zhiyou Zhou, Nanfeng Zheng. Interfacial effects in PdAg bimetallic nanosheets for selective dehydrogenation of formic acid ［J］. ChemNanoMat, 2016, 2（1）: 28-32.

［42］ Shaoheng Tang, Mei Chen, Nanfeng Zheng. Sub-10-nm Pd nanosheets with renal clearance for efficient near-infrared photothermal cancer therapy ［J］. Small, 2014, 10（15）: 3139-3144.

［43］ Li Zhao, Chaofa Xu, Haifeng Su, Jinghong Liang, Shuichao Lin, Lin Gu, Xingli Wang, Mei Chen, Nanfeng Zheng. Single-crystalline rhodium nanosheets with atomic thickness ［J］. Advanced Science, 2015, 2（6）: 1500100.

［44］ Lei Dai, Yun Zhao, Qing Qin, Xiaojing Zhao, Chaofa Xu, Nanfeng Zheng. Carbon-monoxide-assisted synthesis of ultrathin PtCu Alloy nanosheets and their enhanced catalysis ［J］. ChemNanoMat, 2016, 2（8）: 776-780.

［45］ Xiaoqing Huang, Shaoheng Tang, Xiaoliang Mu, Yan Dai, Guangxu Chen, Zhiyou Zhou, Fangxiong Ruan, Zhilin Yang, Nanfeng Zheng. Freestanding palladium nanosheets with plasmonic and catalytic properties ［J］. Nature Nanotechnology, 2011, 6（1）: 28-32.

［46］ Xiaojing Zhao, Lei Dai, Qing Qin, Fei Pei, Chengyi Hu, Nanfeng Zheng. Self-supported 3D PdCu alloy nanosheets as a bifunctional catalyst for electrochemical reforming of ethanol ［J］. Small, 2017, 13（12）: 1602970.

［47］ Jong Wook Hong, Yena Kim, Dae Han Wi, Seunghoon Lee, Su-Un Lee, Young Wook Lee, Sang-Ⅱ

Choi, Sang Woo Han. Ultrathin free-standing ternary-alloy nanosheets [J]. Angewandte Chemie International Edition, 2016, 128 (8): 2803-2808.

[48] An-Xiang Yin, Wen-Chi Liu, Jun Ke, Wei Zhu, Jun Gu, Ya-Wen Zhang, Chun-Hua Yan. Ru nanocrystals with shape-dependent surface-enhanced raman spectra and catalytic properties: controlled synthesis and DFT calculations [J]. Journal of the American Chemical Society, 2012, 134 (50): 20479-20489.

[49] Faisal Saleem, Biao Xu, Bing Ni, Huiling Liu, Farhat Nosheen, Haoyi Li, Xun Wang. Atomically thick Pt-Cu nanosheets: self-assembled sandwich and nanoring-like structures [J]. Advanced Materials, 2015, 27 (12): 2013-2018.

[50] Liqiu Zhang, Lichun Liu, Hongdan Wang, Hongxia Shen, Qiong Cheng, Chao Yan, Sungho Park. Electrodeposition of rhodium nanowires arrays and their morphology-dependent hydrogen evolution activity [J]. Nanomaterials, 2017, 7 (5): 103.

[51] Utpal Kayal, Bishnupad Mohanty, Piyali Bhanja, Sauvik Chatterjee, Debraj Chandra, Michikazu Hara, Bikash Kumar Jena, Asim Bhaumik. Ag nanoparticle-decorated, ordered mesoporous silica as an efficient electrocatalyst for alkaline water oxidation reaction [J]. Dalton Transactions, 2019, 48 (6): 2220-2227.

[52] Piyali Bhanja, Bishnupad Mohanty, Astam K. Patra, Soumen Ghosh, Bikash Kumar Jena, Asim Bhaumik. IrO2 and Pt doped mesoporous SnO2 nanospheres as efficient electrocatalysts for the facile OER and HER [J]. Chemcatchem, 2019, 11 (1): 583-592.

[53] Lingzheng Bu, Shaojun Guo, Xu Zhang, Xuan Shen, Dong Su, Gang Lu, Xing Zhu, Jianlin Yao, Jun Guo, Xiaoqing Huang. Surface engineering of hierarchical platinum-cobalt nanowires for efficient electrocatalysis [J]. Nature communications, 2016, 7 (1): 11850.

[54] Jitang Chen, Yang Yang, Jianwei Su, Peng Jiang, Guoliang Xia, Qianwang Chen. Enhanced activity for hydrogen evolution reaction over CoFe catalysts by alloying with small amount of Pt [J]. ACS Applied Materials&Interfaces, 2017, 9 (4): 3596-3601.

[55] Runbo Zhao, Hongtao Xie, Le Chang, Xiaoxue Zhang, Xiaojuan Zhu, Xin Tong, Ting Wang, Yonglan Luo, Peipei Wei, Zhiming Wang, Xuping Sun. Recent progress in the electrochemical ammonia synthesis under ambient conditions [J]. EnergyChem, 2019, 1 (2): 100011.